应用型本科 机械类专业"十三五"规划教材

传感器与测试技术

主　编　王　恒
副主编　杜向阳　裴九芳　冷　芳

西安电子科技大学出版社

内 容 简 介

本书系统介绍了测试系统的理论知识、测试信号分析与处理方法及测试技术应用方法。

全书包括绪论、信号及其描述、测试系统的特性、传感器、测试信号调理与记录、测试信号数字化处理、测试信号分析与处理、计算机测试系统、机械工程测试综合应用实例等九章内容。书中配有适量习题，便于读者加深理解和应用书中的理论知识。

本书针对应用型本科教育的要求，力求知识的全面性、应用性、实用型。本书可作为高等学校机械、自动化、仪器仪表等专业本科生的教材，也可作为高等学校教师、研究生和工程技术人员的参考书籍。

图书在版编目(CIP)数据

传感器与测试技术/王恒主编. —西安：
西安电子科技大学出版社，2016.6(2018.10 重印)
应用型本科机械类专业"十三五"规划教材
ISBN 978 - 7 - 5606 - 4089 - 1

Ⅰ. ① 传… Ⅱ. ① 王… Ⅲ. ① 传感器—测试技术
—高等学校—教材 Ⅳ. ① TP212.06

中国版本图书馆 CIP 数据核字(2016)第 105692 号

策　　划　高樱
责任编辑　阎彬　杨璠
出版发行　西安电子科技大学出版社(西安市太白南路 2 号)
电　　话　(029)88242885　88201467　　邮　　编　710071
网　　址　www.xduph.com　　　　　电子邮箱　xdupfxb001@163.com
经　　销　新华书店
印刷单位　陕西天意印务有限责任公司
版　　次　2016 年 6 月第 1 版　2018 年 10 月第 2 次印刷
开　　本　787 毫米×1092 毫米　1/16　印张 14.5
字　　数　338 千字
印　　数　3001～6000 册
定　　价　32.00 元
ISBN 978 - 7 - 5606 - 4089 - 1/TP
XDUP　4381001 - 2

＊＊＊ 如有印装问题可调换 ＊＊＊

西安电子科技大学出版社
应用型本科机械类专业系列教材
编审专家委员名单

主　任：**张　杰**（南京工程学院 机械工程学院 院长/教授）

副主任：陈　南（三江学院 机械学院 院长/教授）

丁红燕（淮阴工学院 机械与材料工程学院 院长/教授）

郭兰中（常熟理工学院 机械工程学院 院长/教授）

花国然（南通大学 机械工程学院 副院长/教授）

张晓东（皖西学院 机电学院 院长/教授）

成　员：（按姓氏拼音排列）

陈劲松（淮海工学院 机械学院 副院长/副教授）

胡爱萍（常州大学 机械工程学院 副院长/教授）

刘春节（常州工学院 机电工程学院 副院长/副教授）

刘　平（上海第二工业大学 机电工程学院 教授）

茅　健（上海工程技术大学 机械工程学院 副院长/副教授）

唐友亮（宿迁学院 机电工程系 副主任/副教授）

王树臣（徐州工程学院 机电工程学院 副院长/教授）

王书林（南京工程学院 汽车与轨道交通学院 副院长/副教授）

温宏愿（南理工泰州科技学院 智能制造学院院长/副教授）

吴懋亮（上海电力学院 能源与机械工程学院 副院长/副教授）

许德章（安徽工程大学 机械与汽车工程学院 院长/教授）

许泽银（合肥学院 机械工程系 主任/副教授）

周　海（盐城工学院 机械工程学院 院长/教授）

周扩建（金陵科技学院 机电工程学院 副院长/副教授）

朱龙英（盐城工学院 汽车工程学院 院长/教授）

朱协彬（安徽工程大学 机械与汽车工程学院 副院长/教授）

前　　言

传感器与测试技术是为机械工程专业本科生开设的一门重要的专业技术基础课程。为了进一步适应我国高等院校工科教育发展的趋势，特别是为了提高工科本科生的实践能力和培养其创新精神，本教材在充分借鉴和吸收现有教材的基础上，参考了符合"应用型本科"要求的系列教材，内容突出"工程化"和"案例化"，强化学生的工程能力和创新能力。本书的特色与创新之处如下：

（1）强调工程性和应用性，实际案例与理论知识相结合，使学生在理解案例的过程中掌握知识点；每章均设计有工程案例，并配有大量工程实例的照片和原理图等；在教材中设计了典型机电系统测试综合案例，将教材章节内容有机结合起来。

（2）以系统论的观点重新审视和优化教材的体系结构和内容编排，核心是从宏观上使学生能建立起机械测试系统整体的概念和框架，帮助学生理解和掌握如何构建测量系统，使学生能够独立地对机械工程中的常见参量进行测量与分析。以"信号与测试系统是什么（第2章信号及其描述、第3章测试系统的特性）→如何采集信号（第4章传感器、第5章测试信号调理与记录）→如何分析信号（第6章测试信号数字化处理、第7章测试信号分析与处理）→机械测试系统的构建与应用（第8章计算机测试系统、第9章机械工程测试综合应用实例）"的逻辑顺序确定教材的体系，编写教材内容，突出教材的整体性和系统性。

本书考虑到读者基础知识的差异，在编写过程中，力求做到层次清楚，语言简洁流畅，内容丰富，逻辑性强，以便于读者循序渐进地系统学习。本书主要作为机械、仪器仪表、自动控制、热工、力学、冶金等学科与专业的教材，教学内容可以根据学时数和专业需求进行选择。

本书由南通大学、上海工程技术大学、安徽工程大学、大连海洋大学的老师共同编写完成，南通大学王恒担任主编，上海工程技术大学杜向阳、安徽工程大学裴九芳、大连海洋大学冷芳担任副主编。教材编写分工为：王恒编写第1章、7章，杜向阳编写第4章、6章及9.1节，裴九芳编写第3章、5章、8章及9.2节，冷芳编写第2章。全书由王恒统稿。

由于作者的水平与学识有限，再加之时间仓促，书中难免有不妥之处，敬请广大专家与读者批评指正。

编　者
2016 年 5 月

目　　录

第1章 绪 论

1.1 测试技术概述

人类认识客观世界和掌握自然规律的实践途径之一是试验性的测量——测试。在科学研究中，测试可获得研究对象的原始感性材料，从而为形成自然科学理论奠定基础；同时，测试又是发展和检验自然科学理论的实践基础。在工程技术领域中，由于实际研究对象的复杂性，很多问题难以进行完善的理论分析、推导和计算，所以必须依靠试验来获得研究对象的状态、变化和特征等，这正是通过测试来实现的。

测试（measurement and test）是具有试验性质的测量。测量是为确定被测对象的量值而进行的试验过程；试验是对事物的探索性认识过程。因此，测试技术包括测量和试验两方面。

测试技术正是研究有关测试方法、测试手段和测试理论的科学，它应用于不同的领域并在各个自然科学研究领域起着重要作用。从尖端技术到生活中的家电，从国防到民用，都离不开测试技术。先进的测试技术也是生产系统不可缺少的一个组成部分。

在机械加工中，数控机床和生产流程的各个阶段都离不开参数的测量。如在自适应控制磨床中，需要连续测定加工过程中的力矩、切削温度、工具的挠度、切削力的大小等参数，以达到最好的加工效果。在军事中，测试技术对武器装备发展的支撑作用越来越突出，综合测试能力已经成为决定武器装备作战效能的重要因素。例如，在发射炮弹的一瞬间，就需要采用多种测试方法来测量各种参数，诸如膛压的变化过程、弹底压力、弹后压力波、身管应力分布、弹丸在膛内运动的轴向加速度和炮口激波压力等，还有外弹道测试和终点弹道测试。现代科技发展的一个鲜明特征是航空航天技术的迅猛发展，测试技术是航空航天技术发展不可缺少的重要部分。现代飞行器装备着各种各样的显示系统和控制系统，反映飞行器飞行参数和姿态、发动机工作状态的各种物理参数都要进行检测。美国阿波罗飞行器和航天飞船的运载火箭部分需检测加速度、声学、温度、压力、振动、流量、应变等总共3200个参数。一架新型飞机测量参数高达几千甚至上万个，包括各种模拟量参数、数字量信号、各种航空电子总线信号、多路视频和语音、外部测试参数等。在交通领域中，一辆现代化汽车在工作中需要对车速、方位、转矩、振动、油压、油量、温度等诸多参数进行检测。

1.2 测试系统的组成

测试技术主要研究各种物理量的测量原理、测量方法、测量系统及测量信号处理方法。测量原理是指实现测量所依据的物理、化学、生物等现象及规律。如水银温度计是利用了水银的热胀冷缩性质；压力测力计是利用了石英晶体的压电效应等。

测量方法是指在测量原理确定后，根据对测量任务的具体要求和现场实际情况，需要采用不同的测量手段，如直接测量法、间接测量法、电测法、光测法、模拟量测量法、数字量测量法等。

测量系统是指在确定了被测量的测量原理和测量方法后，由各种测量装置组成的测试系统。要获得有用的信号，必须对被测物理量进行转换、分析和处理，这就需要借助一定的测试系统。利用测试系统测得的信号常常含有噪声，必须对其进行转换、分析和处理，提取出所需要的信息，才能获得正确的测量结果。

测试系统的组成框图如图 1-1 所示，图 1-1(a)是一般测试系统框图，图 1-1(b)是反馈测试系统框图。测试系统由传感器、信号变换、信号分析与处理或微型计算机等环节组成，或经信号变换，直接显示和记录。

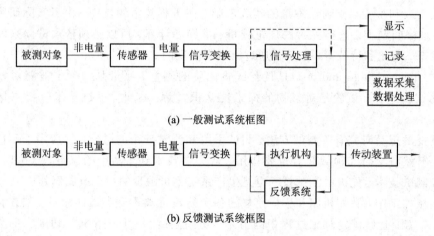

(a) 一般测试系统框图

(b) 反馈测试系统框图

图 1-1　测试系统的组成框图

被测对象的信息蕴含在不同物理量中，这些物理量就是被测值，测得的物理量多是一些非电量，如长度、位移、速度、加速度、频率、力、力矩、温度、压力、流量、振动、应变等。现代测试技术中测量非电量的方法主要是电测法，即将非电量转换为电量，然后借助电测仪器和装置对电信号进行分析和处理。电测法具有许多其他测量方法所不具备的优点，如测量范围广、精度高、响应速度快，能自动连续测量，数据传输、存储、记录、显示方便，并可以实现远距离检测、遥控，还可以与计算机构成测量系统，实现快速、多功能及智能化测量。

传感器是将外界信息按一定规律转换成可以被该测试系统识别的物理形式的装置。电测技术的传感器是将外界信息按一定规律转换成电信号的装置，它是实现自动检测和自动控制的首要环节。目前，除利用传统的结构型传感器外，大量物性型传感器被广泛采用。结构型传感器是以物体(如金属膜片)的变形或位移来检测被测量的。物性型传感器利用材料固有特性来实现对外界信息的检测，它有半导体类、陶瓷类、光纤类及其他新型材料等。世界上先进国家都把传感器技术列为核心技术。

信号变换环节是对传感器输出的信号进行加工，如将信号放大、调制与解调、阻抗变换、线性化、将信号变换为电压或电流等。原始信号经这个环节处理后，就变换成便于传输、记录、显示、转换以及可进一步后续处理的信号。这个环节常用的模拟电路有电桥电路、相敏电路、测量放大器、振荡器等，常用的数字电路有门电路、各种触发器、A/D 和 D/A 转换器等。

1.3　测试技术的主要任务及其在机械工程中的应用

1.3.1　测试技术的主要任务

对物理量进行测试面临着以下三个任务：

① 了解被测信号的特性；

② 选择测试系统；

③ 评价和分析测试系统的输出（信号）。

完成这三个任务会涉及以下内容：

（1）信号分析。信息蕴含在物理量中，这些物理量就是信号，信号是信息的载体。信号分析是测试系统中非常重要的环节，工程领域的物理量往往是随时间变化的动态信号，选择这类信号的测量系统，不仅要考虑被测信号的限值，还要了解被测信号的变化频率，以作为选择测试装置工作频率的依据。了解被测信号的频率信息经常采用频谱分析方法。对于通过测试装置获得的输出信号，根据测试的目的和要求不同，往往也需要对其进行分析，例如相关分析、频谱分析和统计分析等。

（2）测试系统的特性分析。测试系统的任务是感受输入的被测信号，并将其转化为可以理解或可以量化的输出形式。不同的测试系统对相同的输入有不同的响应（输出）。输出在多大程度上真实反映被测输入信号，取决于测试系统在传递信号的过程中对信号进行了怎样的"加工"。

（3）信号采集与调理。测试工作离不开具体的测量与转化装置，例如传感器、信号的调理装置等。工程领域的被测信号一般是非电量，如速度、加速度、温度、力和流量等，需要将其转化为电量，传感器就是完成这项转换的。为了便于后续的传输与分析处理，往往需要对传感器输出的电信号进行调理与转换。例如，滤波器可滤除干扰噪声，调制器可将低频的测试信号转换成易于在信道中传输的高频调制信号，模/数转换器可将模拟的电信号转化为数字信号，便于信号的数字分析等。

1.3.2　测试技术在机械工程领域的主要应用

在机械工程领域，测试技术得到了广泛应用，已经成为一项重要的基础技术。目前测试技术在机械工程领域中应用最为活跃的有如下几个主要方面：

1. 在机械振动和结构设计中的应用

在工业生产领域，机械结构的振动分析是一个重要的研究内容。通常在工作状态或人工输入激励下，采用各种振动传感器获取各种机械振动测试信号，再对这些信号进行分析和处理，提取各种振动特征参数，从而得到机械结构的各种有价值信息。尤其是通过对机械振动的频谱分析、机械结构模态分析和参数识别等，分析振动性质及产生原因，找出消振、减振的方法，进一步改进机械结构的设计，提高产品质量。

2. 在自动化控制与生产领域的应用

在工业自动化生产中，通过对工艺参数的采集与检测，实现工艺流程、产品质量和设备运行状态的监测与控制。例如在自动轧钢系统中，使用力传感器实时测量轧制力大小、使用测厚传感器实时测量钢板的厚度。这些测量信号反馈到控制系统后，控制系统根据轧制力和板材厚度信息来调整轮辊的位置，保证板材的轧制尺寸和质量。

3. 在机械设备状态监测与故障诊断中的应用

在电力、石油、冶金、化工等众多行业中，某些关键设备，如汽轮机、电动机、压缩机、风机、泵、变速箱等设备的工作状态关系到整个系统生产的正常工作与安全。对这些关键设备进行动态在线监测，可以及时、准确地掌握它们的运行状况和变化趋势，为工程技术人员提供详细、全面的信息，这是实现设备事后维修或定期维修向预知维修转变的基础。

1.4 现代测试技术的发展趋势

1.4.1 传感器的发展趋势

作为直接与被测量接触的测试系统第一环节的传感器，其主要发展趋势如下：

① 开展基础研究，探索新理论，发现新现象，开发传感器的新材料和新工艺；

② 实现传感器的集成化、多功能化和智能化；

③ 研究生物感官，开发仿生传感器。

1. 发现新现象

传感器工作的基本原理就是各种物理现象、化学反应和生物效应，所以发现新现象与新效应是发展传感器技术、研制新型传感器的理论基础。例如，日本夏普公司利用超导技术研究成功高温超导磁传感器，是传感器技术的重大突破，其灵敏度比霍尔器件高，仅次于超导量子干涉器件（SQUID），而其制造工艺远比超导量子干涉器件简单，可用于磁成像技术，具有广泛的推广价值。

2. 开发新材料

材料是传感器的重要物质基础，新型的敏感元件材料会给传感器带来新的功能或特性，特别是物性敏感元件材料。例如半导体氧化物可以制造各种气体传感器，而陶瓷传感器工作温度远高于半导体；光导纤维的应用是传感器材料的重要突破，用它研制的传感器具有突出特点；高分子聚合物材料作为传感器敏感元件材料的研究已引起国内外学者的极大兴趣。

3. 采用微细加工技术

微细加工技术又称微机械加工技术，是随着集成电路（IC）制造技术发展起来的，可使被加工的敏感结构尺寸达到微米、亚微米级。微型传感器就是利用该技术加工制作的，微型传感器是尺寸为微米级的各类传感器的总称，是近代先进的微电子机械系统（MEMS）中的重要组成部分。美国研制成功的 MEMS 加速度计能承受火炮发射时产生的近 $2 \times 10^5 g$（g 为重力加速度）的加速度。

4. 智能传感器

智能传感器是传统传感器与微处理器赋予智能的结合，兼有信息检测与信息处理的功能。智能传感器充分利用微处理器的计算和存储功能，对传感器的数据进行处理并能对它的内部进行调节使其采集的数据最佳。

智能传感器的结构可以是集成的，也可以是分离的，按结构可以分为集成式、混合式和模块式三种形式。集成智能传感器是将传感器与微处理器、信号调理电路做在同一芯片上所构成的，其集成度高、体积小。混合智能传感器是将传感器的微处理器、信号调理电路做在不同芯片上所构成的。模块智能传感器由许多相互独立的模块组成，如将微计算机、信号调理电路模块、输出电路模块、显示电路模块与传感器装配在同一壳体内，组成模块智能传感器。

5. 多功能传感器

多功能传感器能转换多个不同物理量，对多个参数进行测量。如同时检测钠、钾和氢离子浓度的传感器，其尺寸为 2.5 mm×0.5 mm×0.5 mm，可直接用导管送进心脏内，检测血液中的钠、钾和氢离子的浓度，对诊断心血管疾病非常有意义。

6. 仿生传感器

结合物理、化学和生物各方面作用原理，在整体上具有优良特性的复杂系统就是大自然创造的生物。不仅人类集多种感官于一身，还有多种生物具有奇异功能，尤其有些动物的感官功能大大超过当今传感器技术所能实现的范围。深入广泛研究生物界具有的感知能力的机理，开发出仿生传感器，必然能使传感器技术有巨大发展前景。

1.4.2　测试技术的发展趋势

随着材料科学、微电子技术和计算机技术的发展，测试技术也在迅速发展，从单一学科向多学科相互借鉴和渗透，形成综合各学科成果的测量系统。智能传感器和计算机技术的发展和应用，使得测试系统向自动化、智能化和网络化的方向发展，测试系统的在线实时测试能力在迅速提高，测试与控制密切结合，以实现"以信息流控制能量流和物质流"。

复 习 与 思 考

1.1　简述测试的目的。

1.2　简述电测技术的主要优点。

1.3　简述测试系统的组成及其作用。

1.4　举例说明现代测试技术在工业自动化生产中的应用。

第 2 章　信号及其描述

在生产实践和科学实验中，需要对客观存在的物体或物理过程进行观测。如在机械工程动态测试过程中，需要观察、分析和记录各种机械设备在运行过程中的物理现象和参数变化，这当中有的是通过直接观察获得数据，而多数情况是借助于测试装置或仪器把待测的量转换成容易测量、分析和记录的物理量，如电流、电压等，这些随时间变化而变化的物理量，称为信号。信号通常用关于时间的函数（或序列）来描述，该函数的图形就称为信号的波形。

从信息论的观点来看，信息就是事物存在方式和运动状态的特征。工程测试信息是通过测试信号来表现，信号包含着反映被测系统的状态或特征的有用信息。信号是信息的载体，信息是信号的内涵，因此深入地了解信号及其描述是工程测试的基础和前提。

2.1　信号的分类及其描述

2.1.1　信号的分类

1. 确定性信号和非确定性信号

1）确定性信号

能用明确的时间函数描述的信号称为确定性信号。确定性信号又可以分为周期信号和非周期信号两类。

（1）周期信号。周期信号是指按一定时间间隔周而复始重复出现的信号，可表达为

$$x(t) = x(t + nT_0) \tag{2-1}$$

例如单自由度无阻尼的质量-弹簧振动系统，如图 2-1 所示，质点瞬时位移为

$$x(t) = A\sin\left(\sqrt{\frac{k}{m}}t + \varphi_0\right) \tag{2-2}$$

式中：A 为振幅；k 为弹簧刚度；m 为质量；φ_0 为初始相位。无阻尼质量-弹簧振动系统运动周期为 $T_0 = \dfrac{2\pi}{\sqrt{k/m}}$，圆频率为 $\omega_0 = \dfrac{2\pi}{T_0} = \sqrt{\dfrac{k}{m}}$。

（2）非周期信号。非周期信号可以分为准周期信号和瞬变非周期信号。

准周期信号是由两种以上的周期信号合成的，但其组成分量之间无公共周期，因而无法按照某一定时间间隔周而复始重复出现。

瞬变非周期信号是指在有限时间段内存在，或是随着时间的推移而逐渐衰减至零的信号。如图 2-1 所示的无阻尼质量-弹簧振动系统，若加上阻尼装置，其质点位移可表示为

$$x(t)=A\mathrm{e}^{-at}\sin(\omega_0 t+\varphi_0) \tag{2-3}$$

其波形如图 2-2 所示，是一种瞬变非周期信号，随着时间的增加而衰减至零。

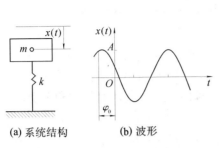

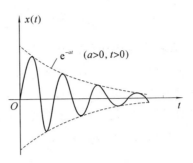

(a) 系统结构　　(b) 波形

图 2-1　无阻尼的质量-弹簧振动系统

图 2-2　瞬变非周期信号波形

2）非确定性信号

非确定性信号，又称为随机信号，是指无法用明确的时间函数描述的信号。随机信号描述的现象是随机过程，如机械设备的振动、环境的噪声、汽车奔驰所产生的振动等，这类信号需要采用概率论与数理统计理论来描述。

综上所述，按照信号随时间变化规律可将信号进行如下分类：

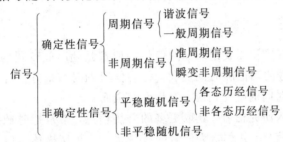

2. 连续信号和离散信号

若信号数学表达式中的独立变量是连续的，则称为连续信号；若信号数学表达式中的独立变量是离散的，则称为离散信号，如图 2-3 所示。

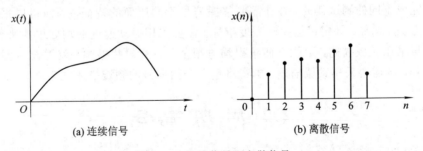

(a) 连续信号　　　　　　　　(b) 离散信号

图 2-3　连续信号和离散信号

信号的幅值也可以分为连续和离散的两种，若信号的幅值和独立变量均连续，则称为模拟信号；若信号的幅值和独立变量均离散，则称为数字信号，计算机所使用的信号都是数字信号。

综上所述，按照信号幅值与独立变量的连续性可将信号进行如下分类：

$$
信号
\begin{cases}
连续信号
\begin{cases}
模拟信号（信号的幅值与独立变量均连续）\\
一般连续信号（独立变量连续）
\end{cases}\\
离散信号
\begin{cases}
一般离散信号（独立变量离散）\\
数字信号（信号的幅值与独立变量均离散）
\end{cases}
\end{cases}
$$

3. 能量信号和功率信号

在非电量测量中，常把被测信号转换为电流或电压信号来处理。显然，电压信号加到单位电阻上的瞬时功率为 $P(t)=x^2(t)/R=x^2(t)$。瞬时功率对时间的积分即为信号在该时间内的能量。因此，不考虑量纲，而直接把信号的平方及其对时间的积分分别称为信号的功率和能量。若 $x(t)$ 满足

$$
\int_{-\infty}^{\infty} x^2(t)\,dt < \infty \tag{2-4}
$$

则信号的能量有限，称为能量有限信号，简称为能量信号，如各类瞬变信号。

若信号 $x(t)$ 在区间（$-\infty,\infty$）的能量无限，不满足绝对可积条件，但在有限区间（$-T/2,T/2$）满足

$$
\lim_{T\to\infty}\frac{1}{T}\int_{-T/2}^{T/2} x^2(t)\,dt < \infty \tag{2-5}
$$

则称为功率信号，如周期信号、常值信号、阶跃信号等。

2.1.2　信号的描述

在测试技术中，直接检测或记录到的信号一般都是随时间变化的物理量，这种以时间为独立变量，反映信号的幅值随时间变化，称为信号的时域描述。信号时域描述能直观地反映出信号瞬时值随时间的变化情况，但是不够全面。

为了更加全面深入研究信号，获取更多的有用信息，常常把时域描述的信号变换为以频率作为独立变量的信号，并称之为信号的频域描述。频域描述可以反映出信号的各频率成分的幅值和相位，即信号的频域结构特征，为信号的分析提供了一种新的角度。信号的时域、频域描述是可以相互转换的，而且包含有信号同样的全部信息量，将这些不同角度获得的关于信号的信息综合起来就可以获得对信号较为全面的认识。

为了完成不同的测试任务，往往需要掌握信号不同层面的特征，因而可以采用不同的信号描述方法。例如，评定机器振动烈度指标，需要采用振动速度的均方根值来作为依据。若速度信号采用时域描述，则能方便求得均方根值。若要寻找振源，就需要掌握振动信号的频率成分，则需要采用频域描述。本章将重点介绍信号的频域描述方法。

2.2　周　期　信　号

2.2.1　周期信号的时域描述

周期信号时域的最显著特征在于它的周期性，经过一个周期后，其波形重复出现，周而复始。因此，对于周期信号只需要研究其在一个周期内的特征即可。周期信号的时域描述能反映信号幅值随时间的变化关系。

正、余弦信号是最简单的周期信号，常称为简谐信号（谐波信号），而周期性的方波、三

角波和锯齿波等是工程中常见的非简谐周期信号。

2.2.2　周期信号的频域描述

谐波信号是最简单的周期信号，只包含一种频率成分。是否一般比较复杂的周期信号都可以用谐波信号来描述？如果假设成立，那这种描述是什么形式的？下面就来研究这个问题。

1. 傅里叶级数的三角函数展开式

在有限区间里，凡满足狄里赫利条件的周期函数均可展开成傅里叶级数。傅里叶级数的三角函数展开式如下：

$$x(t) = a_0 + \sum_{n=1}^{\infty} (a_n \cos n\omega_0 t + b_n \sin n\omega_0 t) \qquad (2-6)$$

式中，常值分量 a_0、余弦分量幅值 a_n、正弦分量幅值 b_n 分别为

$$a_0 = \frac{1}{T_0} \int_{-T_0/2}^{T_0/2} x(t) \mathrm{d}t$$

$$a_n = \frac{2}{T_0} \int_{-T_0/2}^{T_0/2} x(t) \cos n\omega_0 t \mathrm{d}t \qquad (2-7)$$

$$b_n = \frac{2}{T_0} \int_{-T_0/2}^{T_0/2} x(t) \sin n\omega_0 t \mathrm{d}t$$

式中：T_0 为信号的周期；ω_0 为信号的角频率，$\omega_0 = 2\pi/T_0$；$n = 1, 2, 3 \cdots$。

若用三角函数变换公式将式（2-6）中的正、余弦同频项合并，则可改写成

$$x(t) = a_0 + \sum_{n=1}^{\infty} A_n \sin(n\omega_0 t + \varphi_n) \qquad (2-8)$$

$$A_n = \sqrt{a_n^2 + b_n^2}, \ \tan\varphi_n = \frac{a_n}{b_n}$$

式（2-8）表明，满足狄里赫利条件的周期信号，可看做是由多个乃至无穷多个不同频率的谐波信号线性叠加而成。通常把角频率 ω_0 称为基波频率，简称基频；$A_1 \sin(\omega_0 t + \varphi_1)$ 称为基波，$A_n \sin(n\omega_0 t + \varphi_n)$ 称为 n 次谐波。

将组成 $x(t)$ 的各谐波信号的三要素 $(A_n、n\omega_0、\varphi_n)$，以 $n\omega_0$ 为横坐标，分别以幅值 A_n 和相位 φ_n 为纵坐标表示出来，$A_n - n\omega_0$ 称为幅频谱图，$\varphi_n - n\omega_0$ 称为相频谱图，两者统称为周期信号的三角级数频谱图，简称"频谱"。由于 n 取整数序列，而各谐波信号的频率成分都是 ω_0 的整数倍，相邻频率的间隔 $\Delta\omega = \omega_0 = 2\pi/T_0$，因而谱线是离散的。

例 2-1　分析如图 2-4 所示的周期方波信号的频率结构，并绘制其频谱图。

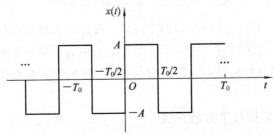

图 2-4　周期方波信号

解 方波信号 $x(t)$ 在一个周期内可表示为

$$x(t)=\begin{cases} A & 0 \leqslant t < \dfrac{T_0}{2} \\ -A & -\dfrac{T_0}{2} \leqslant t < 0 \end{cases}$$

由于 $x(t)$ 是奇函数，而奇函数在对称区间上积分为 0，所以

$$a_0 = 0, \ a_n = 0$$

$$\begin{aligned} b_n &= \frac{2}{T_0}\int_{-T_0/2}^{T_0/2} x(t)\sin n\omega_0 t\mathrm{d}t \\ &= \frac{2}{T_0}\Big[\int_{-T_0/2}^{0}(-A)\sin n\omega_0 t\mathrm{d}t + \int_0^{T_0/2}A\sin n\omega_0 t\mathrm{d}t\Big] \\ &= \frac{4A}{n\omega_0 T_0}\Big[1-\cos\Big(n\omega_0\frac{T_0}{2}\Big)\Big] \\ &= \begin{cases} \dfrac{4A}{n\pi} & n=1,\,3,\,5,\,\cdots \\ 0 & n=2,\,4,\,6,\,\cdots \end{cases} \end{aligned}$$

因而，周期方波信号傅里叶级数的三角函数展开式为

$$x(t) = \frac{4A}{\pi}\Big(\sin\omega_0 t + \frac{1}{3}\sin 3\omega_0 t + \frac{1}{5}\sin 5\omega_0 t + \cdots\Big)$$

方波信号的幅频谱图和相频谱图如图 2-5 所示。其幅频谱只包含基频和奇次谐波频率分量，且幅值以 $1/n$ 的规律收敛；相频谱中各次谐波的初始相位 φ_n 均为零。

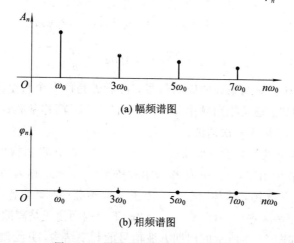

(a) 幅频谱图

(b) 相频谱图

图 2-5 周期方波的幅频、相频谱图

这样就可以回答本节开头所提出的两个问题：满足狄里赫利条件的周期函数都可以用简谐振动线性叠加的形式来描述。这种形式在数学上称为周期函数的傅里叶级数展开，同时也提供了从频域角度分析信号的一种思想和方法，频域分析在测试信号分析和处理中占有非常重要的地位。

2. 傅里叶级数的复指数函数展开式

由欧拉公式可知

$$\mathrm{e}^{\pm \mathrm{j} n \omega_0 t} = \cos n \omega_0 t \pm \mathrm{j} \sin n \omega_0 t \tag{2-9}$$

其中

$$\cos n \omega_0 t = \frac{1}{2} (\mathrm{e}^{-\mathrm{j} n \omega_0 t} + \mathrm{e}^{\mathrm{j} n \omega_0 t}) \tag{2-10}$$

$$\sin n \omega_0 t = \frac{\mathrm{j}}{2} (\mathrm{e}^{-\mathrm{j} n \omega_0 t} - \mathrm{e}^{\mathrm{j} n \omega_0 t}) \tag{2-11}$$

式中 $\mathrm{j} = \sqrt{-1}$ ，将式(2-6)改写为

$$x(t) = a_0 + \sum_{n=1}^{\infty} \left[\frac{1}{2} (a_n + \mathrm{j} b_n) \mathrm{e}^{-\mathrm{j} n \omega_0 t} + \frac{1}{2} (a_n - \mathrm{j} b_n) \mathrm{e}^{\mathrm{j} n \omega_0 t} \right] \tag{2-12}$$

令

$$c_0 = a_0 \tag{2-13a}$$

$$c_{-n} = \frac{1}{2} (a_n + \mathrm{j} b_n) \tag{2-13b}$$

$$c_n = \frac{1}{2} (a_n - \mathrm{j} b_n) \tag{2-13c}$$

则式(2-12)可写成

$$x(t) = c_0 + \sum_{n=1}^{\infty} \left[c_{-n} \mathrm{e}^{-\mathrm{j} n \omega_0 t} + c_n \mathrm{e}^{\mathrm{j} n \omega_0 t} \right]$$

即

$$x(t) = \sum_{n=-\infty}^{\infty} c_n \mathrm{e}^{\mathrm{j} n \omega_0 t} \qquad (n = 0, \pm 1, \pm 2, \cdots) \tag{2-14}$$

这就是傅里叶级数的复指数展开式。

　　将式(2-7)代入式(2-13)，c_0、c_{-n} 和 c_n 可合写成一个表达式，即

$$c_n = \frac{1}{T_0} \int_{-T_0/2}^{T_0/2} x(t) \mathrm{e}^{-\mathrm{j} n \omega_0 t} \mathrm{d}t \tag{2-15}$$

一般情况下，c_n 是复数，可以写成实部、虚部形式，也可以写成模与幅角的形式，即

$$c_n = \mathrm{Re} c_n + \mathrm{j} \mathrm{Im} c_n = |c_n| \mathrm{e}^{\mathrm{j} \varphi_n} \tag{2-16}$$

两种形式的关系为

$$c_n = \sqrt{(\mathrm{Re} c_n)^2 + (\mathrm{Im} c_n)^2} \tag{2-17}$$

$$\varphi_n = \arctan \frac{\mathrm{Im} c_n}{\mathrm{Re} c_n} \tag{2-18}$$

$|c_n| - n \omega_0$ 和 $\varphi_n - n \omega_0$ 的关系图分别称为幅频谱图和相频谱图，统称为复频谱图。$\mathrm{Re} c_n - n \omega_0$ 和 $\mathrm{Im} c_n - n \omega_0$ 的关系图分别称为实频谱图和虚频谱图。

　　需要指出的是，由于 n 的取值为所有正、负整数，横坐标 $n \omega_0$ 的变化范围为 $-\infty \sim \infty$，这种频谱称为双边谱，与此对应的三角函数展开式频谱称为单边谱。双边谱中的负频率分量只是一种数学表达形式，没有实际物理意义。进一步还可以发现，单边谱和双边谱各谐波幅值有对应的数学关系：

$$|c_0| = A_0 = a_0$$

$$|c_n| = \frac{1}{2} \sqrt{a_n^2 + b_n^2} = \frac{1}{2} A_n$$

例 2-2 对如图 2-4 所示的周期方波，求其傅里叶级数复指数展开式，并作复频谱图。

解 由式(2-15)可得

$$c_n = \frac{1}{T_0}\left[\int_{-T_0/2}^{0}(-A)e^{-jn\omega_0 t}dt + \int_{0}^{T_0/2}Ae^{-jn\omega_0 t}dt\right]$$

$$= \begin{cases} -j\dfrac{2A}{n\pi} & n = \pm 1, \pm 3, \pm 5, \cdots \\ 0 & n = 0, \pm 2, \pm 4, \cdots \end{cases}$$

周期方波信号傅里叶级数的复指数展开式为

$$x(t) = \sum_{n=-\infty}^{\infty}\left(-j\frac{2A}{n\pi}\right)e^{jn\omega_0 t} \qquad (n = \pm 1, \pm 3, \pm 5, \cdots)$$

双边幅频谱和相频谱分别为

$$|c_n| = \frac{2A}{\pi|n|} \qquad (n = \pm 1, \pm 3, \pm 5, \cdots)$$

$$\varphi_n = \arctan\left(\frac{-2A/n\pi}{0}\right) = \begin{cases} -\dfrac{\pi}{2} & n = 1, 3, 5, \cdots \\ \dfrac{\pi}{2} & n = -1, -3, -5, \cdots \end{cases}$$

实频谱和虚频谱分别为

$$\mathrm{Re}c_n = 0$$

$$\mathrm{Im}c_n = -\frac{2A}{n\pi}$$

周期方波的实、虚频谱和复频谱图如图 2-6 所示。

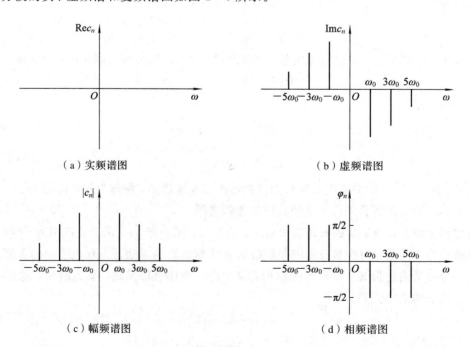

（a）实频谱图　　　　　　　　　　（b）虚频谱图

（c）幅频谱图　　　　　　　　　　（d）相频谱图

图 2-6 周期方波的实、虚频谱和复频谱图

周期信号的频谱具有以下三个特点：

(1) 离散性：周期信号的频谱是离散的；

(2) 谐波性：周期信号的频率成分是基频的整数倍；

(3) 收敛性：工程中常见的周期信号，其谐波幅值总的趋势是随谐波次数的增大而减小。因此，在频谱分析中没有必要取那些次数过高的谐波分量。

2.2.3　周期信号的强度分析

周期信号的强度描述常以峰值、峰-峰值、均值、绝对均值、均方值和有效值来表示，它确定测量系统的动态范围。周期信号强度描述的几何含义如图 2-7 所示。

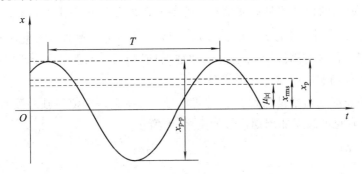

图 2-7　周期信号的强度描述

1. 峰值和峰-峰值

峰值 x_p 是指在一个周期内信号 $x(t)$ 可能出现的最大绝对瞬时值，即

$$x_p = |x(t)|_{\max} \tag{2-19}$$

峰-峰值 x_{p-p} 是指在一个周期内信号最大瞬时值与最小瞬时值之差的绝对值，即

$$x_{p-p} = |x_{\max} - x_{\min}| \tag{2-20}$$

信号的峰值和峰-峰值给出了信号变化的极限范围，是选择测试装置的量程和动态范围的依据，被测信号的峰-峰值应在测试装置的线性范围之内，以防止信号发生畸变和削波。

2. 均值和绝对均值

周期信号的均值 μ_x 为

$$\mu_x = \frac{1}{T} \int_0^T x(t) \, dt \tag{2-21}$$

它表达了信号变化的中心趋势，是信号的常值分量。

周期信号的绝对均值 $\mu_{|x|}$ 定义为经全波整流后的信号均值，即

$$\mu_{|x|} = \frac{1}{T} \int_0^T |x(t)| \, dt \tag{2-22}$$

3. 均方值和有效值

有效值是信号的均方根值 x_{rms}，即

$$x_{rms} = \sqrt{\frac{1}{T} \int_0^T x^2(t) \, dt} \tag{2-23}$$

有效值的平方-均方值就是信号的平均功率 P_{av}，即

$$P_{av} = \frac{1}{T} \int_0^{T_0} x^2(t) \, dt \qquad (2-24)$$

式(2-24)反映了信号的功率大小。

2.3 非周期信号

如 2.2 节所述，周期信号可展开成多个乃至无限个简谐信号之和，简谐信号频率具有公约数——基频。但几个简谐信号的叠加，不一定都是周期信号，只有各简谐成分的频率比是有理数，合成后的信号才是周期信号。若各简谐成分的频率比不是有理数，则合成后没有公共周期。如 $x(t) = \sin\omega_0 t + \sin\sqrt{3}\,\omega_0 t$，其频率比不是有理数，合成后不是周期信号，但这种信号的频谱仍具有离散性，故称之为"准周期"信号。工程中多个无关联独立振源激励同一对象时的振动响应就属于此类信号。

通常所说的非周期信号是指瞬变非周期信号，其特点是幅值沿独立变量 t 衰减，属于能量有限信号。常见的瞬变非周期信号如图 2-8 所示。

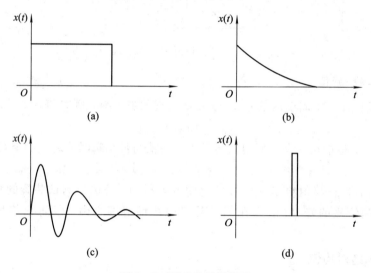

图 2-8　瞬变非周期信号

2.3.1　傅里叶变换

非周期信号可以看成是周期趋近于无穷大的周期信号。由 2.2 节可知，周期为 T_0 的信号其频谱是离散的，谱线的频率间隔 $\Delta\omega = \omega_0 = 2\pi/T_0$，当周期 T_0 趋于无穷大时，其频率间隔 $\Delta\omega$ 趋于无穷小，谱线无限靠近，变量 ω 连续取值以致离散谱线的顶点最后连接成为一条连续曲线。

由式(2-14)和式(2-15)可知，周期信号 $x(t)$ 的傅里叶级数复指数展开式为

$$x(t) = \sum_{n=-\infty}^{\infty} \left[\frac{1}{T_0} \int_{-T_0/2}^{T_0/2} x(t) e^{-jn\omega_0 t} \, dt \right] e^{jn\omega_0 t}$$

当 $T_0 \to \infty$ 时，频率间隔 $\Delta\omega \to \mathrm{d}\omega$，$n\omega_0 \to \omega$，求和关系就变为积分关系，则上式可改写为

$$x(t) = \int_{-\infty}^{\infty} \left[\frac{1}{T_0} \int_{-\infty}^{\infty} x(t) \mathrm{e}^{-\mathrm{j}\omega t} \mathrm{d}t \right] \mathrm{e}^{\mathrm{j}\omega t}$$

$$= \frac{1}{2\pi} \int_{-\infty}^{\infty} \left[\int_{-\infty}^{\infty} x(t) \mathrm{e}^{-\mathrm{j}\omega t} \mathrm{d}t \right] \mathrm{e}^{\mathrm{j}\omega t} \mathrm{d}\omega \qquad (2-25)$$

式(2-25)方括号内对时间 t 积分之后，仅是角频率 ω 的函数，记作 $X(\omega)$，即

$$X(\omega) = \int_{-\infty}^{\infty} x(t) \mathrm{e}^{-\mathrm{j}\omega t} \mathrm{d}t \qquad (2-26)$$

$$x(t) = \frac{1}{2\pi} \int_{-\infty}^{\infty} X(\omega) \mathrm{e}^{\mathrm{j}\omega t} \mathrm{d}\omega \qquad (2-27)$$

式(2-26)中的 $X(\omega)$ 称为 $x(t)$ 的傅里叶变换；式(2-27)中的 $x(t)$ 称为 $X(\omega)$ 的傅里叶逆变换，两者互为傅里叶变换对，可记为

$$x(t) \Leftrightarrow X(\omega)$$

若将 $\omega = 2\pi f$ 代入式(2-26)和式(2-27)后，则可简化为

$$X(f) = \int_{-\infty}^{\infty} x(t) \mathrm{e}^{-\mathrm{j}2\pi f t} \mathrm{d}t \qquad (2-28)$$

$$x(t) = \int_{-\infty}^{\infty} X(f) \mathrm{e}^{\mathrm{j}2\pi f t} \mathrm{d}f \qquad (2-29)$$

$|X(f)|$ 一般是变量 f 的复变函数，可以写成

$$X(f) = |X(f)| \mathrm{e}^{\mathrm{j}\varphi(f)} \qquad (2-30)$$

需要指出的是，尽管非周期信号的幅频谱 $|X(f)|$ 和周期信号的幅频谱 $|c_n|$ 很相似，但两者是有差别的，其差别特别表现在两者的量纲不同。$|c_n|$ 为信号幅值的量纲，而 $|X(f)|$ 是信号单位频宽上的幅值，所以更确切地说，$|X(f)|$ 是频谱密度函数。本书为方便起见，仍称 $|X(f)|$ 为频谱。

例 2-3　求矩形窗函数 $w(t)$ 的频谱。

解　矩形窗函数的定义式为

$$w(t) = \begin{cases} 1 & |t| \leqslant \dfrac{T}{2} \\ 0 & |t| > \dfrac{T}{2} \end{cases} \qquad (2-31)$$

其频谱为

$$W(f) = \int_{-\infty}^{\infty} w(t) \mathrm{e}^{-\mathrm{j}2\pi f t} \mathrm{d}t = \int_{-T/2}^{T/2} \mathrm{e}^{-\mathrm{j}2\pi f t} \mathrm{d}t$$

$$= \frac{-1}{\mathrm{j}2\pi f} (\mathrm{e}^{-\mathrm{j}\pi f T} - \mathrm{e}^{\mathrm{j}\pi f T})$$

利用欧拉公式，有

$$\sin(\pi f T) = -\frac{1}{2\mathrm{j}} (\mathrm{e}^{-\mathrm{j}\pi f T} - \mathrm{e}^{\mathrm{j}\pi f T})$$

代入上式，得

$$W(f) = \frac{\sin(\pi f T)}{\pi f} = T \frac{\sin(\pi f T)}{\pi f T} = T\mathrm{sinc}(\pi f T)$$

窗函数的幅值谱为

$$|W(f)| = T|sinc(\pi fT)|$$

相位谱为

$$\varphi(f) = \arctan \frac{0}{sinc(\pi fT)}$$

相位谱的符号由 $sinc(\pi fT)$ 的符号而定。当 $sinc(\pi fT)$ 为正值时，相位角为零；当 $sinc(\pi fT)$ 为负值时，相位角为 π。矩形窗函数的频谱图如图 2-9 所示。

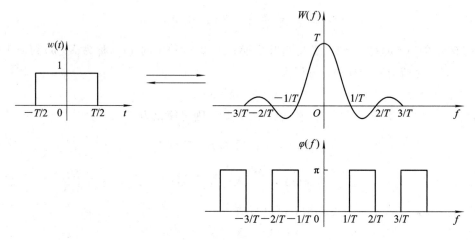

图 2-9　矩形窗函数及其频谱

推导中利用了森格函数的定义，即

$$sinc(x) = \frac{\sin x}{x} \tag{2-32}$$

该函数是偶函数，以 2π 为周期，并随着 x 增加而衰减振荡，当 $x = n\pi(n = \pm 1, \pm 2, \cdots)$ 时函数值为零，如图 2-10 所示。

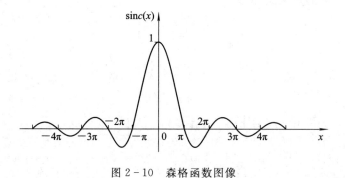

图 2-10　森格函数图像

2.3.2　傅里叶变换的主要性质

1. 奇偶虚实性质

函数 $x(t)$ 的傅里叶变换为实变量 f 的复变函数，即

$$X(f) = \int_{-\infty}^{\infty} x(t) \mathrm{e}^{-\mathrm{j}2\pi ft} \mathrm{d}t$$

$$= \int_{-\infty}^{\infty} x(t) \cos 2\pi ft \, \mathrm{d}t - \mathrm{j} \int_{-\infty}^{\infty} x(t) \sin 2\pi ft \, \mathrm{d}t$$

$$= \mathrm{Re}X(f) - \mathrm{j} \mathrm{Im}X(f) \tag{2-33}$$

由于其实部为变量 f 的偶函数，虚部为变量 f 的奇函数，即

$$\mathrm{Re}X(f) = \mathrm{Re}X(-f)$$

$$\mathrm{Im}X(f) = -\mathrm{Im}X(-f)$$

若 $x(t)$ 为实偶函数，则 $\mathrm{Im}X(f) = 0$，$X(f)$ 是实偶函数，即 $X(f) = \mathrm{Re}X(f) = X(-f)$；若 $x(t)$ 为实奇函数，则 $\mathrm{Re}X(f) = 0$，$X(f)$ 是虚奇函数，即 $X(f) = -\mathrm{j}\mathrm{Im}X(f) = -X(-f)$。

2. 对称性

若 $x(t) \Leftrightarrow X(f)$，则

$$X(t) \Leftrightarrow x(-f) \tag{2-34}$$

证明
$$x(t) = \int_{-\infty}^{\infty} X(f) \mathrm{e}^{\mathrm{j}2\pi ft} \mathrm{d}f$$

若以 $-t$ 替换 t，得

$$x(-t) = \int_{-\infty}^{\infty} X(f) \mathrm{e}^{-\mathrm{j}2\pi ft} \mathrm{d}f$$

再将 t 与 f 互换，则可得 $X(t)$ 的傅里叶变换为

$$x(-f) = \int_{-\infty}^{\infty} X(t) \mathrm{e}^{-\mathrm{j}2\pi ft} \mathrm{d}t$$

应用这个性质，利用已知的傅里叶变换对，获得逆向相应的变换对。图 2-11 是对称性的应用举例。

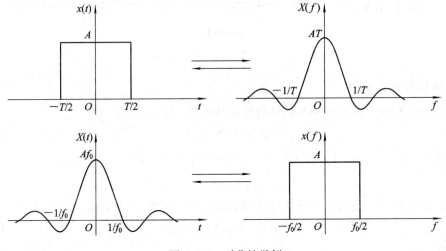

图 2-11　对称性举例

3. 时间尺度改变特性

若 $x(t) \Leftrightarrow X(f)$，则

$$x(kt) \Leftrightarrow \frac{1}{k} X\left(\frac{f}{k}\right) \qquad (k > 0) \tag{2-35}$$

证明

$$\int_{-\infty}^{\infty} x(kt)\,\mathrm{e}^{-\mathrm{j}2\pi ft}\,\mathrm{d}t = \frac{1}{k}\int_{-\infty}^{\infty} x(kt)\,\mathrm{e}^{-\mathrm{j}2\pi \frac{f}{k}(kt)}\,\mathrm{d}(kt)$$

$$= \frac{1}{k}X\left(\frac{f}{k}\right)$$

当时间尺度压缩($k>1$)时，频谱的频带加宽、幅值降低；当时间尺度扩展($k<1$)时，频谱的频带变窄、幅值增加。图 2 - 12 为时间尺度改变特性举例。

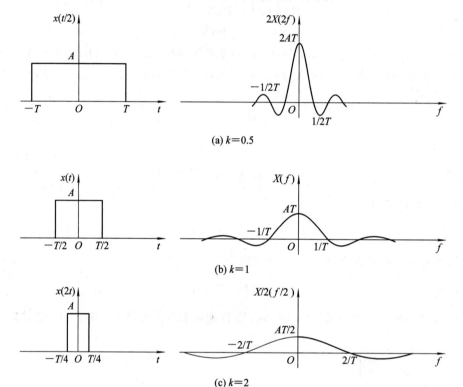

(a) $k=0.5$

(b) $k=1$

(c) $k=2$

图 2 - 12　时间尺度改变特性

4. 时移和频移特性

若 $x(t)\Leftrightarrow X(f)$，在时域中当信号沿时间轴平移一常值 t_0 时，则

$$x(t\pm t_0)\Leftrightarrow X(f)\mathrm{e}^{\pm 2\pi ft_0} \tag{2-36}$$

证明

$$\int_{-\infty}^{\infty} x(t\pm t_0)\,\mathrm{e}^{-\mathrm{j}2\pi ft}\,\mathrm{d}t = \int_{-\infty}^{\infty} x(t\pm t_0)\,\mathrm{e}^{-\mathrm{j}2\pi f(t\pm t_0)}\,\mathrm{e}^{\pm \mathrm{j}2\pi ft_0}\,\mathrm{d}(t\pm t_0)$$

$$= X(f)\mathrm{e}^{\pm \mathrm{j}2\pi ft_0}$$

若 $x(t)\Leftrightarrow X(f)$，在时域中当信号沿频率轴平移一常值 f_0 时，则

$$x(t)\mathrm{e}^{\pm 2\pi f_0 t}\Leftrightarrow X(f\mp f_0) \tag{2-37}$$

证明

$$\int_{-\infty}^{\infty} X(f\pm f_0)\,\mathrm{e}^{\mathrm{j}2\pi ft}\,\mathrm{d}f = \int_{-\infty}^{\infty} X(f\pm f_0)\,\mathrm{e}^{\mathrm{j}2\pi(f\pm f_0)t}\,\mathrm{e}^{\mp \mathrm{j}2\pi f_0 t}\,\mathrm{d}(f\pm f_0)$$

$$= x(t)\mathrm{e}^{\mp \mathrm{j}2\pi f_0 t}$$

5. 微分特性

若 $x(t)\Leftrightarrow X(f)$，则

$$\frac{\mathrm{d}^n x(t)}{\mathrm{d} t^n} \Leftrightarrow (\mathrm{j}2\pi f)^n X(f) \tag{2-38}$$

6. 积分特性

若 $x(t) \Leftrightarrow X(f)$，则

$$\underbrace{\int_{-\infty}^{t} \cdots \int_{-\infty}^{t} x(t)\mathrm{d} t}_{n\text{重积分}} \Leftrightarrow \frac{1}{(\mathrm{j}2\pi f)^n} X(f) \tag{2-39}$$

7. 卷积特性

函数 $x(t)$ 与 $y(t)$ 的卷积记作 $x(t) * y(t)$，定义为

$$x(t) * y(t) = \int_{-\infty}^{\infty} x(\tau)y(t-\tau)\mathrm{d}\tau \tag{2-40}$$

通常卷积的直接积分计算比较困难，但是利用卷积特性，可以使信号分析的工作大为简化，因此卷积特性在信号分析中具有重要的地位。

若 $x(t) \Leftrightarrow X(f)$，$y(t) \Leftrightarrow Y(f)$，则

$$x(t) * y(t) \Leftrightarrow X(f)Y(f) \tag{2-41}$$

$$x(t)y(t) \Leftrightarrow X(f) * Y(f) \tag{2-42}$$

现以时域卷积为例，证明如下：

$$\int_{-\infty}^{\infty} \left[\int_{-\infty}^{\infty} x(\tau)y(t-\tau)\mathrm{d}\tau \right] \mathrm{e}^{-2\pi f t}\mathrm{d} t = \int_{-\infty}^{\infty} x(\tau) \left[\int_{-\infty}^{\infty} y(t-\tau)\mathrm{e}^{-2\pi f t}\mathrm{d} t \right] \mathrm{d}\tau \text{（交换积分顺序）}$$

$$= \int_{-\infty}^{\infty} x(\tau)Y(f)\mathrm{e}^{-2\pi f \tau}\mathrm{d}\tau \qquad \text{（根据时移特性）}$$

$$= X(f)Y(f)$$

2.3.3　工程典型信号的频谱

1. δ 函数

在 ε 时间内激发一个矩形脉冲 $S_\varepsilon(t)$（或三角形脉及其他形状脉冲），其面积为 1。当 $\varepsilon \to 0$ 时，$S_\varepsilon(t)$ 的极限就称为 δ 函数，也称为单位脉冲信号，记作 $\delta(t)$，如图 2-13 所示。

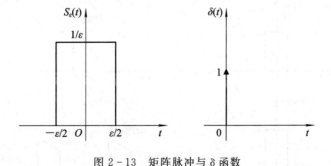

图 2-13　矩阵脉冲与 δ 函数

从函数极限角度看

$$\delta(t) = \lim_{\varepsilon \to 0} S_\varepsilon(t) = \begin{cases} \infty & t = 0 \\ 0 & t \neq 0 \end{cases} \tag{2-43}$$

从面积(通常表示能量或强度)的角度看

$$\int_{-\infty}^{\infty} \delta(t) = \int_{-\infty}^{\infty} \lim_{\varepsilon \to 0} S_{\varepsilon}(t) = \lim_{\varepsilon \to 0} \int_{-\infty}^{\infty} S_{\varepsilon}(t) = 1 \qquad (2-44)$$

实际工程中某些具有冲击性的物理现象,如数字电路中的采样脉冲、材料的突然断裂或撞击、电网线路中的短时冲击干扰、爆炸等都是通过 δ 函数来分析的。

δ 函数的主要性质有:

(1) $\delta(t)$ 是偶函数,即

$$\delta(t) = \delta(-t) \qquad (2-45)$$

(2) 乘积(抽样)特性。若 $x(t)$ 为一连续信号,则有

$$x(t)\delta(t) = x(0)\delta(t) \qquad (2-46)$$

$$x(t)\delta(t-t_0) = x(t_0)\delta(t-t_0) \qquad (2-47)$$

(3) 采样(筛选)特性,即

$$\int_{-\infty}^{\infty} x(t)\delta(t)\mathrm{d}t = x(0)\int_{-\infty}^{\infty} \delta(t) = x(0) \qquad (2-48)$$

$$\int_{-\infty}^{\infty} x(t)\delta(t-t_0)\mathrm{d}t = x(t_0)\int_{-\infty}^{\infty} \delta(t-t_0) = x(t_0) \qquad (2-49)$$

采样性质对于连续信号的离散采样十分重要,在数字信号处理中得到广泛的应用。

(4) 卷积特性,即

$$x(t) * \delta(t) = \int_{-\infty}^{\infty} x(\tau)\delta(t-\tau)\mathrm{d}\tau = \int_{-\infty}^{\infty} x(\tau)\delta(\tau-t)\mathrm{d}\tau = x(t) \qquad (2-50)$$

$$x(t) * \delta(t \pm t_0) = \int_{-\infty}^{\infty} x(\tau)\delta(t \pm t_0 - \tau)\mathrm{d}\tau = x(t \pm t_0) \qquad (2-51)$$

可见,函数 $x(t)$ 和 δ 函数的卷积结果,实现 $x(t)$ 图形搬移,即以 δ 函数的位置作为新坐标原点将 $x(t)$ 重新构图,如图 2-14 所示。

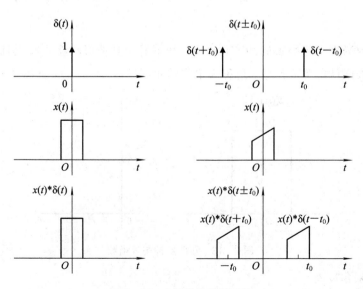

图 2-14 δ 函数的卷积特性

（5）对 δ 函数取傅里叶变换，得

$$\Delta(f) = \int_{-\infty}^{\infty} \delta(t) \mathrm{e}^{-\mathrm{j}2\pi ft} \mathrm{d}t = \mathrm{e}^{-\mathrm{j}2\pi f \cdot 0} = 1 \tag{2-52}$$

其逆变换为

$$\delta(t) = \int_{-\infty}^{\infty} 1 \cdot \mathrm{e}^{\mathrm{j}2\pi ft} \mathrm{d}f \tag{2-53}$$

可见，δ 函数具有等强度、无限宽广的频谱，称为"均匀谱"、"白色谱"。图 2-15 为 δ 函数及其频谱图。

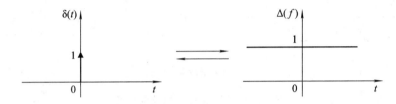

图 2-15 δ 函数及其频谱

根据傅里叶变换的对称、时移、频移性质，还可以得到以下 δ 函数傅里叶变换对：

$$\delta(t \pm t_0) \Longleftrightarrow \mathrm{e}^{\pm \mathrm{j}2\pi ft_0} \tag{2-54}$$

$$\mathrm{e}^{\mp \mathrm{j}2\pi f_0 t} \Longleftrightarrow \delta(f \pm f_0) \tag{2-55}$$

2. 矩形窗函数

矩形窗函数的频谱已在例 2-3 中得到。从矩形窗函数的频谱图 2-9 可见，f 在 0～±1/T 之间的谱峰幅值最大，称为主瓣，主瓣的宽度为 2/T，与时域窗宽度成反比。两侧其他各谱峰的峰值较低，称为旁瓣。窗函数的应用很广，在时域中对连续信号处理时，往往需要截取某一段时间内的信号，其本质是原始信号和窗函数在时域内相乘，因而得到的频谱是原始信号频谱与窗函数频谱在频域中的卷积，它是连续的、频率无限延伸的频谱。

3. 正、余弦函数

由于正、余弦函数不满足绝对可积条件，因此不能直接应用式(2-28)进行傅里叶变换。

根据式(2-10)和式(2-11)，正、余弦函数可以表示为

$$\sin 2\pi f_0 t = \frac{\mathrm{j}}{2}(\mathrm{e}^{-\mathrm{j}2\pi f_0 t} - \mathrm{e}^{\mathrm{j}2\pi f_0 t})$$

$$\cos 2\pi f_0 t = \frac{1}{2}(\mathrm{e}^{-\mathrm{j}2\pi f_0 t} + \mathrm{e}^{\mathrm{j}2\pi f_0 t})$$

应用式(2-55)，正、余弦函数的频谱可以看成是频域中两个 δ 函数向不同方向平移后的代数和，因此可得正、余弦函数的傅里叶变换为

$$\sin 2\pi f_0 t \Longleftrightarrow \frac{\mathrm{j}}{2}[\delta(f + f_0) - \delta(f - f_0)] \tag{2-56}$$

$$\cos 2\pi f_0 t \Longleftrightarrow \frac{1}{2}[\delta(f + f_0) + \delta(f - f_0)] \tag{2-57}$$

正、余弦函数及其频谱如图 2-16 所示。

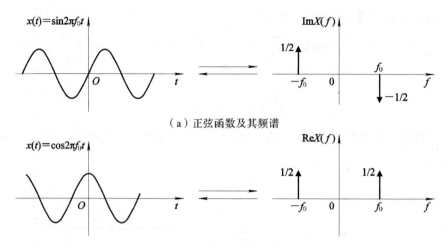

（a）正弦函数及其频谱

（b）余弦函数及其频谱

图 2 - 16　正、余弦函数及其频谱

4. 周期单位脉冲序列

周期单位脉冲序列的表达式为

$$g(t) = \sum_{n=-\infty}^{\infty} \delta(t - nT_s) \tag{2-58}$$

式中：T_s 为周期；n 取整数。

由于周期单位脉冲序列为一周期函数，故可用傅里叶级数的复指数展开式表示，即

$$g(t) = \sum_{n=-\infty}^{\infty} c_n e^{j2\pi n f_s t} \tag{2-59}$$

系数 c_n 为

$$c_n = \frac{1}{T_s} \int_{-T_s/2}^{T_s/2} g(t) e^{-j2\pi n f_s t} dt$$

式中，$f_s = \dfrac{1}{T_s}$。因为在区间 $\left(-\dfrac{T_s}{2}, \dfrac{T_s}{2}\right)$ 内，只有一个 δ 函数 $\delta(t)$，根据 δ 函数的采样特性，得

$$c_n = \frac{1}{T_s} \int_{-T_s/2}^{T_s/2} \delta(t) e^{-j2\pi n f_s t} dt = \frac{1}{T_s}$$

因此，式（2 - 59）可写成

$$g(t) = \frac{1}{T_s} \sum_{n=-\infty}^{\infty} e^{j2\pi n f_s t}$$

根据式（2 - 55），可得周期单位脉冲序列的频谱

$$G(f) = \frac{1}{T_s} \sum_{n=-\infty}^{\infty} \delta(f - n f_s) = \frac{1}{T_s} \sum_{n=-\infty}^{\infty} \delta\left(f - \frac{n}{T_s}\right) \tag{2-60}$$

周期单位脉冲序列及其频谱如图 2 - 17 所示。由图可见，周期单位脉冲序列的频谱仍是周期脉冲序列。时域周期为 T_s，频域周期为 $1/T_s$；时域脉冲强度为 1，频域脉冲强

度为 $1/T_s$。

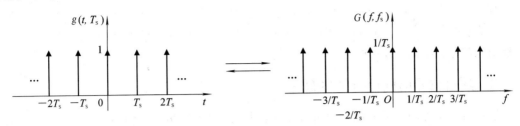

图 2-17 周期单位脉冲序列及其频谱

2.4 随机信号

2.4.1 随机信号的概念及分类

随机信号不能用确定的数学关系来描述时间函数，也无法预测其未来某一时刻的准确瞬时值。在相同条件下，对信号作重复观测，每次观测的结果都不同，但其值的变动服从统计规律。因此，研究随机信号，概率论和数理统计是其分析问题的主要数学工具。

对随机信号按时间历程所作的各次长时间观测记录称为样本函数，记作 $x_i(t)$，如图 2-18 所示。样本函数在有限时间区间上的部分称为样本记录。在同一试验条件下，全部样本函数集合就是随机过程，记作 $\{x_i(t)\}$，即 $\{x_i(t)\} = \{x_1(t), x_2(t), \cdots, x_i(t), \cdots\}$。

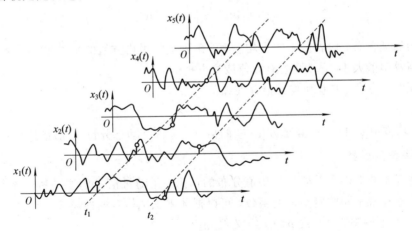

图 2-18 随机过程与样本函数

一般情况下，统计是以随机过程为对象的，即对所有样本函数在同一时刻 t_i 的观测值作统计，这种统计称为集合平均。为了与集合平均相区分，把按单个样本的时间历程进行统计称为时间平均。

随机过程可分为平稳随机过程和非平稳随机过程。若各种集合平均统计特征不随时间变化，则称为平稳随机过程，否则为非平稳随机过程。在平稳随机过程中，若任一单个样本函数的时间平均统计特征等于该过程的集合平均统计特征，则这样的平稳随机过程称为各态历经随机过程。工程上所遇到的很多随机信号具有各态历经性，有的虽不是严格的各态历经随机过程，但也可以近似成各态历经随机过程来处理。各态历经随机过程不需要做大量重复试验，只要根据一个或少数几个样本记录就可以用时间平均特征来推断和估计随机信号的集合平均，因此，研究这类随机信号具有普遍和现实的意义。在本书中仅讨论各态历经随机信号的处理方法。

2.4.2 随机信号的统计特征参数

描述各态历经随机信号的主要统计特征参数有：均值、方差、均方值、概率密度函数、相关函数、功率谱密度函数等。

1. 均值、方差和均方值

（1）均值。各态历经随机信号的均值 μ_x 反映信号的静态分量，又称常值分量，即

$$\mu_x = \lim_{T \to \infty} \frac{1}{T} \int_0^T x(t)\,\mathrm{d}t \tag{2-61}$$

（2）方差。各态历经随机信号的方差 σ_x^2 反映信号的动态分量，描述信号偏离均值 μ_x 的波动情况，即

$$\sigma_x^2 = \lim_{T \to \infty} \frac{1}{T} \int_0^T \left[x(t) - \mu_x \right]^2 \mathrm{d}t \tag{2-62}$$

标准差 σ_x 为方差的算术平方根，即

$$\sigma_x = \sqrt{\sigma_x^2} \tag{2-63}$$

（3）均方值。均方值 ψ_x^2 描述随机信号的强度，它是 $x(t)$ 平方的均值，即

$$\psi_x^2 = \lim_{T \to \infty} \frac{1}{T} \int_0^T x^2(t)\,\mathrm{d}t \tag{2-64}$$

它有明确的物理含义，代表信号的平均功率。工程上常用均方值的平方根 $x_{\mathrm{rms}} = \sqrt{\psi_x^2}$ 来等效信号的当量幅值大小，x_{rms} 称为有效值或均方根值。

不难证明，均值、方差和均方值存在如下关系：

$$\psi_x^2 = \mu_x^2 + \sigma_x^2 \tag{2-65}$$

由此可见，均方值 ψ_x^2 既含有静态分量 μ_x 的信息，又含有动态分量 σ_x 的信息。

2. 概率密度函数

概率密度函数提供了随机信号幅值分布的信息，是随机信号的主要特征参数之一。不同的随机信号有着不同的概率密度函数，可以据此来识别信号的性质。

随机信号的概率密度函数 $p(x)$ 定义式为

$$p(x) = \lim_{\Delta x \to 0} \frac{p_r(x, x + \Delta x)}{\Delta x} \tag{2-66}$$

式中，$p_r(x, x + \Delta x)$ 为信号幅值落在指定区间 $[x, x + \Delta x]$ 内的概率。如图 2-19 所示为概率密度函数计算示意图。

样本函数的瞬时值落在区间 $[x, x + \Delta x]$ 内的次数和落在该区间内的时间具有相同的频数，因此 $p_r(x, x + \Delta x)$ 可表示为

$$p_r(x, x + \Delta x) = \lim_{T \to \infty} \frac{T_x}{T} \tag{2-67}$$

式中：T 为总观测时间；T_x 为观测时间内信号幅值落在区间 $[x, x + \Delta x]$ 内的总时间。

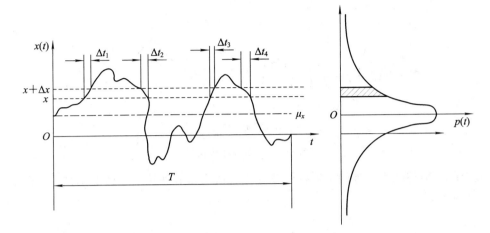

图 2-19 概率密度函数的计算

由图 2-19 可知

$$T_x = \Delta t_1 + \Delta t_2 + \cdots + \Delta t_i + \cdots \Delta t_n = \sum_{i=1}^{n} \Delta t_i \qquad (2-68)$$

因此，概率密度函数 $p(x)$ 又可以表示为

$$p(x) = \lim_{\Delta x \to 0} \frac{1}{\Delta x} \left[\lim_{T \to \infty} \frac{T_x}{T} \right] \qquad (2-69)$$

图 2-20 是常见的四种随机信号(假设均值为零)的概率密度函数图形。

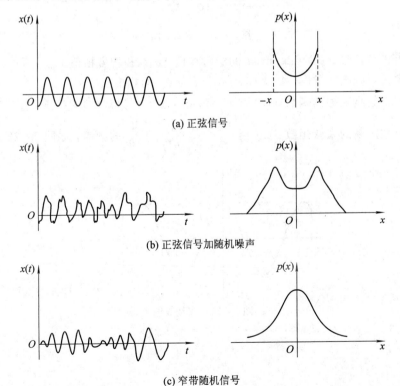

(a) 正弦信号

(b) 正弦信号加随机噪声

(c) 窄带随机信号

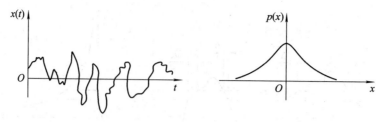

(d) 宽带随机信号

图 2-20　四种随机信号

另外两个描述随机信号的主要特征参数——相关函数和功率谱密度函数，将在本书第 7 章中详细介绍。

复 习 与 思 考

2.1　求如图 2-21 所示的周期性三角波的傅里叶级数三角函数展开式和复指数函数展开式，并作频谱图。

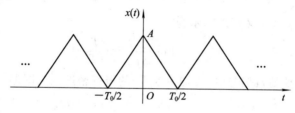

图 2-21　题 2.1 图

2.2　求正弦信号 $x(t) = x_0 \sin\omega t$ 的绝对均值 $|\mu_x|$ 和均方根值 x_{rms}。

2.3　求指数函数 $x(t) = A e^{-at} (\alpha > 0,\quad t \geqslant 0)$ 的频谱。

2.4　求指数衰减振荡函数 $x(t) = e^{-at} \sin\omega_0 t (\alpha > 0$ 为常数)的频谱，并作频谱图。

2.5　求被截断的余弦函数 $x(t) = \begin{cases} \cos\omega_0 t & |t| < T \\ 0 & |t| \geqslant T \end{cases}$ 的频谱，如图 2-22 所示。

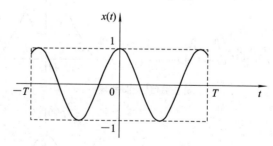

图 2-22　题 2.5 图

第 3 章　测试系统的特性

3.1　测试系统基本特性

测试系统的组成如图 3-1 所示。由于测试的目的和要求不同，测量对象也不同，组成的测试系统复杂程度有很大的差别。最简单的温度测试系统只是一个液柱式温度计，而机床动态性能测试系统则非常复杂。本书中的"测试系统"既指由众多环节组成的复杂测试系统，又指测试系统中的各个组成环节，如传感器、调理装置、记录装置等。在测试信号的流通过程中，任意连接输入、输出并具有特定功能的部分，均可视为测试系统。

$$输入 \xrightarrow{\ x(t)\ } \boxed{测试系统\,h(t)} \xrightarrow{\ y(t)\ } 输出$$

图 3-1　测试系统、输入与输出

任何测试系统都有特定的传输特性，通常，输入信号用 $x(t)$ 表示，测试系统的传输特性用 $h(t)$ 表示，输出信号用 $y(t)$ 表示。通常的工程测试问题总是处理输入 $x(t)$、传输特性 $h(t)$ 和输出 $y(t)$ 三者之间的关系，即

（1）若输入 $x(t)$ 和输出 $y(t)$ 已知，则通过输入、输出就可以推断系统的传输特性；

（2）若测试系统的传输特性 $h(t)$ 已知，输出 $y(t)$ 可测，则通过 $h(t)$ 和 $y(t)$ 可推断出对应于该输出的输入信号 $x(t)$；

（3）若输入 $x(t)$ 和测试系统的传输特性 $h(t)$ 已知，则能推断和估计出测试系统的输出 $y(t)$。

1. 测试系统的基本要求

理想的测试系统应该具有单值的、确定的输入-输出关系，即对于每个确定的输入量都有唯一的输出量与之对应，并以输入与输出呈线性关系为最佳，而且系统的特性不应随着时间的推移而发生变化，满足这两个要求的系统是线性时不变系统。具有线性时不变特性的测试系统为最佳测试系统。在工程测试中，大多数测试系统属于线性时不变系统，一些非线性系统或时变系统，在指定的工作范围和一定的误差允许范围内，可视为遵从线性时不变规律。本章所讨论的测试系统限于线性时不变系统。

2. 线性时不变系统及其主要特性

线性时不变系统的输入 $x(t)$ 和输出 $y(t)$ 之间的关系可用常系数线性微分方程来描述，即

$$a_n \frac{\mathrm{d}^n y(t)}{\mathrm{d}t^n} + a_{n-1} \frac{\mathrm{d}^{n-1} y(t)}{\mathrm{d}t^{n-1}} + \cdots + a_1 \frac{\mathrm{d}y(t)}{\mathrm{d}t} + a_0 y(t)$$

$$= b_m \frac{\mathrm{d}^m x(t)}{\mathrm{d}t^m} + b_{m-1} \frac{\mathrm{d}^{m-1} x(t)}{\mathrm{d}t^{m-1}} + \cdots + b_1 \frac{\mathrm{d}x(t)}{\mathrm{d}t} + b_0 x(t) \tag{3-1}$$

式中：a_n，a_{n-1}，…，a_1，a_0 和 b_m，b_{m-1}，…，b_1，b_0 是与测试系统的物理特性、结构参数和输入状态有关的常数，不随时间变化；n 和 m 为正整数，并满足 $n \geqslant m$，n 称为线性系统的阶数。

线性时不变系统具有以下主要特性：

1）叠加特性

若 $x_1(t) \rightarrow y_1(t)$，$x_2(t) \rightarrow y_2(t)$，则

$$x_1(t) \pm x_2(t) \rightarrow y_1(t) \pm y_2(t)$$

该特性表明，作用于线性时不变系统的各个输入分量所引起的输出是互不影响的。因此，分析系统在复杂输入信号作用下的输出时，可先将输入分解成许多简单的输入分量，求出每个简单输入分量的输出，再将这些输出叠加计算即可，这会给测试带来很大的方便。

2）比例特性

若 $x(t) \rightarrow y(t)$，则对于任意常数 a，都有

$$ax(t) \rightarrow ay(t)$$

3）微分特性

系统对输入微分的响应，等于对原输入响应的微分，即若 $x(t) \rightarrow y(t)$，则有

$$\frac{\mathrm{d}^n x(t)}{\mathrm{d}t^n} \rightarrow \frac{\mathrm{d}^n y(t)}{\mathrm{d}t^n}$$

4）积分特性

若系统的初始状态为零，则系统对输入积分的响应等于对原输入响应的积分，即若 $x(t) \rightarrow y(t)$，则有

$$\int_0^T x(t)\mathrm{d}t \rightarrow \int_0^T y(t)\mathrm{d}t$$

5）频率保持特性

若输入为某一频率为 ω_0 的正弦激励，则其稳态输出信号频率为 ω_0。该特性表明，若输入信号频率已知，那么测试系统中输出信号只有与激励频率相同的成分是由该激励引起的，而其他频率全为噪声干扰，应予以滤除。

掌握线性系统的这些主要特性，对动态测试工作十分有用。根据叠加特性和频率保持特性，研究复杂输入信号所引起的输出时，可以转换到频域去研究，研究输入频域函数所产生的输出频域函数，往往比较便捷。

3.1.1　测试系统的静态特性

若输入信号 $x(t)$ 和输出信号 $y(t)$ 不随时间变化，或随时间变化非常缓慢可以忽略，则测试系统输入与输出之间的关系就是测试系统的静态特性。这时，式（3-1）中各阶导数为零，微分方程为

$$y(t) = \frac{b_0}{a_0}x(t) = Sx(t) \tag{3-2}$$

式（3-2）就是理想的线性时不变系统的静态特性方程，输出是输入的单调、线性比例函数，其中斜率 S 应是常数。然而，实际的测试系统并非理想的线性时不变系统，这样静态特性由多项式表示为

$$y = s_0 + s_1 x + s_2 x^2 + \cdots + s_n x^n \tag{3-3}$$

式中：s_0，s_1，s_2，$\cdots$，s_n 是常数；x 为输入信号；y 为输出信号。

因此，测试系统的静态特性分析就是研究在静态测试情况下，描述实际测试系统与理想线性时不变系统的接近程度。静态特性分析主要的特性指标一般包括：线性度、灵敏度、回程误差、重复性、分辨率、精度、稳定度(漂移)等。

1. 线性度

线性度(Linearity)指测量系统的输入、输出保持线性关系的程度。在静态测量中，通常用实验的方法测定系统的输入-输出关系曲线，称之为标定曲线。标定曲线偏离其拟合直线的程度，称为线性度(如图 3-2 所示)，常用百分数表示，用非线性误差 δ_1 表示，即

$$\delta_1 = \frac{\Delta L_{\max}}{Y_{\mathrm{FS}}} \times 100\%$$

式中：$\Delta L_{\max}$ 为标定曲线与拟合直线之间的最大偏差；Y_{FS} 为信号的满量程输出。

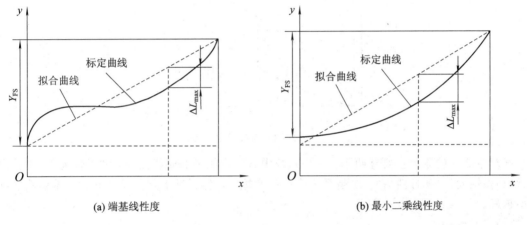

(a) 端基线性度　　　　　　　　　　　(b) 最小二乘线性度

图 3-2　线性度

拟合直线的确定常用端基直线法和最小二乘拟合直线法。端基直线是一条通过测量范围上下极限点的直线，这种拟合直线方法简单易行，但其拟合精度较低；最小二乘拟合直线是在以测试系统实际特性曲线与拟合直线偏差的平方和为最小的条件下所确定的直线，是所有测量值最接近拟合直线且拟合精度很高的方法。

任何测试系统都有一定的线性范围，线性范围越宽，表明测试系统的有效量程越大。设计系统时，尽可能保证测试系统在线性或近似线性的区间内工作，必要时可对曲线进行线性补偿。

2. 灵敏度

灵敏度是指测试系统输出增量 Δy 与输入增量 Δx 之比，即

$$S = \frac{\Delta y}{\Delta x} \tag{3-4}$$

理想的线性系统其静态特性曲线为一条直线，直线的斜率为灵敏度。但实际测试系统是非线性系统，因此其灵敏度随着输入量的变化而变化。灵敏度的量纲等于输出量纲与输入量纲之比，当测试系统输入与输出量纲相同时，灵敏度也被称为"放大倍数"或"增益"。如果测量系统由多个环节组成，那么总的灵敏度等于各个环节灵敏度的乘积。

灵敏度反映了测试系统对输入量变化的反应能力，其高低可以根据系统的测量范围、抗干扰能力等决定。通常，灵敏度越高，越容易引入外界干扰和噪声，使得测量范围变窄，稳定性变差，因此，应该合理选择灵敏度。

3. 回程误差

回程误差也被称为迟滞或滞后。在相同测试条件下，当输入量递增（正行程）和递减（反行程）时，曲线不重合的程度，如图 3-3 所示。回程误差等于正、反行程曲线之差的最大值 $\Delta H_{\max}$ 与满量程理想输出值 Y_{FS} 之比，即

$$\delta_h = \frac{\Delta H_{\max}}{Y_{FS}} \times 100\%$$

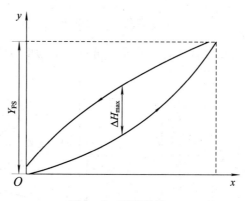

图 3-3　回程误差

产生滞后的原因主要有两个：一是系统中有吸收能量的储能元件，如磁性元件（磁性滞后）和弹性元件（弹性滞后）；二是系统中存在摩擦和间隙。对于测试系统来说，希望滞后越小越好。

4. 重复性

重复性是指当测试条件不变的情况下，测试系统按同一方向做全量程的多次重复测量时，各曲线不一致的程度，如图 3-4 所示。重复性表示为

$$\delta_r = \pm \frac{\Delta_{\max}}{Y_{FS}} \times 100\%$$

重复性表征了系统随机误差的大小。

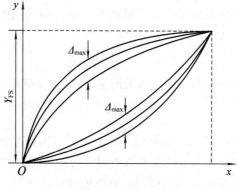

图 3-4　重复性

5．分辨率(分辨力)

分辨力是系统能够检测到最小输入量变化的能力，即能引起输出量变化的最小输入变化量，而分辨率则是分辨力除以满量程。如果不考虑迟滞现象，分辨率等于灵敏度的倒数。

对于数字测试系统，一般用其输出显示的最后一位所代表的输入量表示系统的分辨力，如温度计的温度显示 30.7℃，则分辨力为 0.1℃；对于模拟仪表，分辨力是指测试系统能现实或记录的最小输入增量，一般为最小分度值的一半。

6．精度

精度又称精确度，表示测试仪器指示值和被测真值的符合程度，反映系统误差和随机误差的综合影响。作为技术指标，定量描述通常用测量误差和不确定度来表示。

7．稳定度(漂移)

稳定度是指在规定的工作条件中，输入信号不变的情况下，输出信号随时间或温度变化而缓慢变化的程度，也称为漂移。漂移是由仪器的内部温度变化和元件的不稳定所引起的。

3.1.2　测试系统的动态特性

1．测试系统动态特性数学描述

测试系统的动态特性是指当输入量随着时间变化时，其输出量随着输入而变化的关系，它反映系统测量动态信号的能力。在工程测试中，大量的被测信号都是随着时间变化的动态信号，要求测试系统能够迅速而准确地测出信号的大小并再现信号的变化，即当输入量改变时，输出量能立即不失真地改变。然而，系统中总是存在着储能元件，如弹簧、质量、阻尼、电容、电感等，其输出量不仅与输入量大小及其变化速率等有关，还与系统的结构参数等有关。测试系统的动态特性就是描述输入信号、输出信号及系统结构参数之间的关系，常用的数学工具有：常系数微分方程、传递函数、频率响应函数、单位脉冲响应函数和单位阶跃响应函数等。

1) 常系数微分方程

常系数微分方程如式(3-1)所示，对微分方程求解，就得到系统的动态特性。常系数微分方程是在时域中描述和考察系统特性的工具，然而，对于一个复杂的测试系统，求解常系数微分方程往往非常困难，甚至是不可能的，为此，可采用拉普拉斯变换求出系统的传递函数、频率响应函数，从而描述系统的动态特性。

2) 传递函数

传递函数是当初始条件为零时，线性定常系统输出量的拉氏变换与引起该输出的输入量的拉氏变换之比。在输入、输出信号及其各阶导数的初始条件为零的条件下，对式(3-1)取拉普拉斯变换，即可得传递函数的表达式为

$$H(s) = \frac{Y(s)}{X(s)} = \frac{b_m s^m + b_{m-1} s^{m-1} + \cdots + b_1 s + b_0}{a_n s^n + a_{n-1} s^{n-1} + \cdots + a_1 s + a_0} \quad (n \geqslant m) \qquad (3-5)$$

式中，a_n, a_{n-1}, $\cdots$, a_1, a_0 和 b_m, b_{m-1}, $\cdots$, b_1, b_0 是由测试系统本身固有属性决定的常数。

传递函数是在复数域 s 中描述和考察系统的特性，包含了系统瞬态、稳态时间响应和

频率响应的全部信号，具有以下特点：

（1）传递函数表示系统本身的动态特性，与输入量的大小和性质无关。

（2）不说明被描述系统的物理结构，只要动态特性相同，不同的物理系统可用同一传递函数表示。

（3）传递函数的分母取决于系统的结构，分子表示系统同外界的联系。分母中 s 的幂 n 代表微分方程的阶数，如 $n=1$，为一阶系统，$n=2$，为二阶系统。

（4）一般测试系统是稳定的，满足条件 $n>m$。

将传递函数的定义式(3-5)应用于线性传递元件的串、并联系统，需满足以下的运算规则。

如图 3-5(a) 所示，两传递函数分别为 $H_1(s)$ 和 $H_2(s)$，两环节串联后形成的系统的传递函数等于

$$H(s) = \frac{Y(s)}{X(s)} = \frac{Y_1(s)}{X(s)} \cdot \frac{Y(s)}{Y_1(s)} = H_1(s) \cdot H_2(s) \tag{3-6}$$

如图 3-5(b) 所示为两环节 $H_1(s)$ 和 $H_2(s)$ 并联后形成的组合系统，该系统的传递函数有

$$H(s) = \frac{Y(s)}{X(s)} = \frac{Y_1(s)+Y_2(s)}{X(s)} = \frac{Y_1(s)}{X(s)} + \frac{Y_2(s)}{X(s)} = H_1(s) + H_2(s) \tag{3-7}$$

如图 3-5(c) 所示为两环节 $H_1(s)$ 和 $H_2(s)$ 连接成闭环反馈回路的组合系统，此时有

$$Y(s) = X_1(s) \cdot H_1(s), \; X_2(s) = X_1(s) \cdot H_1(s) \cdot H_2(s), \; X_1(s) = X(s) \pm X_2(s)$$

则系统的传递函数为

$$H(s) = \frac{Y(s)}{X(s)} = \frac{H_1(s)}{1 \mp H_1(s) \cdot H_2(s)} \tag{3-8}$$

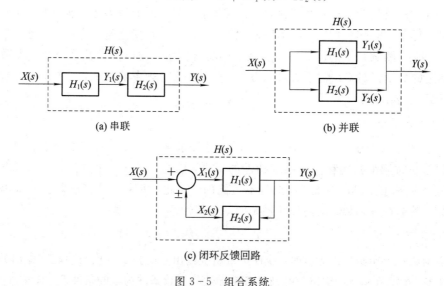

(a) 串联　　(b) 并联

(c) 闭环反馈回路

图 3-5　组合系统

3）频率响应函数

当初始条件为零时，输出信号的傅里叶变换 $Y(j\omega)$ 与输入信号的傅里叶变换 $X(j\omega)$ 之比称为系统的频率响应函数 $H(j\omega)$。频率响应函数是在频域中描述和考察系统特性的工具，对式(3-1)两边进行傅里叶变换，可得其数学表达式为

$$H(j\omega) = \frac{Y(j\omega)}{X(j\omega)} = \frac{b_m\ (j\omega)^m + b_{m-1}\ (j\omega)^{m-1} + \cdots + b_1(j\omega) + b_0}{a_n\ (j\omega)^n + b_{n-1}\ (j\omega)^{n-1} + \cdots + b_1(j\omega) + b_0} \tag{3-9}$$

令传递函数表达式中 $s = j\omega$，得到与式(3-5)同样形式的表达式。因此，频率响应函数是传递函数的特例。

频率响应函数描述系统在简谐信号输入作用下系统的稳态输出，反映了系统对不同频率输入信号的响应特性。在实际工程测试中，需要系统处于稳态输出阶段进行测试。

频率响应函数是复数，因此，$H(j\omega)$ 可以写为

$$H(j\omega) = |\ H(j\omega)\ |\ e^{j\varphi(\omega)} = A(\omega)e^{j\varphi(\omega)} \tag{3-10}$$

式中：$A(\omega)$ 为系统的幅频特性，表征 $H(j\omega)$ 的幅值，表示输出信号与输入信号的幅值之比随频率 ω 的变化；$\varphi(\omega)$ 为系统的相频特性，表征 $H(j\omega)$ 的相角，表示输出信号与输入信号的相位之差随频率 ω 的变化。由 $A(\omega)$ 和 $\varphi(\omega)$ 分别作图可得幅频特性曲线和相频特性曲线。实际作图时，将频率 ω 取对数标尺，幅值取分贝数(dB)标尺，相角取实数标尺，分别画出 $20\lg A(\omega)$ - $\lg\omega$ 和 $\varphi(\omega)$ - $\lg\omega$ 曲线，得到对数幅频特性曲线和对数相频特性曲线，总称为伯德图(Bode 图)，其频率的对数分度如图 3-6 所示。

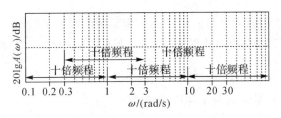

图 3-6　频率的对数分度

4) 单位脉冲响应函数和单位阶跃响应函数

实际的测试系统常常选用单位脉冲信号、单位阶跃信号、正弦信号等作为系统的输入信号来揭示系统的动态特性。

(1) 当系统的输入为单位脉冲信号时，其拉氏变换 $X(s)=1$，根据传递函数定义，则输出为 $Y(s)=H(s)\cdot X(s)=H(s)$，对 $Y(s)$ 进行拉氏反变换，可得系统时域输出为

$$y(t) = L^{-1}[Y(s)] = L^{-1}[H(s)] = h(t) \tag{3-11}$$

$h(t)$ 被称为单位脉冲响应函数。

(2) 若输入为单位阶跃信号，即 $X(s)=1/s$，则其输出为 $Y(s)=H(s)\cdot X(s)=H(s)/s$，对 $Y(s)$ 进行拉氏反变换，可得系统时域输出 $y(t)$，$y(t)$ 被称为单位阶跃响应函数。

2. 常见测试信号的频率响应

在工程测试领域中，常见的测试系统很多是零阶、一阶或二阶这样的低阶系统，而高阶系统可以看做是多个一阶和二阶系统的串并联组合。因此，这里主要介绍常见的一阶和二阶系统的频率响应。

1) 一阶系统的频率响应

常见的一阶机械系统如忽略质量的弹簧-阻尼系统，一阶电路系统如 RC 电路、RL 电路，一阶热力学系统如液柱式温度计、热电偶测温系统等，如图 3-7 所示。

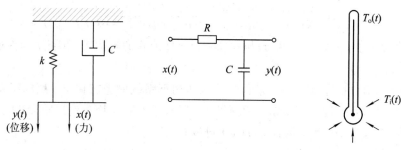

(a) 忽略质量的单自由度振动系统　　(b) RC低通滤波电路　　(c) 液柱式温度计

图 3 - 7　一阶系统

以忽略质量的弹簧-阻尼系统为例，若令 $y(t)$ 为位移量，$x(t)$ 为施加力，则

$$c \cdot \frac{\mathrm{d}y(t)}{\mathrm{d}t} + ky(t) = x(t) \tag{3-12}$$

推广至一般一阶系统，可用一阶微分方程来表示输入和输出关系，即

$$a_1 \cdot \frac{\mathrm{d}y(t)}{\mathrm{d}t} + a_0 y(t) = b_0 x(t) \tag{3-13}$$

其中，$\tau = a_1/a_0$ 为系统的时间常数；$S = b_0/a_0$ 为系统的静态灵敏度。

对于线性系统，静态灵敏度 S 为常数，为简化起见，若约定 $S=1$，则一阶系统的传递函数为

$$H(s) = \frac{Y(s)}{X(s)} = \frac{1}{\tau s + 1} \tag{3-14}$$

若令 $s = \mathrm{j}\omega$，则得到一阶系统的频率响应函数为

$$H(\mathrm{j}\omega) = \frac{1}{\mathrm{j}\omega\tau + 1} \tag{3-15}$$

其幅频特性和相频特性的表达式分别为

$$A(\omega) = |H(\mathrm{j}\omega)| = \frac{1}{\sqrt{(\omega\tau)^2 + 1}} \tag{3-16}$$

$$\varphi(\omega) = -\arctan(\omega\tau) \tag{3-17}$$

其中相频特性中的负号表示输出滞后于输入信号。

图 3 - 8 是一阶系统的 Bode 图，包含幅频曲线和相频曲线。

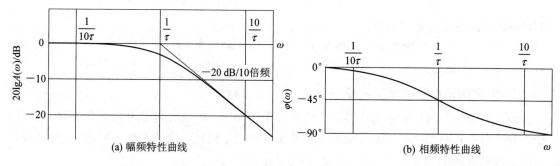

(a) 幅频特性曲线　　　　　　　　　　(b) 相频特性曲线

图 3 - 8　一阶系统的 Bode 图

另一种表达系统幅频与相频特性的作图法称为奈奎斯特（Nyquist）图，即将系统 $H(\mathrm{j}\omega)$ 的实部 $P(\omega)$ 和虚部 $Q(\omega)$ 分别作为坐标系的横坐标和纵坐标，画出它们随 ω 变化的曲线，并在曲线上注明相应的频率。图中自坐标原点到曲线上某一频率点所作的失量长表示该频

率点的幅值 $|H(j\omega)|$，该向径与横坐标轴的夹角代表频率响应的幅角 $\angle H(j\omega)$。图 3-9 是一阶系统的奈奎斯特图。

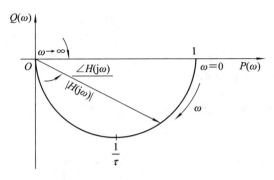

图 3-9　一阶系统的奈奎斯特图

从图 3-8 中可以看出，一阶系统具有以下特点：

（1）一阶系统是一个低通环节。当 ω 远小于 $1/\tau$ 时，幅值比 $A(\omega)$ 接近 1，相位差 $\varphi(\omega)$ 接近 0，说明输出、输入信号的幅值几乎相等，相位误差很小，即低频段输出信号不衰减；随着 ω 的增大，$A(\omega)$ 逐渐减小，$\varphi(\omega)$ 逐渐增大；当 $\omega > (2\sim3)/\tau$ 时，$A(\omega)$ 几乎与频率成反比，$\varphi(\omega)$ 接近 $-\pi/2$，表明系统输出信号幅值衰减加大，输出信号滞后 $-\pi/2$。所以一阶测试装置适用于测量缓变或低频的信号。

通常定义系统的幅值误差为

$$\varepsilon = \left| \frac{A(\omega) - A(0)}{A(0)} \right| \times 100\% \leqslant (5\% \sim 10\%) \tag{3-18}$$

（2）时间常数 τ 是一阶系统重要的特征参数，决定着一阶系统适用的频率范围。当 $\omega = 1/\tau$ 时，$A(\omega) = 1/\sqrt{2} \approx 0.707$，相应的 $20\lg A(\omega) = -3$ dB，相位滞后 $45°$，通常将 $\omega = 1/\tau$ 称为系统的"转折频率"。从 Bode 图可见，τ 越小，转折频率就越大，测试系统的动态范围就越宽，系统的响应就越快，因此，为了增大系统的通频范围，减小系统的稳态响应误差，应尽可能采用时间常数 τ 小的测试系统。

2）二阶系统的频率响应

典型的二阶系统，如机械系统中弹簧-质量-阻尼系统，电路系统中 RLC 电路，如图 3-10所示。二阶系统均可用二阶微分方程来描述，即

$$a_2 \cdot \frac{d^2 y(t)}{dt^2} + a_1 \cdot \frac{dy(t)}{dt} + a_0 y(t) = b_0 x(t) \tag{3-19}$$

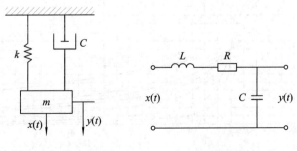

(a) 弹簧-质量-阻尼系统　　　　　(b) RLC电路

图 3-10　典型二阶系统

将其进行拉氏变换后，并令 $S=b_0/a_0=1$（系统的静态灵敏度），得到二阶系统的传递函数为

$$H(s) = \frac{\omega_n^2}{s^2 + 2\xi\omega_n s + \omega_n^2} \tag{3-20}$$

式中：$\omega_n = \sqrt{a_0/a_2}$，称为系统的固有频率；$\xi = a_1/2\sqrt{a_0 a_2}$，称为系统的阻尼比。若令 $s=j\omega$，则相应的幅频特性和相频特性分别为

$$H(j\omega) = \frac{1}{\left[1 - \left(\dfrac{\omega}{\omega_0}\right)^2\right] + 2j\xi\dfrac{\omega}{\omega_0}} \tag{3-21}$$

$$A(\omega) = \frac{1}{\sqrt{\left[1 - \left(\dfrac{\omega}{\omega_n}\right)^2\right]^2 + 4\xi^2\left(\dfrac{\omega}{\omega_n}\right)^2}} \tag{3-22}$$

$$\varphi(\omega) = -\arctan\frac{2\xi\left(\dfrac{\omega}{\omega_n}\right)}{1 - \left(\dfrac{\omega}{\omega_n}\right)^2} \tag{3-23}$$

二阶系统的幅频、相频特性曲线，如图 3-11 所示，相应的 Bode 图和奈奎斯特图如图 3-12 和图 3-13 所示。

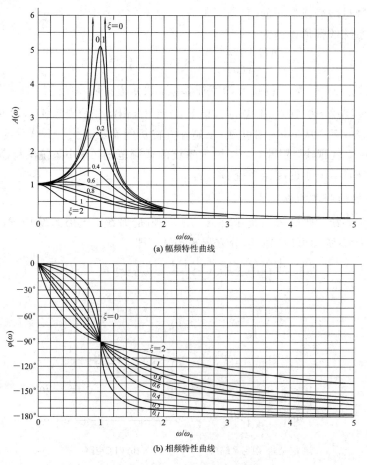

(a) 幅频特性曲线

(b) 相频特性曲线

图 3-11　二阶系统的幅频和相频图

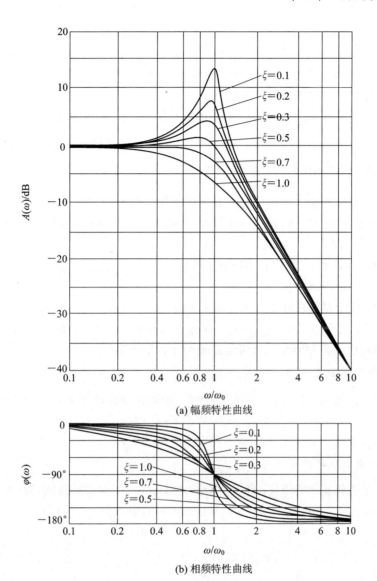

(a) 幅频特性曲线

(b) 相频特性曲线

图 3 - 12　二阶系统的伯德图

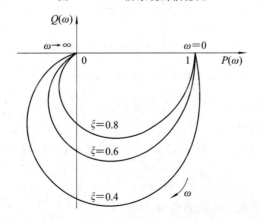

图 3 - 13　二阶系统的奈奎斯特图

综合图 3-11~图 3-13 可知，二阶系统具有以下特点：

（1）二阶系统也是一个低通环节。当 $\omega \ll \omega_n$ 时，$A(\omega) \approx 1$，$\varphi(\omega) \approx 0$，说明低频段的输出信号幅值误差和相位误差都很小；当 $\omega \gg \omega_n$ 时，$A(\omega) \approx 0$，$\varphi(\omega) \rightarrow 180°$，说明系统幅值衰减大，输出信号几乎与输入信号反相。

（2）影响二阶系统动态特性的特征参数是固有频率 ω_n 和阻尼比 ξ。不同阻尼比 ξ，其幅频和相频特性曲线不同。当阻尼比 $0 \leqslant \xi \leqslant 0.707$，输入信号频率 $\omega = \omega_n \sqrt{1-2\xi^2}$ 时，幅频特性曲线出现峰值，对应的幅频特性 $A_{\max} = \dfrac{1}{2\xi \sqrt{1-\xi^2}}$；当 $\xi = 0$ 时，$\omega = \omega_n$，$A(\omega_n) \rightarrow \infty$，出现共振现象，测试系统的输入频率应避开此区域工作；当 $\xi > 0.707$ 时，二阶系统的幅频特性曲线不出现峰值，而是与一阶系统的幅频特性曲线相似。由相频特性曲线图可知，$\varphi(\omega)$ 变化范围为 $0 \sim -\pi$，而当 $\omega = \omega_n$ 时，$\varphi(\omega) = \pi/2$。

测试系统固有频率 ω_n 的选择应以其工作频率范围为依据。一般系统的固有频率 ω_n 越大，系统工作频率范围越宽。

综上所述，二阶系统通常推荐采用阻尼比 ξ 在 $0.6 \sim 0.8$，工作频率在 $0 \sim 0.6\omega_n$ 范围内，测试系统有较好的动态特性，其幅值误差不超过 5%，相位差接近于直线。反之，则根据系统允许的幅值误差和阻尼比来确定系统的工作频率范围。

3. 测试信号对典型激励的响应函数

由传递函数的定义可知 $Y(s) = H(s)X(s)$，根据拉普拉斯变换的卷积特性，在时域有

$$y(t) = x(t) * h(t) \tag{3-24}$$

即系统的输出等于输入信号与系统脉冲响应函数的卷积。

1）常见测试系统的单位阶跃响应

对系统突然加载或突然卸载，都属于阶跃信号输入。当系统的输入信号为单位阶跃信号时，其对应的输出称为单位阶跃响应，其对应的时域波形如图 3-14 所示，其函数表达式为

$$1(t) = \begin{cases} 0 & t < 0 \\ 1 & t \geqslant 0 \end{cases}$$

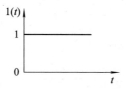

图 3-14　单位阶跃信号

下面主要讨论常见的一阶、二阶系统的单位阶跃响应。

（1）一阶系统的阶跃响应。

当输入信号为单位阶跃信号时，$X(s) = 1/s$，系统输出量的拉氏变换为

$$y(s) = \frac{1}{s(\tau s + 1)} = \frac{1}{s} - \frac{\tau}{\tau s + 1} \tag{3-25}$$

对上式取拉氏反变换，得单位阶跃响应为

$$y(t) = 1 - \mathrm{e}^{-\frac{t}{\tau}} \qquad (t \geqslant 0) \tag{3-26}$$

由此可见，一阶系统的单位阶跃响应是一条初始值为 0，按指数规律上升到稳态值 1 的曲线，如图 3 - 15 所示。

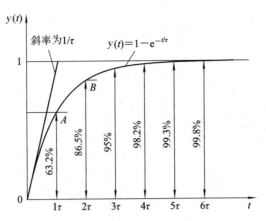

图 3 - 15　一阶系统的单位阶跃响应

一阶系统单位阶跃响应的特点如下：

① 响应分为两部分。瞬态响应：$-e^{-t/\tau}$，是时间 t 的指数衰减函数，当 $t \to \infty$ 时，其值趋于 0，表示系统输出量从初态到终态的变化过程（动态/过渡过程）；稳态响应：1，表示当 $t \to \infty$ 时，系统的输出状态，可见系统输出最终趋于稳态值。

② $y(0)=0$，随时间的推移，$y(t)$ 指数增大，且无振荡。$y(\infty)=1$，无稳态误差。

③ $y(\tau)=1-e^{-1}=0.632$，即经过时间 τ，系统响应达到其稳态输出值的 63.2%，从而可以通过实验测量惯性环节的时间常数 τ。

④ 单位阶跃响应曲线的初始斜率为 $\dfrac{dy(t)}{dt}\bigg|_{t=0}=\dfrac{1}{\tau}$，表明一阶系统的单位阶跃响应如果以初始速度上升到稳态值 1，所需的时间恰好等于 τ。

⑤ 时间常数 τ 反映了系统响应的快慢。通常工程中当响应曲线达到并保持在稳态值的 95%～98% 时，认为系统的瞬态响应过程基本结束，此时系统所需时间为 3τ～4τ 作为响应速度指标。

（2）二阶系统的单位阶跃响应。

在单位阶跃函数作用下（$X(s)=1/s$），二阶系统输出的拉氏变换为

$$Y(s)=H(s)X(s)=\frac{\omega_n^2}{s(s^2+2\xi\omega_n s+\omega_n^2)} \qquad (3-27)$$

由于特征根 $s_{1,2}$ 与系统阻尼比有关。当阻尼比 ξ 为不同值时，单位阶跃响应有不同的形式。工程中除了一些不允许产生振荡的应用外，如指示和记录仪表系统等，通常采用欠阻尼系统（$0<\xi<1$），且阻尼比通常选择在 0.4～0.8，以保证系统的快速性同时又不至于产生过大的振荡。

单位阶跃响应函数为

$$y(t)=1-\frac{e^{-\xi\omega_n t}}{\sqrt{1-\xi^2}}\sin(\omega_d t+\varphi), \quad t\geqslant 0 \qquad (3-28)$$

式中，$\varphi=\arctan\dfrac{\sqrt{1-\xi^2}}{\xi}=\arccos\xi$，不同阻尼比的单位阶跃响应曲线如图 3 - 16 所示。

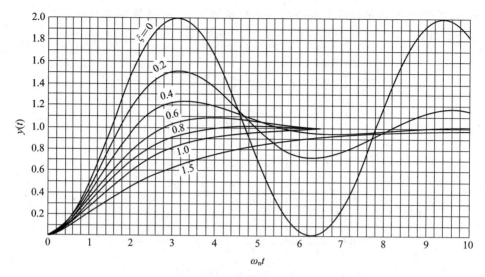

图 3-16 典型二阶系统的单位阶跃响应

欠阻尼二阶系统单位阶跃响应的特点如下：

① 二阶系统的单位阶跃响应是振幅等于 $\dfrac{e^{-\xi\omega_n t}}{\sqrt{1-\xi^2}}$ 的阻尼正弦振荡，其阻尼振荡频率为

$\omega_d = \omega_n \sqrt{1-\xi^2}$，阻尼比 ξ 过大或过小，对提高系统的动态特性都不利，通常取 $0.6 \leqslant \xi \leqslant 0.8$，系统的输出才能以较快的速度达到给定的误差范围。

② 单位阶跃响应的速度与系统的固有频率 ω_n 有关。当 ξ 一定时，ω_n 越大，瞬态响应分量衰减越迅速，即系统能够更快达到稳态值，响应的快速性越好。

2）单位阶跃响应的时域性能指标

通常用以下一个特征参数作为单位阶跃响应的时域性能指标，如图 3-17 所示。

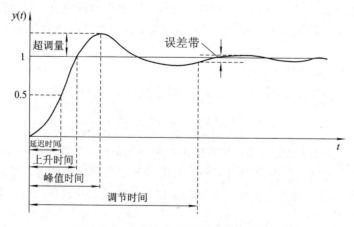

图 3-17 单位阶跃响应的时域性能指标

（1）延迟时间 t_d：指输出响应第一次达到稳态值 50% 所需的时间。

（2）上升时间 t_r：对一阶系统来说，指输出响应从稳态值的 10% 上升到 90% 所需的时间。对有振荡的系统来说，则取响应从零到第一次达到稳态值所需的时间。

（3）峰值时间 t_p：指输出响应超过稳态值而达到第一个峰值（即 $y(t_p)$）所需的时间。

（4）调节时间 t_s：指当输出量 $y(t)$ 和稳态值 $y(\infty)$ 之间的偏差达到允许范围（一般取 2％或 5％）以后不再超过此值所需的最短时间。

（5）最大超调量（或称超调量）M：指暂态过程中输出响应的最大值超过稳态值的百分数，即

$$M = \frac{y(t_p) - y(\infty)}{y(\infty)} \times 100\% \tag{3-29}$$

在上述几项指标中，峰值时间 t_p、上升时间 t_r 和延迟时间 t_d 均表征系统响应初始阶段的快慢；调节时间 t_s 表征系统过渡过程（暂态过程）的持续时间，从总体上反映了系统的快速性；而超调量 M 标志暂态过程的稳定性。

3.2　系统实现不失真测量条件

不失真测量就是指系统输出信号的波形与输入信号的波形完全一致，如图 3-18 所示，系统的输出 $y(t)$ 与输入 $x(t)$ 满足关系

$$y(t) = A_0 x(t - t_0) \tag{3-30}$$

式中，A_0 和 t_0 为常数。此式表明输出信号的幅值放大了 A_0 倍，时间上延迟了 t_0，而波形相似。这种情况，被认为测量系统具有不失真测量的特性。

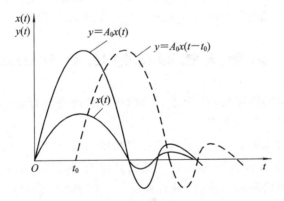

图 3-18　不失真测量的波形

根据时域特性，来考虑不失真测量系统的频率响应特性，对式（3-30）取傅里叶变换，利用傅里叶变换的时延特性，可得

$$Y(\omega) = A_0 e^{-j\omega t_0} X(\omega) \tag{3-31}$$

则系统的频率响应函数为

$$H(j\omega) = \frac{Y(j\omega)}{X(j\omega)} = A_0 e^{j\omega t_0} \tag{3-32}$$

系统的幅频特性及相频特性为

$$A(\omega) = A_0 = 常数$$
$$\varphi(\omega) = -\omega t_0 \tag{3-33}$$

即系统的幅频特性为常数，具有无限宽的通频带；系统的相频特性是过原点向负方向延伸的直线，如图 3-19 所示。

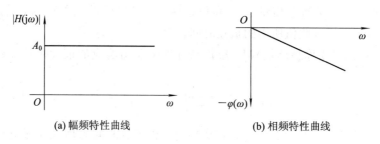

(a) 幅频特性曲线　　　　　　　　(b) 相频特性曲线

图 3-19　不失真测试的频率响应特性

实际的测试系统不可能在很宽的频率范围内都满足上述两个条件。$A(\omega)$ 不等于常数所引起的失真称为幅值失真；$\varphi(\omega)$ 与 ω 之间的非线性关系所引起的失真称为相位失真。通常系统既有幅值失真又有相位失真。

系统即使只在某一频率范围内工作，也难以完全理想地实现不失真测试，只能将失真限制在一定的误差范围内。从实现不失真测试的条件来看，对于一阶系统，时间常数 τ 越小越好；对于二阶系统，当阻尼比 ξ 为 0.7 左右，$\omega < 0.6\omega_n$ 时，$\varphi(\omega)$ 特性曲线接近直线，$A(\omega)$ 在该频率范围内的变化不超过 5%，因此波形失真小。

要设计一个不失真的测试系统，一般要注意组成环节应尽可能少。因为任何一个环节的失真，必然导致整个测试系统最终输出的波形失真，虽然各环节失真程度不一样，但是原则上在信号频带内都应使每个环节基本满足不失真测试的要求。

3.3　测量系统动态特性参数的测定

为了保证测量结果的精度可靠，要求对新的测试系统进行标定和定期校准。标定和校准就是对测量系统特性参数的测定。

测试系统动态特性参数的测定，通常采用试验的方法实现。最常用的方法有两种：频率响应法和阶跃响应法，即用正弦信号或阶跃信号作为测量系统的标准输入（激励源），分别绘出频率响应曲线或阶跃响应曲线，从而确定一阶系统的时间常数 τ，或二阶系统的阻尼比 ξ 和固有频率 ω_n 等动态特性参数。

3.3.1　频率响应法

对测量系统施加正弦输入 $x(t) = A_0 \sin(\omega t)$，当输出达到稳态时，测量输入与输出的幅值比和相位差，当逐点增加激励频率 ω 时，可得系统的幅频和相频曲线。

（1）对于一阶系统，特征参数是时间常数 τ，通过 $A(\omega) = \dfrac{1}{\sqrt{(\omega\tau)^2 + 1}}$ 和 $\varphi(\omega) = -\arctan(\omega\tau)$ 来确定 τ 值。

（2）对于二阶系统，理论上根据试验所获得的相频特性曲线，可直接估计特征参数 ω_n 和 ξ，即通过 $\omega = \omega_n$ 处，输出滞后输入的相位角为 $90°$，该点的斜率为阻尼比 ξ。但由于准确的相位角测量非常困难，所以通常利用幅频特性曲线来估计系统的动态特性参数。对于 $\xi < 1$ 的欠阻尼二阶系统，其幅频特性曲线的峰值在稍稍偏离 ω_n 左侧的 $\omega_r = \omega_n\sqrt{1 - 2\xi^2}$ 处。

欠阻尼二阶系统在 ω_r 处的幅频特性 $A(\omega_r)$ 与静态幅频特性 $A(0)$ 之比为

$$\frac{A(\omega_r)}{A(0)} = \frac{1}{2\xi\sqrt{1-\xi^2}} \tag{3-34}$$

由上式先确定阻尼比 ξ，然后再确定出系统的固有频率 ω_n。

3.3.2　阶跃响应法

1. 一阶系统动态特性参数的测定

对一阶系统来说，表征系统动态特性参数是时间常数 τ。由一阶系统的单位阶跃响应曲线（见图 3-15）可得，当输出值达到稳态值 63.2% 所需要的时间即为时间常数，然而这种方法却未考虑输出响应的全过程，所得结果精度不高。为了获得较高精度的 τ 值，可将一阶系统的响应式 $y(t) = 1 - e^{t/\tau}$ 改写成 $-\frac{1}{\tau}t = \ln[1-y(t)]$，则 $\ln[1-y(t)]$ 和 t 近似呈线性关系，斜率即为时间常数 τ，如图 3-20 所示。这种方法考虑了瞬态响应的全过程，因此结果更精确。

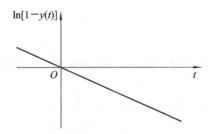

图 3-20　$\ln[1-y(t)]$ 与时间 t 的线性关系

2. 二阶系统特性参数的测定

典型欠阻尼二阶系统的阶跃响应如图 3-21 所示，以阻尼振荡频率 $\omega_d = \omega_n\sqrt{1-\xi^2}$ 做衰减振荡。因此，曲线第一次到达峰值的时间为衰减周期的一半，即 $t_p = \pi/\omega_d$，带入式（3-28）可求得最大超调量和阻尼比为

$$M_p = e^{-\xi\pi/\sqrt{1-\xi^2}} \tag{3-35}$$

$$\xi = \sqrt{\frac{1}{\left(\frac{\pi}{\ln M_1}\right)^2 + 1}} \tag{3-36}$$

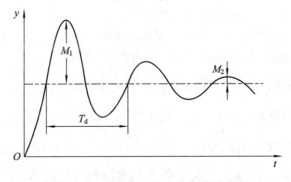

图 3-21　欠阻尼二阶系统的阶跃响应

从图 3-21 中测得 M_1 后，通过式(3-36)求得阻尼比 ξ，然后由衰减振荡频率 $\omega_d = 2\pi/T_d$ （T_d 是衰减震荡周期），求得系统的固有频率 $\omega_n = \omega_d/\sqrt{1-\xi^2}$。

若测得的阶跃响应瞬态过程较长，则可以利用任意两个相隔 n 个周期数的超调量 M_i 和 M_{i+n} 来求阻尼比 ξ。设 M_i 和 M_{i+n} 相差 n 个周期，其对应的时间分别为 t_i 和 t_{i+n}，则

$$t_{i+n} = t_i + \frac{2n\pi}{\omega_d}$$

带入二阶系统的阶跃响应公式(3-28)，可求得 M_i 和 M_{i+n}。

令 $\delta_n = \ln \dfrac{M_i}{M_{i+n}}$，则

$$\delta_n = \ln \frac{M_i}{M_{i+n}} = \frac{2n\pi\xi}{\sqrt{1-\xi^2}} \tag{3-37}$$

整理后可求出阻尼比为

$$\xi = \sqrt{\frac{\delta_n^2}{\delta_n^2 + 4\pi^2 n^2}} \tag{3-38}$$

式中，n 为任意整数。

3.4 测试装置的负载特性

在实际工程测试工作中，测试系统与被测对象之间、测试系统内部各环节之间的相互连接，各个环节一定会产生相互作用，如接入的测试装置，构成被测对象的负载。通常后接环节总是成为前面环节的负载，对前面环节产生影响。这两者之间总是存在能量的交换，以致系统的传递函数不再简单是各组成环节传递函数的叠加或连乘。

3.4.1 负载效应

负载效应本来是指在电路系统中后级与前级相连时，由于后级阻抗的影响造成系统阻抗发生变化的一种效应。推广至一般系统，则表示当一个装置(环节)连接到另一个装置(环节)时，由于其相互作用和影响，所产生的一种效应。

两个环节连接，发生能量交换，有两种现象：两环节的连接处甚至整个系统的状态和输出都将发生变化；两个环节共同构成一个新的整体，该整体保留两环节的主要特征，但与原系统直接串联或并联后的特征不一致。

下面以简单的实例来考察负载效应的影响。如图3-22所示，为简单的直流电路，E 为供电电源，则电阻 R_2 的电压降为 $U_0 = \dfrac{R_2}{R_1+R_2} \cdot E$，为了测得该电压值，在 R_2 两端并

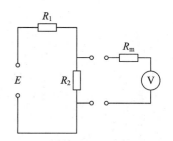

图 3-22　直流电路中的负载效应

联一个内阻为 R_m 的电压表。此时，由于 R_m 的接入，电压表测得的电压实际为 R_2 和 R_m 并联电阻 $R_L = \dfrac{R_2 R_m}{R_2 + R_m}$ 的输出电压，为

$$U = \frac{R_L}{R_1 + R_L} \cdot E = \frac{R_2 \cdot R_m}{R_1(R_2 + R_m) + R_2 \cdot R_m} \cdot E$$

显然，由于接入测量电表，原电路（被测系统）及被测量（R_2 的电压降）都发生了变化，即 $U_0 \neq U$，两者的差值随着 R_m 的增大而减小。若 $E = 200$ V，$R_1 = R_2 = 100$ kΩ，当 $R_m = 100$ kΩ 时，则 $U_0 = 100$ V，$U = 67$ V，相对误差达到 33.3%；若 $R_m = 1$ MΩ，则 $U = 99.95$ V，误差为 5%。因此，后接负载阻抗的取值，即负载效应对测量结果的影响有时候是很大的。

再如集成电路芯片温度虽高，但功耗很小，约几十毫瓦，相当于一个小功率的热源。若用一个带探针的温度计测其结点温度，则温度计会从芯片上吸收热量称为芯片的散热元件。这样不仅不能正确地测出结点的工作温度，而且整个电路的工作温度都会下降。又如，在一个简单的质量-阻尼系统中，质量块 m 上连接一个质量为 m_f 的传感器，致使参与振动的质量块为 $m + m_f$，从而导致系统固有频率的下降。

3.4.2　减轻负载效应的措施

减轻负载效应需要根据具体环节和装置来具体分析后再采取相应的措施。对于电压输出的环节，减轻负载效应的措施如下：

（1）提高后续环节（负载）的输入阻抗。

（2）在原来两个相连接的环节中，插入高输入阻抗、低输出阻抗的放大器，以减少后一环节从前一环节吸收能力，同时使前一环节能承受后一环节（负载）又能减少电压输出变化。

（3）使用反馈或零点测量原理，使后面的环节几乎不从前面环节吸取能量。如用电位差计测量电压等。

总之，负载效应是一种必须考虑的现象，因为它影响到测量的实际结果。通过适当选择测试装置的各项参数，使之与被测系统阻抗匹配；同时也可采用频域分析的手段，如傅里叶变换、均方功率谱密度函数等，将这种效应降至最小。

3.5　测量误差的基本概念

测量结果与测量真值之间的差异，称为测量误差。任何测试都具有误差，误差自始至终存在于一切科学实验和测量过程中。研究测量误差的目的就是为了减小测量误差，使测量结果尽可能接近真值。

3.5.1　真值

真值即真实值，是指被测量在一定条件下客观存在的量值。真值是一个未知量，一般分为理论真值、约定真值和相对真值。

（1）理论真值又称绝对真值，是根据一定的理论所确定的数值，如三角形的内角和为 $180°$。

（2）约定真值是用约定的方法确定真值，被认为是充分接近于真值，如 1982 年提出米的定义为"米等于光在真空中 1/299 792 458 秒时间间隔内所经路径的长度"。这个米基准就被当做计量长度的约定真值。

（3）相对真值又称实际值，是指将计量器具根据精度不同分为若干等级，高一等级计量器具的测量值即为相对真值。相对真值在误差测量中的应用最为广泛。

3.5.2　测量误差

测量结果与被测真值之差称为测量误差，即

$$测量误差＝测量值－真值$$

测量误差通常分为绝对误差和相对误差。

（1）绝对误差是指测量值 x 与真值 x_0 之差，可表示为

$$\Delta＝x－x_0 \tag{3-39}$$

绝对误差可正可负，有量纲。

（2）相对误差为绝对误差与真值之比，通常用百分数表示，即

$$\delta＝\frac{\Delta}{x_0}\times100\% \tag{3-40}$$

这里真值也常常用测量值（或测量值的算术平均值）代替，即

$$\delta_x＝\frac{\Delta}{x}\times100\% \tag{3-41}$$

为了区分，通常将 δ 称为真值相对误差，将 δ_x 称为示值相对误差。在误差较小时，δ 和 δ_x 相差不大，无需区分；但在误差较大时，不能混淆。

在实践中，通常用相对误差评定精度，相对误差越小，精度越高。

3.5.3　误差分类

误差一般按其性质分为系统误差、随机误差和粗大误差。

（1）系统误差。系统误差又叫规律误差，是指在相同的测量条件下，对同一个被测量进行多次重复测量，误差值的大小和符号（正值或负值）保持不变，或按一定规律变化的误差。前者称为定值系统误差，在误差处理中容易被修正；后者称为变值系统误差或者未定系统误差，在实际测量中其方向和大小往往是不确定的，误差估计时可归结为测量不确定度。

系统误差的来源包括测量装置的仪器误差、原理误差、读数误差及环境误差等。

（2）随机误差。随机误差也称为偶然误差或不定误差，是指在相同的条件下，对同一被测量进行多次测量，误差的绝对值和符号以不可预知的方式变化。随机误差产生原因是测量过程中种种不稳定随机因素的影响，如室温、相对湿度和气压等环境条件的不稳定，分析人员操作的微小差异以及仪器的不稳定等。随机误差就个体而言无规律可循，但其总体却服从统计规律，可以通过理论公式计算随机误差的大小。

（3）粗大误差。明显超出规定条件下预期值的误差称为粗大误差。粗大误差一般是由于操作人员粗心大意或操作不当等原因造成的误差，如仪器错误的操作、读数读错、计算出现明显错误等。对于粗大误差在数据处理时应予以剔除。

3.5.4　精度

精度的高低是用误差大小来衡量的，误差大则精度低，误差小则精度高。精度可分为正确度、精密度和准确度，如图 3-23 所示。

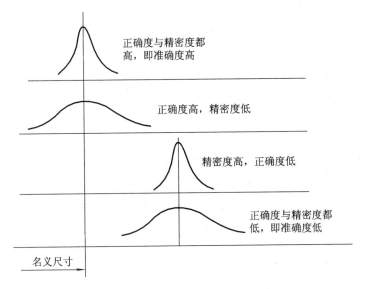

图 3 - 23   精度(不确定度)的各种情况

（1）正确度。正确度表示测量结果中系统误差大小的程度，即由于系统误差而使测量结果与被测量真值偏离的程度。系统误差越小，测量结果越正确。

（2）精密度。精密度表示测量结果中随机误差大小的程度，它是指在相同条件下，进行多次重复测量时，所得测量结果彼此间符合的程度。随机误差越小，测量结果越精密。

（3）准确度。准确度表示测量结果中系统误差与随机误差综合大小的程度，它综合反映了测量结果与被测真值偏离的程度。综合误差越小，测量结果越准确。

对上述有关精度名词的定义，目前国际上尚不完全统一，有的把正确度称为准确度，而把准确度称为精确度。

3.5.5   不确定度

不确定度是由于测量误差的存在而对被测量值不能确定或不可信程度。测量值在某一区域内以一定的概率分布，表示被测量分散性的参数就是测量不确定度。

不确定度用于表示被测量可能的分散程度，其数值通常可用标准偏差来表示，按其估计数值所用的方法不同可分成两类。

（1）A 类分量：用统计方法计算出的标准偏差；

（2）B 类分量：用非统计方法估算出的近似标准偏差。

然后用方和根法来合成 A 类分量和 B 类分量，合成后仍以标准偏差的形式表征，称为合成不确定度。而总不确定度与合成不确定度之间满足

$$U = K\Delta_{\Sigma} \tag{3-42}$$

式中：U 为总不确定度；Δ_{Σ} 是由 A 类分量和 B 类分量合成的合成不确定度；K 为置信系数。当 $K=1$ 时，置信概率 $P=68.27\%$；当 $K=2$ 时，置信概率 $P=95.45\%$；当 $K=3$ 时，置信概率 $P=99.73\%$。

复 习 与 思 考

3.1 说明线性系统的频率保持性在测量中的作用。

3.2 用一个时间常数为 0.35 s 的一阶装置去测量周期分别为 1 s、2 s 和 5 s 的正弦信号，问稳态响应幅值误差将是多少？

3.3 气象气球携带一种时间常数为 15 s 的一阶温度计，以 5 m/s 的上升速度通过大气层。设温度按每升高 30 m 下降 0.15℃ 的规律而变化，气球将温度和高度的数据用无线电送回地面。在 3000 m 处所记录的温度为 −1℃，试问实际出现 −1℃ 的真实高度是多少？

3.4 用一个一阶系统做 100 Hz 正弦信号的测量，如要求限制振幅误差在 5% 以内，那么时间常数应取多少？若用该系统测量 50 Hz 正弦信号，则此时的振幅误差和相角差是多少？

3.5 试说明二阶装置阻尼比 ξ 多采用 0.6～0.8 的原因。

3.6 用传递函数为 $\dfrac{1}{0.0025s+1}$ 的一阶测量装置进行周期信号测量。若将幅度误差限制在 5% 以下，试求所能测量的最高频率成分，此时的相位差是多少？

3.7 设一力传感器作为二阶系统处理。已知传感器的固有频率为 800 Hz，阻尼比为 0.14，当使用该传感器测试频率为 400 Hz 正弦变化的外力时，其振幅和相位角各为多少？

3.8 对一个二阶系统输入单位阶跃信号后，测得响应中产生的第一个过冲量 M 的数值为 1.5，同时测得其周期为 6.28 s。已知装置的静态增益为 3，试求该装置的传递函数和装置在无阻尼固有频率处的频率响应。

第4章 传 感 器

4.1 传 感 器 概 述

传感器是能感受被测对象并按照一定规律将被测量转换成可用的输出信号的器件(部件)或装置,是获取信息的工具。传感器技术是关于传感器设计、制造及应用的综合技术,是现代信息技术的重要基础之一。

1. 传感器的定义

根据中华人民共和国国家标准(GB/T 7665—2005),传感器的定义为:能感受规定的被测量并按照一定规律转换成可用输出信号的器件或装置。传感器通常由敏感元件和转换元件组成。其中,敏感元件是指传感器中能直接感受被测量的部分;转换元件是指传感器中能将敏感元件输出信号转换为适合传输和测量的信号的部分。这一定义包含如下几个方面的含义:

(1) 传感器是测量装置,能完成检测任务。

(2) 传感器的输入量是某一被测量,可能是物理量(如长度、热量、力、时间、频率等),也可能是化学量、生物量等。

(3) 传感器的输出量是某种物理量,这种量要便于传输、转换、处理、显示等,也可以是气、光、电量,但主要是电量。

(4) 输出与输入有一定的对应关系,且有一定的精确度。

2. 传感器的分类

(1) 按传感器所应用的学科原理分类,可分为物理型、化学型和生物型传感器。

① 物理型传感器是利用各种物理效应,把被测量转换成电量参数的传感器;

② 化学型传感器是利用化学反应,把被测量转换成电量参数的传感器;

③ 生物型传感器是利用生物效应及机体部分组织、微生物,把被测量转换成电量参数的传感器。

(2) 按传感器转换原理分类,可分为电阻式、电感式、电容式、电磁式、光电式、热电式、压电式、霍尔式、微波式、激光式、超声式、光纤式及核辐射式传感器等。

(3) 按传感器的用途分类,可分为温度、压力、流量、重量、位移、速度、加速度、力、电压、电流、功率物性参数传感器等。

(4) 按传感器转换过程中的物理现象分类,可分为结构型传感器和物性型传感器。结构型传感器是依靠传感器结构变化来实现参数转换的,物性型传感器是利用传感器的敏感元件特性变化实现参数转换的。

（5）按传感器转换过程中的能量关系分类，可分为能量转换型和能量控制型传感器。能量转换型传感器直接将被测量的能量转换为输出量的能量，能量控制型传感器由外部供给传感器能量，而由被测量来控制输出的能量。

（6）按传感器输出量的形式分类，可分为模拟式和数字式传感器。模拟式传感器输出为模拟量，数字式传感器输出为数字量。

（7）按传感器的功能分类，分为传统型传感器和智能型传感器。传统型传感器一般是指只具有显示和输出功能的传感器。真正意义上的智能传感器，应该具备学习、推理、感知、通信等功能，具有精度高、性能价格比高、使用方便等特点。智能型传感器发展迅速，目前可实现的功能概括起来有：

① 具有自校零、自标定、自校正功能；② 具有自动补偿功能；③ 能够自动采集数据，并对数据进行预处理；④ 能够自动进行检验、自选量程、自动诊断故障；⑤ 具有数据存储、记忆与信息处理功能；⑥ 具有双向通信、标准化数字输出或者符号输出功能；⑦ 具有判断、决策处理功能。

（8）按传感器输出参数分类，可分为电阻型、电容型、电感型、互感型、电压（电势）型、电流型、电荷型及脉冲（数字）型传感器等。

（9）按传感器输出阻抗大小分类，可分为低输出阻抗型传感器和高输出阻抗型传感器。低输出阻抗型传感器种类很多，因它的输出阻抗较低，便于实现与后接电路匹配。高输出阻抗型传感器一般输出信号很弱（电荷或 nA 级电流）、输出阻抗又很高（10^8 Ω 以上），这样对后接电路要求很高，需要采用特殊的放大器（如电荷放大器）来匹配。

4.2 电阻式传感器

电阻式传感器利用电阻元件把被测的物理量，如力、位移、形变及加速度等的变化，变换成电阻阻值的变化，通过对电阻阻值的测量达到测量被测物理量的目的。电阻式传感器主要分为电位器式电阻传感器和应变式电阻传感器。前者适宜于被测对象参数变化较大的场合，后者工作于电阻值变化甚小的情况，其灵敏度较高。

4.2.1 电位器式电阻传感器

常见的电位器种类有线绕式电位器、膜式电位器（碳膜和金属膜）、导电塑料电位器、光电电位器等。

1. 线绕式电位器

如图 4-1 所示，线绕式电位器由骨架、绕在骨架上的电阻丝及在电阻丝上移动的滑动触点（电刷）组成。滑动触点可以沿着直线运动（见图 4-1(a)），也可以沿着圆周运动（见图 4-1(b)）。前者称为直线位移型电位器，后者称为角位移型电位器，它们都是线性输出。

图 4-1(c)是一种非线性型（或函数）线绕式电位器，其骨架形状根据所要求的输出 $f(x)$ 来决定。例如，输出 $f(x) = kx^2$，其中 x 为输入位移，要使输出电阻值 $R(x)$ 与 $f(x)$ 呈线性关系，电位器骨架应做成直角三角形。如果输出要求为 $f(x) = kx^3$，则应采用抛物线形骨架。

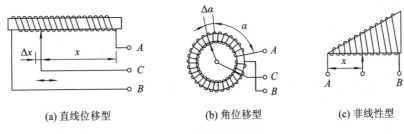

(a) 直线位移型　　　　　(b) 角位移型　　　　　(c) 非线性型

图 4-1　线绕式电位器

线绕电位器式电阻传感器的工作原理，可用图4-2来说明。图中 U_i 是电位器工作电压；R 是电位器电阻；R_L 是负载电阻（例如表头的内阻）；R_x 是对应于电位器滑臂移动到某位置时的电阻值；U_o 是负载两端的电压，即电阻式传感器的输出电压。被测物理量的变化通过机械结构，使电位器的滑臂产生相应的位移，改变了电路的电阻值，引起输出电压的改变，从而达到测量被测物理量的目的。

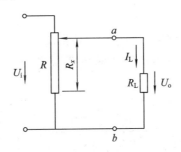

图 4-2　电位器式电阻传感器电路

设 $m = R/R_L$，又假设 X 为滑臂的相对位移量，即 $X = R_x/R$，在均匀绕制的线性电位器（单位长度上的电阻是常数）中，输出电压 U_o 为

$$U_o = \frac{U_i R_L R_x}{R R_L + R R_x - R_x^2} = \frac{U_i (R_x/R)}{1 + (R_x/R_L) - (R_x^2/RR_L)} \tag{4-1}$$

由式(4-1)可见，电位器的输出电压与滑臂的相对位移量 X 是非线性关系，只有当 $m = 0$，即 $R_L \to \infty$ 时，U_o 与 X 才满足线性关系。所以这里的非线性关系完全是由负载电阻 R_L 的接入而引起的，此非线性误差也就是所谓的负载误差。由此可见，如果要使非线性误差在整个过程中保持在 $1\% \sim 2\%$，负载电阻 R_L 必须比电位器阻值 R 大 $10 \sim 20$ 倍。

如果有时负载满足不了以上条件，就要采取一些补偿方法。为改善非线性，在电路上可采用射极输出器或源极跟随器等方法，增大 R_L 的阻值；也有采用特制的非线性结构电位器，如曲线骨架绕制的非线性电位器，其骨架形状是一种特殊的函数关系，但此种方法在工艺上不易实现；也有把电位器电阻分成若干段，每段并联不同阻值的电阻，通过用分段电阻实现非线性补偿。

2. 膜式电位器和导电塑料电位器

膜式电位器（碳膜和金属膜）和导电塑料电位器与线绕式电位器一样，都是接触式电位器，其共同的缺点是不耐磨，寿命较短。

3. 光电电位器

光电电位器是一种非接触式电位器，克服了上述几种普通电位器的共同缺点。光电电位器的工作原理是利用可移动的窄光束照射在其内部的光电导层和导电电极之间的间隙上，使光电导层下面沉积的电阻带和导电电极接通，于是随着光束位置不同而改变电阻值。光电电位器分辨力高、可靠性好、阻值范围宽（500 Ω～15 MΩ），但结构复杂、输出电流小、输出阻抗较高。

电位器式传感器在多数情况下均采用直流电源，但有时因测量电路的需要也采用交流电源。当采用交流电源时，需要考虑由于集肤效应（金属材料（或零件）放入感应线圈后，材料内产生的感应电流只分布于材料表面的现象称为集肤效应）而使绕线的交流电阻大于直流电阻的变化。当频率较高时，还要考虑绕线的自感 L 和绕线的分布电容 C 的影响。

普通电位器式电阻传感器结构简单、价格便宜、输出功率大，一般情况下可直接接指示仪表，简化了测量电路。但由于其分辨力有限，所以一般精度不高；另外动态响应差，不适宜测量快速变化量，通常可用于测量压力、位移和加速度等。

4.2.2 应变式电阻传感器

应变式电阻传感器是利用导体或半导体材料的应变效应制成的一种测量器件，用于测量微小的机械变化量。在结构强度试验中，它是测量应变的最主要手段，也是目前测量力、力矩、压力、加速度等物理量应用最广泛的传感器之一。应变式电阻典型结构如图 4-3 所示。

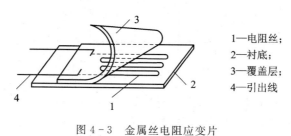

1—电阻丝；
2—衬底；
3—覆盖层；
4—引出线

图 4-3 金属丝电阻应变片

1. 应变效应和灵敏系数

导体或半导体材料在外界作用力下（拉伸或压缩）产生机械变形，其阻值将发生变化，这种现象称为"应变效应"。依据应变效应制成的应变片粘贴于被测材料上，则被测材料受外界作用所产生的应变就会传送到应变片上，从而使应变片的阻值发生变化，通过测量阻值的变化量，就可反映出外界作用力的大小。

金属导体的电阻 R 可用下式表示：

$$R = \rho \frac{L}{A} \tag{4-2}$$

式中：R 为电阻值，单位为 Ω；ρ 为电阻丝的电阻率，单位为 Ω·mm²/m；L 为电阻丝的长度，单位为 m；A 为电阻丝的截面积，单位为 mm²。

如果对整条电阻丝长度作用一均匀应力，则 ρ、L、A 的变化将引起电阻的变化，可通过对式(4-2)的全微分求得

$$\mathrm{d}R = \frac{L}{A}\mathrm{d}\rho + \frac{\rho}{A}\mathrm{d}L - \frac{\rho L}{A^2}\mathrm{d}A \tag{4-3}$$

相对变化量为

$$\frac{\mathrm{d}R}{R} = \frac{\mathrm{d}\rho}{\rho} + \frac{\mathrm{d}L}{L} - \frac{\mathrm{d}A}{A} \tag{4-4}$$

为分析方便，假设电阻丝是圆截面，则 $A = \pi r^2$，其中 r 为电阻丝的半径，有 $\mathrm{d}A = 2\pi r \mathrm{d}r$，则

$$\frac{\mathrm{d}A}{A} = \frac{2\pi r \mathrm{d}r}{\pi r^2} = 2\frac{\mathrm{d}r}{r} \tag{4-5}$$

令 $\mathrm{d}L/L = \varepsilon$ 为电阻丝轴向相对伸长量，即轴向应变；而 $\mathrm{d}r/r$ 为电阻丝径向相对伸长量，即径向应变。由材料力学可知，在弹性范围内，金属丝沿长度方向伸长或缩短时轴向应变和径向应变的关系为

$$\frac{\mathrm{d}r}{r} = -\mu \frac{\mathrm{d}L}{L} = -\mu \varepsilon; \quad \frac{\mathrm{d}\rho}{\rho} = \lambda E \varepsilon \tag{4-6}$$

式中：μ 为金属材料的泊松系数，即径向应变和轴向应变的比例系数，负号表示方向相反；λ 为压阻系数，与材质有关；E 为电阻丝材料的弹性模量。将式(4-5)、式(4-6)代入式(4-4)，经整理后得

$$\frac{\mathrm{d}R}{R} = (1 + 2\mu)\varepsilon + \lambda E \varepsilon \tag{4-7}$$

定义金属丝的灵敏度系数为

$$k = \frac{\mathrm{d}R/R}{\varepsilon} = 1 + 2\mu + \lambda E \tag{4-8}$$

它的物理意义是单位应变所引起的电阻相对变化。由式(4-8)可知，k 受两个因素影响：一个是受力后材料的几何尺寸变化所引起的，即 $1 + 2\mu$ 项；另一个是受力后材料的电阻率发生变化而引起的。对于确定的材料，$1 + 2\mu$ 项是常数，其数值为 $1 \sim 2$，并且由实验证明，λE 也是一个常数（对于金属电阻丝，这个值非常小，往往可以忽略）。因此，灵敏度系数是个常数，由式(4-8可得)

$$\frac{\mathrm{d}R}{R} = k\varepsilon \tag{4-9}$$

式(4-9)表示金属电阻丝的电阻相对变化与轴向应变成正比。

2. 电阻应变片的种类

电阻应变片是我国发展最早的一种变换元件，从 20 世纪 50 年代开始生产以来，不同的新型应变片不断问世，它的品种繁多、形式多样。常用的应变片有两大类：一类是金属电阻应变片，另一类是半导体应变片。

1) 金属电阻应变片

金属电阻应变片有丝式应变片和箔式应变片等，其工作原理是基于应变片发生机械变形时，其电阻值发生变化。丝式应变片结构如图 4-4(a)所示，它是用一根金属细丝按图示形状弯曲后用粘胶剂贴于衬底（用纸或有机聚合物薄膜等制成），电阻丝两端焊有引出线，电阻丝直径为 $0.012 \sim 0.050$ mm。箔式应变片的结构如图 4-4(b)和(c)所示，是用光刻、腐蚀等工艺方法制成的一种很薄的金属箔栅，箔的厚度一般为 $0.003 \sim 0.010$ mm。它的优点是表面积和截面积之比大、散热条件好，故允许通过较大的电流，并可做成任意形状，便于大量生产。由于箔式应变片具有上述一系列优点，所以使用范围日益广泛，有逐渐取代丝式应变片的趋势。

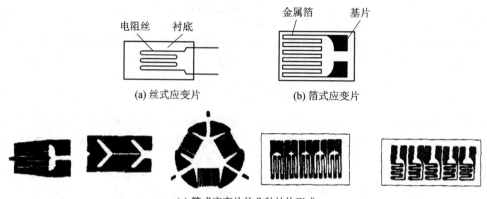

(a) 丝式应变片　　　　　　　　(b) 箔式应变片

(c) 箔式应变片的几种结构形式

图 4-4　金属电阻应变片

2) 半导体应变片

半导体应变片的结构如图 4-5 所示，它的使用方法与丝式应变片的相同，即粘贴于被测材料上，随被测体的应变，其电阻值发生相应的变化。半导体应变片的工作原理是基于半导体材料的压阻效应。所谓压阻效应是指单晶半导体材料的某一轴向受到外力作用时，其电阻率 ρ 发生变化的现象。当半导体应变片受轴向力作用时，其电阻的相对变化仍具有式(4-7)的关系，即

$$\frac{\mathrm{d}R}{R}=(1+2\mu)\varepsilon+\lambda E\varepsilon \tag{4-10}$$

式中：λ 为半导体材料受力方向的压阻系数；E 为半导体材料的弹性模量。

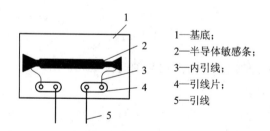

1—基底；
2—半导体敏感条；
3—内引线；
4—引线片；
5—引线

图 4-5　半导体应变片

$1+2\mu$ 项随几何形状而变化，λE 项是压阻效应引起的。实验证明半导体应变片的 λE 项比 $1+2\mu$ 项大近百倍，所以 $1+2\mu$ 项可忽略，因而半导体应变片的灵敏度系数为

$$k=\frac{\mathrm{d}R/R}{\varepsilon}=\lambda E \tag{4-11}$$

半导体应变片最突出的优点是体积小，而灵敏度高，它的灵敏度系数比金属应变片的要大几十倍，频率响应范围很宽。但由于半导体材料的原因，它具有温度系数大、应变与电阻的关系曲线非线性和误差大等缺点，使它的应用范围受到一定限制。

应变片的粘贴是应变测量的关键之一，它影响到被测表面的变形能否正确地传递给应变片。粘贴所用的黏合剂必须与应变片材料和试件材料相适应，并要遵循正确的粘贴工艺。

3. 应变式电阻传感器的主要特点

应变式电阻传感器的主要特点有：

(1) 电阻变化率与应变在一定范围内可保持很好的线性关系。

(2) 由于尺寸小、重量轻，因此在测试时对试件的工作状态及应力分布影响很小。

(3) 测量范围广。一般可测 $1\mu\varepsilon$ 到数千 $\mu\varepsilon$（$1\mu\varepsilon=10^{-6}$）。

(4) 频率响应好。一般应变式电阻传感器的响应时间为 10^{-7} s，半导体应变式传感器的响应时间可达 10^{-11} s，所以可进行几十赫兹甚至 10^5 Hz 级的动态测量。需要指出的是，应变片不是一点，而是有一定的长度，当应变波沿敏感栅长度方向传播时，应变片所反映的实际值实际上是敏感栅长度内所感受到的应变量的平均值。图 4-6 表示应变波传播过程中某瞬间的情况，设应变波的波长为 λ，应变片的基长为 l_0，应变片两端点的坐标为 x_1 和 x_2，于是测得沿基长 l_0 平均应变为

$$\varepsilon_\mathrm{p}=\frac{\int_{x_1}^{x_2}\varepsilon_0\sin(2\pi x/\lambda)\mathrm{d}x}{x_2-x_1}=-\frac{\lambda}{2\pi l_0}\varepsilon_0\left[\cos\left(\frac{2\pi x_2}{\lambda}\right)-\cos\left(\frac{2\pi x_1}{\lambda}\right)\right] \qquad (4-12)$$

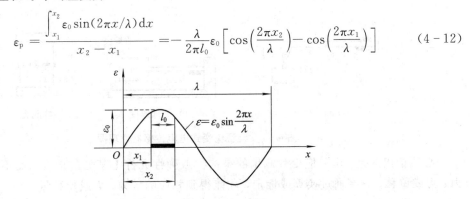

图 4-6　应变片对正弦应变的响应特性

在实际测试时，应求出被测对象的最高振动频率和应变波在被测对象中的传播速度，取应变波波长的 1/10～1/20 作为应变片的基长 l_0。应变片应尽量选用短的，这样可更真实地测出被测部位的应变，提高测试精度。表 4-1 给出了不同基长应变片的最高工作频率。

表 4-1　不同基长应变片的最高工作频率

应变片基长 l_0/mm	1	2	3	5	10	15	20
最高工作频率 f/kHz	250	125	83.3	50	25	16.6	12.5

(5) 在应变较大的状态下，具有较大的非线性；输出信号较小，故抗干扰问题突出；不适合在 1000℃ 以上的高温下工作等。

(6) 受温度影响大，需要进行温度补偿。应当注意到，温度的变化会引起电阻值的变化，从而造成应变测量结果的误差。由温度变化所引起的电阻变化与由应变引起的电阻的变化往往具有同等数量级，绝对不能掉以轻心。因此，通常要采取相应的温度补偿措施，以消除温度变化所造成的误差。应变式电阻传感器已是一种使用方便、适应性强、比较完善的器件。近年来半导体应变片日臻完善，使应变片电测技术更具广阔前景。目前国产的半导体应变片大都采用 P 型硅单晶制作而成。随着集成电路技术和薄膜技术的发展，出现了扩散型、外延型、薄膜型半导体应变片，它们在实现小型化、改善应变片的特性等方面有良

好的作用。近来，已研制出在同一硅片上制作扩散型应变片和集成电路放大器等，即集成应变组件，这对于自动控制与检测技术将会有一定推动作用。

4.2.3 电阻式传感器应用举例

1. 典型应变式电阻传感器

典型应变式电阻传感器将应变片贴于弹性元件上，作为测量力、位移、压力、加速度等物理参数的传感器。典型应变式电阻传感器应用实例如图4-7所示。其中，加速度传感器由悬臂梁、质量块和基座组成。测量时，基座固定在振动体上，悬臂梁相当于惯性系统的"弹簧"。工作时，悬臂梁的应变与质量块相对于基座的位移成正比。由力学的二阶运动方程式可推导出：悬臂梁的应变与振动体的加速度成正比。贴在悬臂梁上的应变片把应变转换为电阻的变化，再通过电桥转换为电压输出。

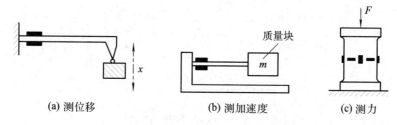

(a) 测位移   (b) 测加速度   (c) 测力

图4-7 典型应变式电阻传感器原理图

必须指出的是，电阻应变片测出的是构件或弹性元件上某处的应变，而不是该处的应力、力或位移。只有通过换算或标定，才能得到相应的应力、力或位移量。

2. 半导体力敏应变片在电子皮带秤上的应用

荷重传感器是皮带秤的关键组成部件，它采用半导体力敏应变片作为敏感元件，虽然在同样压力下它的弹性变形较金属箔式应变片小，但其灵敏度却很高。荷重传感器灵敏度可达 $7 \sim 10$ mV/kg，额定压力为 5 kg 的荷重传感器可输出 50 mV 左右的电压。电子皮带秤工作原理如图4-8所示。

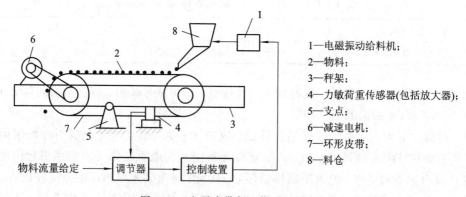

1—电磁振动给料机；
2—物料；
3—秤架；
4—力敏荷重传感器(包括放大器)；
5—支点；
6—减速电机；
7—环形皮带；
8—料仓

图4-8 电子皮带秤工作原理示意图

当未给物料时，整个皮带秤质量通过调节秤架上的平衡锤使之自重基本作用在支点5上，仅留很小一部分压力作为传感器预压力。当电磁振动给料机开始给料时，通过皮带运动，使物料平铺在皮带上。此时皮带上物料的质量一部分通过支点传到基座上，另一部分作用于传感器上。设每米物料质量为 m，则传感器受力为 F，而 $F = Cm$（C 为系数，取决于传感器距支点的距离）。当传感器受力后，传感器中的弹性元件将产生变形，因此，粘贴于弹性元件上的力敏应变电桥就有电压信号输出。

3. 应变式加速度传感器

上面两类传感器都是力（集中力和均匀分布力）直接作用在弹性元件上，将力转换为应变。然而加速度是运动参数，所以首先要经过质量弹簧的惯性系统将加速度转换为力，再将力作用在弹性元件上。应变式加速度传感器的结构如图 4-9 所示。在等强度梁 2 的一端固定惯性质量块 1，梁的另一端用螺钉固定在壳体 6 上，在梁的上下两面粘贴应变片 5，梁和惯性质量块的周围充满阻尼液（硅油），用以产生必要的阻尼。当测量加速度时，将传感器壳体和被测对象刚性连接，当有加速度作用在壳体上时，由于梁的刚度很大，惯性质量块也以同样的加速度运动。其产生的惯性力正比于加速度的大小，惯性力作用在梁的端部使梁产生变形，限位块 4 保护传感器在过载时不被破坏。应变式加速度传感器在低频振动测量中得到广泛的应用。

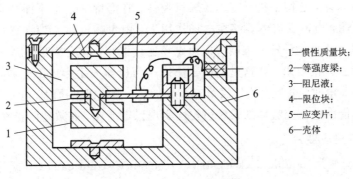

1—惯性质量块；
2—等强度梁；
3—阻尼液；
4—限位块；
5—应变片；
6—壳体

图 4-9　应变式加速度传感器

4. 机器人指端触觉传感器

机器人触觉技术在机器人感觉系统中占有非常重要的地位，这是因为触觉感知有着视觉无法实现的功能。首先，与视觉传感器相比，触觉传感器所需的数据很少；其次，对于触觉系统，一些外界因素（背景照明、视角等）可以不作考虑，使采集的数据容易控制。

触觉传感器是实现机器人触觉的关键技术之一，按照传感器原理的不同可分为压阻、压电、磁、光电、电容和机械传感器等几类。国内外许多技术人员致力于触觉传感器的研究，现在已经研制出了许多触觉传感器的样机，并有一些触觉传感器进入商品化阶段。随着智能机器人技术的发展，开发和研制实用的触觉传感器，以提高机器人与外部世界相互协调工作的能力，仍是当前亟待解决的问题。这里，作为应变片的应用，介绍一种应变式触觉传感器，将其安装在机器人的指端，当机器人在抓取物体时，触觉传感器可以感知压觉、力觉，以便有效地控制夹持力和夹持方式。图 4-10 便是这种应变式触觉传感器的原理图。在机器人抓握物体的过程中，机器人指端应变式触觉传感器将被抓物体通过海绵 9 和橡胶 8 与触头 7 接触，触头 7 可以在盖板 6 的限位孔中滑动，触头 7 和压头 5 连在一起，压头 5 与触头 7 的连接部位尺寸大于限位孔的大小，防止机器人手指松开时因弹性薄板 1 的反作用力使触头弹出。

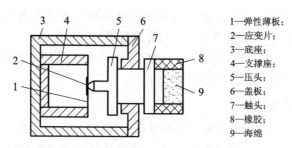

1—弹性薄板；
2—应变片；
3—底座；
4—支撑座；
5—压头；
6—盖板；
7—触头；
8—橡胶；
9—海绵

图 4-10　应变式触觉传感器的原理图

触头的右端有一小段比盖板的限位孔尺寸大，这个凸缘到盖板的距离限定了传感器的最大抓握力量。当被抓物体的质量超过最大抓握质量时，触头凸缘与盖板接触，通过盖板 6 和底座 3 将力传到机器人手指指面上，从而保证传感器不被破坏。被抓握物体对触头的反作用力通过压头传递到弹性薄板 1 上，使弹性薄板变形，从而使粘贴在上面的应变片输出应变信号。被抓物体的截面尺寸可以大于弹性薄板的尺寸，也可以等于或小于弹性薄板的尺寸，而不影响对参数的测量，从而扩大了被抓物体的尺寸范围。另外，在触头上端的海绵中封装了电流变流体，这使手指具有了柔顺可控性；在海绵 9 的上下面分别敷上两层导电橡胶。经研究表明，电流变流体能够在电场作用下，由牛顿流体变为具有一定屈服应力的 Bingham 塑性体，并且这种转变程度可以由电场连续控制，响应速度极快（一般为毫秒级），它能够满足实时控制的要求。在这里电流变流体作为机器人手指皮下介质，模仿人手的皮下组织。当没有通电时，电流变流体层可充当保形层；当给以电压时，电流变流体变为塑性体，这样就可以借助电流变流体的柔顺可控性实现稳定抓握，有效地防止滑落。

5. DD 式电阻应变片

DD 式电阻应变片（double deck electrical resistance strain gauge），或称双层电阻应变片，是由 F. Zandman 博士于 20 世纪 70 年代发明的。DD 式电阻应变片是由两个普通电阻应变片背对背地粘贴在一块塑性薄板上组成的，如图 4-11 所示。

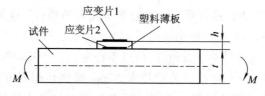

图 4-11　DD 式电阻应变片的构造

在多数的平板应变测试中，人们往往在板的两个表面贴应变片测其应变，然后取均值作为该板中性面的应变值。但是对一些特殊结构的板而言，同时在板的两个表面贴应变片几乎是不可能的，如一些盒式结构和桶式结构等。在这种情况下只能在结构的外表面使用 DD 式电阻应变片，才可测得其内表面的应变。

在板的一个表面粘贴 DD 式电阻应变片可以使在测"拉/压"应变的同时，测得结构的弯曲应变。当 DD 式电阻应变片安装在一个作用有拉/压应力和弯曲应力的试件上时，如图 4-12 所示，假设应变沿板的厚度方向呈线性分布，弯曲应变为 ε_b，拉/压应变为 ε_a，试件另一个表面的应变为 ε_3，它们可用下面的公式表示：

$$\left.\begin{array}{l} \varepsilon_b = \dfrac{t}{2h}(\varepsilon_1 - \varepsilon_2) \\[2mm] \varepsilon_a = \varepsilon_2 - \varepsilon_b \\[2mm] \varepsilon_3 = \varepsilon_a - \varepsilon_b \end{array}\right\} \qquad (4-13)$$

式中：t、h 分别是被测试件和 DD 式电阻应变片的厚度；ε_1、ε_2 分别是从 DD 式电阻应变片的两个普通应变片 1、2 中测得的应变值。

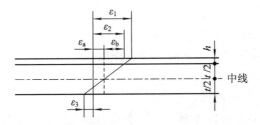

图 4-12　沿试件厚度方向的应变分布

目前 DD 式电阻应变片常用的厚度为 1～3 mm，电阻值为 350 Ω。此外这种应变片的制造成本高，其价格为相同阻值、相同结构尺寸普通应变片的 5～7 倍左右。英国飞行制造行业在大量地使用 DD 式电阻应变片进行应力应变测试，还有一些大学和科研机构也在使用它进行有关应力应变测试的科研。随着科研的深入发展，DD 式电阻应变片的缺点和不足将会得到改善，它的使用将会得到更进一步的推广。

6. 固态压力传感器

压阻式固态压力传感器由外壳、硅膜片和引线组成，简单结构如图 4-13 所示，其核心部分是一块圆形的膜片。在膜片上，利用集成电路的工艺方法设置 4 个阻值相等的电阻，构成精密全桥测量电路。膜片的四周用一圆环(硅环)固定，膜片的两边有两个压力腔：一个是和被测系统相连接的高压腔；另一个是低压腔，通常和大气相通。当膜片两边存在压力差时，膜片上各点存在应力。4 个电阻在应力作用下，阻值发生变化，电桥失去平衡，输出相应的电压。电压和膜片两边的压力差成正比，这样，测得不平衡电桥的输出电压，就能求得膜片所受压力差的大小。

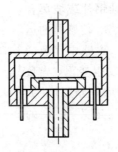

图 4-13　固态压力传感器结构简图

4.2.4　黏合剂和应变片的粘贴技术

在测试被测量时，黏合剂所形成的胶层起着非常重要的作用，它应准确无误地将试件或弹性元件的应变传递到应变片的敏感栅上去。所以黏合剂与粘贴技术对于测量结果有直接影响，不能忽视它们的作用。对黏合剂有如下要求：

(1) 有一定的黏结强度；

(2) 能准确传递应变；

(3) 蠕变小；

(4) 机械滞后小；

(5) 耐疲劳性能好，韧性好；

(6) 长期稳定性好；

(7) 具有足够的稳定性能；

(8) 对弹性元件和应变片不产生化学腐蚀作用；

(9) 有适当的储存期；

(10) 有较大的使用温度范围。

对粘贴好的应变片，应依黏合剂固化要求进行固化处理。固化以后，还要进行防潮处理，以免潮湿引起绝缘电阻和黏合强度降低，影响测试精度。简单的防潮处理方法是在应变片上涂一层中性凡士林，有效期为数日；最好是石蜡或蜂蜡熔化后涂在应变片表面上（厚约 2 mm），这样可长时间防潮。

4.3 电感式传感器

电感式传感器是利用电感元件把被测物理量的变化转换成电感的自感系数 L 或互感系数 M 的变化，再由测量电路转换为电压（或电流）信号。电感式传感器可把各种物理量如位移、压力、流量等参数转换成电量输出。因此，能满足信息的远距离传输、记录、显示和控制等方面的要求，在自动控制系统中应用十分广泛。本节主要介绍自感传感器和互感传感器。

4.3.1 自感传感器

1. 自感传感器的原理

图 4-14 是变气隙式自感传感器的原理图。铁芯和活动衔铁都是由导磁材料（如硅钢片或坡莫合金）制成的，衔铁和铁芯之间有气隙 δ。传感器的运动部分与衔铁相连，当衔铁移动时，磁路中气隙的长度发生变化，从而使磁路的磁阻发生变化，导致线圈的电感值发生变化，由此判定衔铁位移量的大小。设线圈的匝数为 N，根据电感的定义，线圈的电感量（单位为 H）为

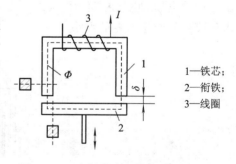

1—铁芯；
2—衔铁；
3—线圈

图 4-14 变气隙式自感传感器原理图

$$L = \frac{N\Phi}{I} \tag{4-14}$$

式中：Φ 为磁通（Wb）；I 为线圈中的电流（A）；N 为线圈匝数。而磁通又可用下式表示：

$$\Phi = \frac{IN}{R_M} = \frac{IN}{R_F + R_\delta} \tag{4-15}$$

式中：R_M 为磁路总磁阻；R_F 为铁芯磁阻；R_δ 为气隙磁阻。R_F 与 R_δ 可分别由下列两式求得

$$\begin{cases} R_{\mathrm{F}}=\dfrac{L_1}{\mu_1 A_1}+\dfrac{L_2}{\mu_2 A_2} \\ R_\delta=\dfrac{2\delta}{\mu_0 A} \end{cases} \tag{4-16}$$

式中：L_1 为磁通通过铁芯的长度（m）；A_1 为铁芯横截面积（m^2）；μ_1 为铁芯材料的磁导率（H/m）；L_2 为磁通通过衔铁的长度（m）；A_2 为衔铁横截面积（m^2）；μ_2 为衔铁材料的磁导率（H/m）；δ 为气隙长度（m）；A 为气隙截面积（m^2）；μ_0 为空气的磁导率，$\mu_0=4\pi\times10^{-7}\,\mathrm{H/m}$。

　　一般情况下，导磁材料的磁导率远大于空气中的磁导率（数千倍甚至数万倍），因此导磁材料磁阻和空气隙磁阻相比是非常小的，即 $R_{\mathrm{F}}\ll R_\delta$，常常可以忽略不计。这样，线圈的电感可写为

$$L=\frac{N^2\mu_0 A}{2\delta} \tag{4-17}$$

由式（4-17）可知，线圈匝数 N 确定之后，只要气隙长度 δ 和气隙截面积 A 两者之一发生变化，电感传感器的电感量都会随之发生变化。因此，变气隙式自感传感器又可分为变气隙长度和变气隙截面积两种，但常用的是变气隙长度的自感传感器。

2. 变气隙长度的自感传感器

　　由式（4-17）可知，δ 和 L 为非线性关系，如图 4-15 所示。

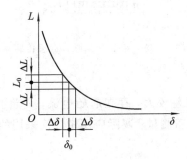

图 4-15　自感传感器的特性曲线

　　设图 4-14 中衔铁处于起始位置时，自感传感器的初始气隙为 δ_0，由式（4-17）可知初始电感 L_0 为

$$L_0=\frac{N^2\mu_0 A}{2\delta_0} \tag{4-18}$$

当衔铁向上移动 $\Delta\delta$ 时，传感器的气隙将减小，这时电感量将增大为

$$L=\frac{N^2\mu_0 A}{2(\delta_0-\Delta\delta)}$$

电感的变化量为

$$\Delta L=L-L_0=L_0\frac{\Delta\delta}{\delta_0+\Delta\delta} \tag{4-19}$$

当衔铁向下移动 $\Delta\delta$ 时，传感器的气隙将增大，这时电感将减小，其变化量为

$$\Delta L=L-L_0=L_0\frac{\Delta\delta}{\delta_0+\Delta\delta} \tag{4-20}$$

　　由式（4-17）可得传感器的灵敏度为

$$S = -\frac{N^2 \mu_0 A}{2\delta^2} \qquad (4-21)$$

灵敏度 S 与气隙长度 δ 的平方成反比，δ 愈小，灵敏度愈高。由于 S 不是常数，故会出现非线性误差。为了减小非线性误差，通常使传感器在较小间隙范围内工作，一般实际应用中，取 $\Delta\delta/\delta_0 \leqslant 0.1$。变气隙长度的自感传感器适用于较小位移的测量，一般为 $0.001 \sim 1$ mm。式（4-21）还说明，从提高灵敏度的角度看，除了初始间隙应尽量小外，增加线圈匝数和铁芯截面积，也可以提高灵敏度，但必将增大传感器的几何尺寸和质量。

3. 变气隙截面积的自感传感器

图 4-14 中，如果衔铁左右运动，便构成了变气隙截面积的自感传感器，其自感 L 与导磁面积 A 呈线性关系，这种传感器灵敏度较低。

4. 螺管式自感传感器

图 4-16 是单螺管线圈式自感传感器。当铁芯在线圈中运动时，磁阻将被改变，线圈自感发生变化，这种自感传感器可测较大的位移，但精度较低。

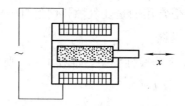

图 4-16 单螺管线圈式自感传感器

5. 差动式自感传感器

以上诸类传感器非线性误差较大，存在起始电流，而且有电磁力作用于活动衔铁，引起附加误差，所以不适用于精密测量。实际应用中广泛采用的是差动式自感传感器。

1）结构和工作原理

差动式自感传感器（也称差动式电感传感器）是由两只完全对称的电感传感器铁芯合用一个活动衔铁所构成的。图 4-17（a）、（b）分别是 E 形和螺管形差动式电感传感器的结构原理图，其特点是上、下两个导磁体的几何尺寸完全相同、材料相同，上、下两只线圈的电气参数（线圈电阻、电感、匝数等）也完全一致。传感器的两只电感线圈接在交流电桥的相邻两臂上，另外，两个桥臂可由电阻或电感组成。

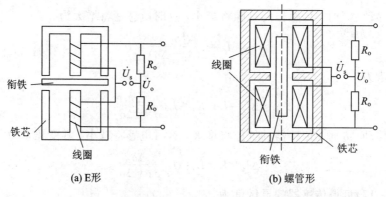

（a）E形 　　　　（b）螺管形

图 4-17 差动式自感传感器的结构原理图

图 4-17 中两类差动式电感传感器的工作原理相同，只是结构形式不同。由图可见，电感传感器和电阻(或电感)构成了四臂交流电桥，由交流电源 $\dot{U}_s$ 供电，在电桥的另一对角端为输出的交流电压 $\dot{U}_o$。在起始位置时，衔铁处于中间位置，两边的气隙相等，因此两只电感线圈的电感量在理论上相等，电桥的输出电压 $\dot{U}_o=0$，电桥处于平衡状态。当衔铁偏离中间位置向上或向下移动时，造成两边气隙不一样，使两只电感线圈的电感量一增一减，电桥失去平衡。电桥输出电压的幅值大小与衔铁移动量的大小成比例，输出电压的相位则与衔铁移动的方向有关。当衔铁向下移动时，输出电压的相位为正；当衔铁向上移动时，输出电压的相位为负。因此，如果测量出输出电压的大小和相位，就能确定衔铁位移量的大小和方向。如果将衔铁与运动机构相连，就可以测量多种非电量，如位移、液位等。

2) 输出特性

输出特性是指电桥输出电压与传感器衔铁位移量间的关系。由图 4-15 可知，单个自感传感器的电感变化量 ΔL 与位移变化量 $\Delta \delta$ 的关系是非线性的。若构成差动式电感传感器，且接成电桥形式以后，当衔铁偏离中间位置时，如果线圈 1 的电感为 $L_1=L_0+\Delta L$，则线圈 2 的电感为 $L_2=L_0-\Delta L$，电桥输出电压将与 $\Delta L_1+\Delta L_2$ 有关(L_0 为衔铁在中间位置时，单个线圈的电感量)，读者可自行证明。

差动式电感传感器的非线性在 $\pm \Delta \delta$ 工作范围内要比单个电感传感器小得多，图 4-18 清楚地说明了这一点。输出电压的相位与衔铁移动方向有关。若设衔铁向下移动 $\Delta \delta$ 为正，则输出电压为正；若衔铁向上移动 $\Delta \delta$ 为负，则输出电压为负，即相位相差 180°。差动式电感传感器的灵敏度比单个线圈的传感器提高一倍。

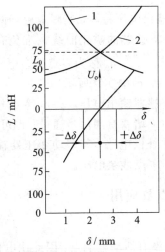

1、2—差动式电感传感器的线圈电感 L_1 和 L_2 的输出特性

图 4-18　差动式电感传感器输出特性

4.3.2　差动变压器式电感传感器(互感传感器)

1. 结构与工作原理

前面介绍的几种自感传感器是把被测量的变化变为线圈的自感变化，本节讨论的差动变压器则是把被测量的变化变换为线圈的互感变化。互感传感器本身是一个变压器，初级

线圈输入交流电压，次级线圈感应出电动势，当互感受外界影响变化时，其感应电动势也随之相应地变化。由于互感传感器的次级线圈接成差动的形式，故称差动变压器。差动变压器具有结构简单、测量精度高、灵敏度高及测量范围宽等优点，故应用较广。下面以应用较多的螺管式差动变压器为例说明其特性，它可以测量 $1 \sim 100$ mm 的机械位移。

差动变压器结构如图 4 - 19(a)所示，由初级线圈 W 与两个相同的次级线圈 W_1、W_2 和插入的可移动的铁芯 P 组成。差动变压器线圈连接方式如图 4 - 19(b)所示，两个次级线圈反相串接。在初级线圈 W 上加一定的正弦交流电压 $\dot{U}_1$ 后，在次级线圈中的感应电动势 $\dot{e}_1$、$\dot{e}_2$ 与铁芯在线圈中的位置有关。当铁芯在中心位置时，$\dot{e}_1 = \dot{e}_2$，输出电压 $\dot{e}_o = \dot{e}_1 - \dot{e}_2 = 0$；当铁芯向上移动时 $|\dot{e}_1| > |\dot{e}_2|$；反之，$|\dot{e}_1| < |\dot{e}_2|$。在铁芯上移、下移这两种情况下，输出电压 $\dot{e}_o$ 的相位相差 $180°$，输出电压幅值随铁芯位移 x 的变化而变化，如图 4 - 19(c)所示。

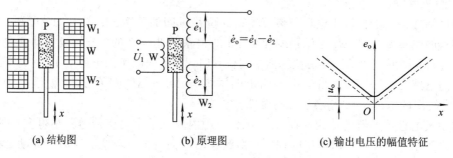

(a) 结构图   (b) 原理图   (c) 输出电压的幅值特征

图 4 - 19 差动变压器原理图

2. 输出特性

图 4 - 19(c)中虚线为理想输出电压特性，实际上由于两次级线圈不可能一切参数都完全相同，制作上不可能完全对称，铁芯的磁化曲线也难免有非线性。多种原因导致铁芯在中间位置时 $\dot{e}_o$ 不等于零，此时 $\dot{e}_o = u_o$，u_o 称为零点残余电压，一般为零点几毫伏至几十毫伏，所以实际输出电压如图 4 - 19(c)中实线所示。

零点残余电压的存在，使传感器输出电压特性在零点附近的范围内不灵敏；并且可能使传感器后接的放大器提前饱和，堵塞有用信号通过；也可能使某些执行机构产生误动作。为了消除零点残余电压，有各种补偿电路，若差动变压器输出端接相敏检波电路，则可以判断铁芯位移方向，同时消除了零点残余电压。

4.3.3 电感式传感器的特点及应用

电感式传感器的优点如下：

(1) 结构简单，由于工作中没有活动电触点，因此比电位器式电阻传感器工作可靠，寿命长。

(2) 灵敏度和分辨率高，特别是差动变压器式电感传感器，能测出 $0.01\ \mu m$ 的机械位移的变化。传感器的输出信号强，电压灵敏度一般每毫米可达数百毫伏。

(3) 在一定位移范围内(最小几十微米，最大达数十甚至数百毫米)重复性和线性度好。

电感式传感器的主要缺点如下：

(1) 频率响应较低，不宜快速动态测量。

(2) 分辨力与测量范围有关。测量范围小，分辨力高；反之则低。

（3）差动变压器式电感传感器存在零点残余电压，在零点附近有一个不灵敏区。

由于以上种种特点，电感式传感器可以用来测量位移、加速度、压力、压差、液位等参数。图 4 - 20 为测量液位的原理图。图 4 - 21 为测量加速度的原理图。

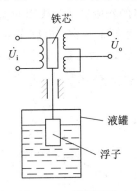

图 4 - 20　测量液位

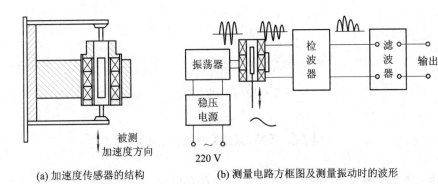

(a) 加速度传感器的结构　　　　(b) 测量电路方框图及测量振动时的波形

图 4 - 21　加速度传感器测量电路方框图

差动变压器和弹性敏感元件相结合，可以组成开环的压力传感器。图 4 - 22 是 CPC 型差压计电路图。

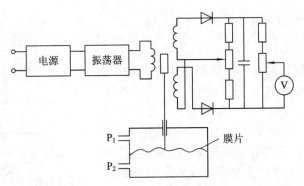

图 4 - 22　CPC 型差压计电路图

CPC 型差压计的传感器是一差动变压器，当所测的 P_1 与 P_2 之间的差压变化时，差压计内的膜片产生位移，从而带动固定在膜片上的差动变压器的铁芯移位，使差动变压器次级输出电压发生变化，输出电压的大小与铁芯位移成正比，从而也与所测差压成正比。

电感式传感器还可用来测量铁磁性物体表面非磁性涂层的厚度。一般工件或机械设备表面都有漆层、电镀层、防腐层等覆盖层。测量这些覆盖层厚度时，电感的下端与被测物体接触，电感的磁芯与被测物体的铁磁性基体间形成磁回路。当被测物体表面涂层厚度不同时，磁回路的磁阻和铁芯线圈的电感量均发生变化。当涂层厚度薄时，回路的磁阻小，线圈的电感量大；当涂层较厚时，回路的磁阻就大，线圈的电感量较小。也就是说，线圈的电感量 L 随被测物体表面涂层厚度的变化而变化，电感量的变化将导致电感两端电压的变化。根据这一原理，即可实现非电量（厚度）到电量（电压）的转变。涂层厚度 d 与电压 U_L 的关系曲线如图 4-23 所示。该电压经整流、差分放大、非线性校正、标度变换等处理后，送显示电路，即可显示涂层厚度值。

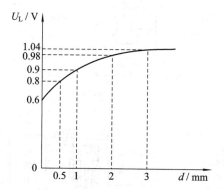

图 4-23 涂层厚度（d）与电压（U_L）的关系曲线

4.4 涡流式传感器

近年来，涡流检测技术有较快的发展，它不仅可以检测位移量和振动量，还可以检测金属材料的腐蚀、裂纹和其他缺陷，也可以进行无损评价，这是因为很多材料的特性都与其固有的电磁特性有关。一般来说，检测材料的电磁特性比检测其他的物理特性要容易得多，涡流式传感器就是一种检测材料电磁特性的传感器，它是利用材料的涡电流效应制成的。

4.4.1 涡流效应

图 4-24 是外置式涡电流传感器的工作原理图。金属板置于一只线圈的附近，相互间距为 x。当线圈中有一交变电流 i 通过时，便产生磁通 Φ，此交变磁通通过邻近的金属板，金属板上便产生感应电流 i_1。这种电流在金属体内是闭合的，称之为"涡电流"或"涡流"。这种涡电流也将产生交变磁通 Φ_1，根据楞次定律，涡电流的交变磁场与线圈的磁场变化方向相反，Φ_1 总是抵抗 Φ 的变化。由于涡流磁场的作用（对导磁材料还有气隙对磁路的影响）使原线圈的电感 L

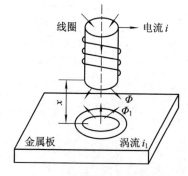

图 4-24 外置式涡电流传感器的原理图

发生变化，所以从本质上说，涡流式传感器是一种电感式传感器。分析表明，影响高频线圈阻抗 L 的因素，除了线圈与金属板间距离 x 以外，还有金属板的电阻率 ρ、导磁率 μ、厚度 d 以及线圈激磁圆频率 ω 等。当改变其中某一因素时，即可达到不同的测量目的。例如，变

化 x 值，可作为位移、振动测量；变化 ρ 或 μ 值，可作为材质鉴别或探伤等。涡流式传感器的最大特点是可以对一些参数进行非接触的连续测量。

4.4.2　涡流式传感器的类型

涡流式传感器的类型多种多样，分类方法也不少，常见的分类方法有以下几种：

（1）按测量用途进行分类，可分为探伤测量、几何量测量、材质（硬度、成分、组织结构、内应力分布等）检测涡流传感器等。

（2）按激励源的波形和数量的不同进行分类，可分为正弦波涡流传感器、脉冲波涡流传感器和方波涡流传感器等。

（3）按利用的涡流电场测量原理的不同进行分类，可分为近场涡流检测（即常规涡流检测）涡流传感器和远场涡流检测（非常规涡流检测）涡流传感器。本节主要介绍的是远场涡流检测涡流传感器。

（4）按测量线圈输出信号的不同进行分类，可分为参量式和变压器式涡流传感器两类。参量式线圈既是产生激励磁场的线圈，又是拾取被测件涡流信号的线圈，所以又叫自感式线圈。变压器式线圈一般由两组线圈构成，一个是专门用于产生交变磁场的激励线圈（初级线圈），另一个是用于拾取涡流信号的线圈（次级线圈），因此也称为互感线圈。

（5）按传感器与被测物体的相对位置关系进行分类，可分为外置式涡流传感器（见图 4 - 24）、外穿过式涡流传感器（见图 4 - 25）、内通过式涡流传感器（见图 4 - 26）。外置式即传感器位于被测物的外部，又称为点式线圈，多用于被测件的探伤和几何量测量。在测量时，把线圈放置于被测件表面附近进行测量。外置式测量方法常见的有高频反射式和低频透射式两种。高频反射式的激励磁场和信号拾取线圈位于被测件的同一位置，利用的是高频激励磁场；低频透射式的激励磁场和信号拾取线圈位于被测件的相对两侧位置，利用的是低频激励磁场。由于外置式线圈体积小，线圈内部一般带有磁芯，因而具有磁场聚焦的性质，灵敏度高。它适用于各种板材、带材、大直径管材、棒材的表面检测，还能对形状复杂的工件某一区域作局部检测。材质检测时常用外穿过式和内通过式涡流传感器。外穿过式涡流传感器是在一个圆套筒外绕制激励线圈和检测线圈，被测物体穿过套筒中间，通过检测线圈输出电势、相角的变化，来判断缺陷的位置。内通过式涡流传感器是将线圈安置在被测管材内壁的一种传感器。

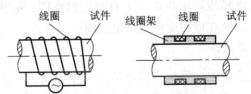

图 4 - 25　外穿过式涡流传感器原理图

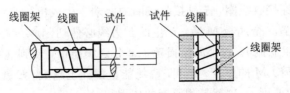

图 4 - 26　内通过式涡流传感器原理图

（6）按被测参数的表达方式进行分类，可分为绝对式（见图 4-27）和差动式涡流传感器。绝对式涡流传感器输出的是绝对值，差动式涡流传感器输出的是被测物体参数与参照值之间的差值，差动式又可分为标准比较式（见图 4-28）和自比较式（见图 4-29）。差动式涡流传感器的第一个线圈与第二个线圈所形成的涡流信号方向相反。典型差动式涡流检测（标准比较式），采用两个检测线圈反向连接成为差动形式。一个线圈中放置标准件（与被测件具有相同材质、形状、尺寸且质量完好），而另一个线圈中放置被测件。由于这两个线圈接成差动形式，当被测件质量不同于标准件（如内部组织成分、结构、内应力分布、几何尺寸、缺陷等）时，检测线圈就有信号输出，从而实现对被测件检测的目的。自比较式涡流传感器是标准比较式涡流传感器的特例，它采用同一检测件的不同部分作为比较标准，故称为自比较式。

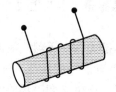

图 4-27　绝对式涡流传感器线圈

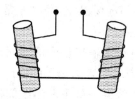

图 4-28　标准比较式涡流传感器线圈

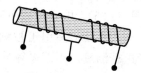

图 4-29　自比较式涡流传感器线圈

下面介绍几种典型的涡流式传感器。

1. 高频反射式涡流传感器

如图 4-24 所示，高频信号 i 施加于邻近金属一侧的电感线圈 L 上，L 产生的高频电磁场作用于金属板的表面。由于集肤效应，高频电磁场不能透过具有一定厚度的金属板，而仅作用于表面的薄层内。对非导磁金属 $\mu \approx 1$ 而言，若 i 及 L 等参数已定，金属板的厚度远大于涡流渗透深度，则表面感应的涡流几乎只取决于线圈 L 至金属板的距离 x，而与板厚及电阻率的变化无关。电感线圈可绕成一个扁平圆形线圈，粘贴于框架上；也可以在圆形框架上开一条槽，导线绕制在槽内而形成一个线圈。

2. 低频透射式涡流传感器

如图 4-30 所示为低频透射式涡流传感器的工作原理图。发射线圈和接收线圈分别位于被测材料 M 的上、下方。将由振荡器产生的音频电压 u 加到发射线圈的两端后，线圈中即流过一个同频率的交变电流，并在其周围产生一交变磁场。如果两线圈间不存在被测材料，磁场就能直接贯穿接收线圈，于是接收线圈的两端会生成出一交变电势 E。

在两线圈之间放置一金属板 M 后，产生的磁力线必然切割 M（M 可以看做是一匝短路线圈），并在 M 中产生涡流 i。这个涡流损耗了部分磁场能量，使到达接收线圈的磁力线减少，从而引起 E 的下降。M 的厚度 t 越大，磁场能量损耗也越大，E 就越小。由此可知 E 的大小间接反映了 M 的厚度 t，这就是测厚度的依据。

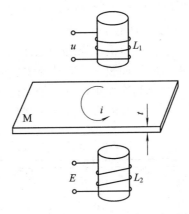

图 4-30　透射式涡流传感器原理图

　　M 中涡流 i 的大小不仅取决于厚度，且与 M 的电阻率 ρ 有关，而 ρ 又与金属材料的化学成分和物理状态特别是与温度有关，于是引起相应的测试误差，并限制了这种传感器的应用范围。补救的办法是，对不同化学成分的材料分别进行校正，并要求被测材料温度恒定。进一步的理论分析和实验结果证明，接收线圈的电势 E 随被测材料厚度 t 的增大而按负指数幂的规律减少，如图 4-31 所示。对于确定的被测材料，其电阻率为定值，但当选用不同的测试频率 f 时，渗透深度 Q 的值是不同的，从而使 E-t 曲线的形状发生变化，如图 4-32 所示。

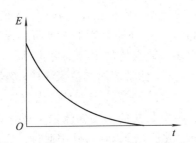

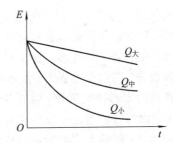

图 4-31　线圈感应电势与金属板厚度关系曲线　　图 4-32　渗透深度 Q 对 $E = f(t)$ 曲线的影响

　　对于频率 f 一定的测试，当被测材料的电阻率 ρ 不同时，渗透深度 Q 的值也不相同，于是又引起 $E = f(t)$ 曲线形状的不同。为使测量不同 ρ 的材料时所得到的曲线形状相近，就需在 ρ 变动时保持 Q 不变，这时应该相应地改变 f，即若测 ρ 较小的材料(如紫铜)，则选择较低的测试频率($f = 500$ Hz)，若测 ρ 较大的材料(如黄铜、铝)，则应选择较高的测试频率($f = 2$ kHz)，从而保证传感器在测量不同材料时的线性度和灵敏度。

3. 远场涡流传感器

　　远场涡流(Remote Field Eddy Current，RFEC)检测技术是一种能对管材实行透壁检测的非常规电磁检测方法。目前，该技术虽局限于管道的无损检测，但由于其独到的检测性能，越来越受到人们的重视。远场涡流检测方法采用内部探头对管材实行透壁检测，这是一种低频穿壁技术，它对管材的凹坑、裂纹、壁厚的收缩及电阻率和磁导率的变化均能响应，并对管内、外部异常有相同的灵敏度。远场涡流传感器是该检测系统的主要部件，它采用与管道同轴放置的内部螺线管作为激励线圈，通以低频交流电，一组检测线圈排列安放在靠近管壁的内表面处。该检测线圈的安放位置与常规涡流装置中的不同，其典型结构(见

图 4-33)是安装在沿轴向距激励源 2～3 倍管内径处，需要测量的不是线圈阻抗，而是检测线圈的感应电压及其与激励电流之间的相位差。如果在一根无缺损的长铁管中改变激励线圈和检测线圈间轴向距离，并对应测出检测线圈感应电压及其相位，就可得到激励线圈周围电磁场分布的一些特征。把距激励线圈较近，信号幅值急剧下降的区域称为近场区或直接耦合区；信号幅值急剧下降后变化趋缓而相位发生较大的跃变之后的区域称为远场区或间接耦合区。远场涡流传感器中的检测线圈必须放在远场区，远场区一般距激励线圈 2 倍管内径以外。

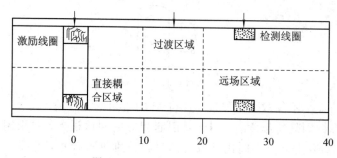

图 4-33　远场涡流传感器原理

　　根据有关理论和实验研究证实，远场涡流传感器中检测线圈的场由两个分量合成。其一分量称为直接耦合分量，产生于激励线圈，并一直保留在管道中；直接耦合场随着激励源轴向距离的增加，按指数规律衰减。另一分量为远场分量，是激励线圈产生的场，部分在激励线圈附近穿透管壁扩散，在此过程中，因为涡流的作用，场相位发生移动、幅值衰减，然后，该能量在管外传播、衰减减慢。对铁磁管道而言，该能量有被管道引导而沿管外壁扩散的趋势。在远场区域外部，直接耦合场比内部大得多，管内场的主要部分由外部场通过管壁扩散回来。在这个过程中，场再次衰减并有相位移动。像常规涡流技术一样，裂纹以阻断涡流路径的方式产生信号，也有与常规技术不同处，管外的裂纹产生与管内裂纹相同的信号，这是因为它们与能量流的交互作用是相同的。典型结构的远场涡流探头还存在着一些明显的问题，影响着它的发展和应用。一是探头长度太长，难以在弯管中通过，尽管可以采用机械分段和铰接，但仍难保证其既能通过，又能确保检测线圈位于远场区。二是检测信号幅值太低，通常为微伏或数十微伏数量级，在电子技术已充分发展的今天，信号的分辨和处理仍很难。

　　远场涡流传感器常用的类型有如图 4-34 所示的直规传感器和如图 4-35 所示的牛眼传感器。这两种传感器在保持材料表面及近表面高检测灵敏度的同时，提高了有效渗透能力，其结构为同轴排列若干个线圈，线圈之间被屏蔽，使之独立工作。

　　美国西屋科学技术中心的 Clark 设计的直规传感器(见图 4-34)，将内通过式涡流传感器分割成若干独立的小线圈，分别由计算机控制。当某一小线圈扫查到缺陷后，立即断开此线圈并继续行走到另一个小线圈，发现缺陷后，再由计算机对线圈空间距离进行计算而得到缺陷的大小。此时将传感器定位并变频测量，以求缺陷距表面的深度。Clark 和 Metal 设计的牛眼传感器(见图 4-35)为大小不同的同轴线圈。首先对不同大小的线圈施以高频扫查，当发现某种缺陷信号时，停止扫查并开始对各线圈以不同频率检测缺陷的深度。以上两种传感器尽管结构仅仅是在传统的传感器基础上作了些改进，但不难看出在检测缺陷的大小和深度方面却产生了十分显著的效果。

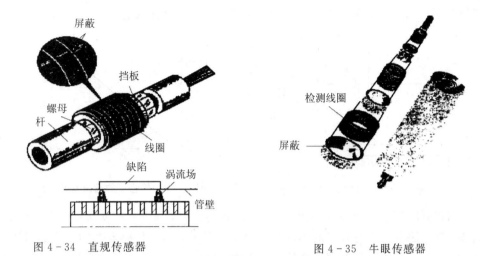

图 4 - 34　直规传感器

图 4 - 35　牛眼传感器

4. 相控涡流传感器

为了同时提高管材的轴向和周向缺陷的检出敏感性，一个较为有效的方法是采用阵列探头，显然它需要有与探头同样多的通道及信息融合技术。20 世纪 80 年代中期出现了商业相控涡流传感器，然而在 20 世纪 90 年代初期才对其理论研究作了报道。相控涡流传感器由三个线圈组成，相互间隔 120°(见图 4 - 36(a))，它们之间由星状结构相连。相控涡流传感器在管材中形成如图 4 - 36(b)所示的涡流，可见涡流的流向对管材轴向和周向缺陷将同时敏感。相控涡流传感器结构不需多个通道，可高效率地检出多个方向的缺陷；但它也有局限性，检测仍有不敏感区域存在。这时可由两个独立并相似的相控涡流传感器一前一后放置，线间相位差 60″，使得第一个传感器的不敏感区成为第二个传感器的敏感区，因而可避免漏检。

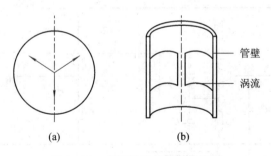

图 4 - 36　相控涡流传感器示意图

4.4.3　测量电路

涡流式传感器的测量电路基本上可分为定频测距电路和调频测距电路两类。

(1) 图 4 - 37 为定频测距的原理线路。图中电感线圈 L、电容 C 是构成传感器的基本电路元件。稳频稳幅正弦波振荡器的输出信号经电阻 R 加到传感器上。电感线圈 L 感应的高频电磁场作用于金属板表面。由于金属板表面的涡流反射作用，使 L 的电感量降低，并使回路失谐，从而改变了检波电压 U 的大小。这样，按照图示的原理线路，可将 L-x 的关系转换成 U-x 的关系。通过检波电压 U 的测量，就可以确定距离 x 的大小。这里 U-x 曲线与金属板电阻率的变化无关。图4-38为传感器的输出特性曲线。

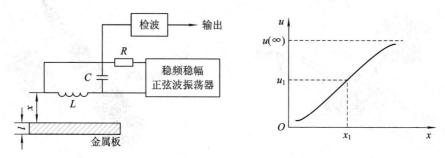

图4-37 定频测距原理电路   图4-38 传感器的输出特性曲线

（2）调频测距电路是把传感器接在一个LC振荡器中，如图4-39所示。传感器作为其中的电感，当传感器线圈与被测物体间的距离x变化时，引起传感器线圈的电感量L发生变化，从而使振荡器的频率改变，然后通过鉴频器将频率变化再变成电压输出。图4-40为一调频电路的电路图，从图中可以看出，这是一个电容三点式振荡器，把传感器线圈L_0接在振荡回路中，其输出为随频率变化的电压值。

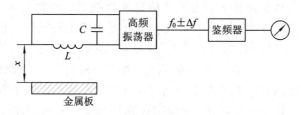

图4-39 调频测距原理线路

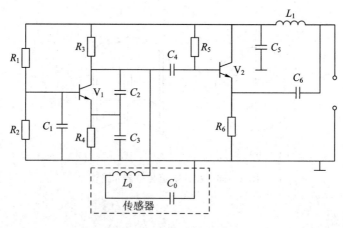

图4-40 调频电路线路图

4.4.4 涡流式传感器的应用

涡流式传感器是建立在涡流效应原理上的一种传感器，它可以对一些物理量实行非接触式测量，具有结构简单、体积较小、灵敏度高、频率响应宽等特点。涡流式传感器可用于测量位移、振动、金属板厚度、金属元件的无损探伤、材质、内应力分布、内部组织结构、温度等，因此在工业生产和科学研究中获得广泛应用。

1. 涡流位移计

涡流式传感器测量位移的范围为 $0 \sim 5$ mm，分辨力可达测量范围的 0.1%。例如可测汽轮机立轴的轴向位移、金属试样的热膨胀系数等，如图 4-41(c)所示。

2. 涡流振幅计

涡流式传感器可以无接触地测量机械振动，可监视涡轮叶片等的振动。振幅测量范围从几十微米至几毫米，频率特性曲线从零到几十赫兹以内比较平坦。在研究轴的振动时，常需要了解轴的振动形状，这时可用多个涡流传感器并排布置在轴的附近，如图 4-41(a)所示。

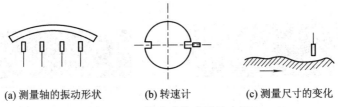

(a) 测量轴的振动形状　　(b) 转速计　　(c) 测量尺寸的变化

图 4-41　涡流式传感器的应用

3. 涡流转速计

在测量轴的转速时，在轴的一端装上齿轮盘或在轴上开一条或数条槽，如图 4-41(b)所示，将传感器置于齿轮盘的齿顶。当轴转动时，涡流传感器将有脉冲信号输出。

4. 涡流探伤仪

涡流探伤仪是一种无损检验装置，用于探测金属材料的表面裂纹、热处理裂纹以及焊缝裂纹。测试时，传感器与被测物体距离保持不变，当遇有裂纹时，金属的电导率、磁导率发生变化，裂缝处也会有位移量的改变，这些变化使传感器的输出信号也发生变化。

5. 板厚在线检测

图 4-42 是板厚在线检测系统。系统由两套涡流传感器组成，两传感器之间的距离是固定值 h，则板厚 $t = h - x_1 - x_2$。x_1 和 x_2 变化时的输出曲线如图 4-43 所示。

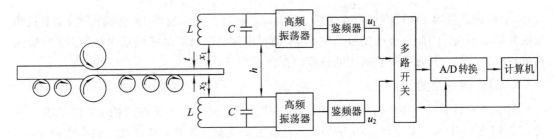

图 4-42　板厚在线检测系统

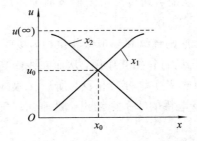

图 4-43　x_1 和 x_2 变化时输出曲线

6. 涡流平面图像检测

一个阵列涡流探头在探测面扫描几次就可获得和坐标(x, y)相联系的所有数据，据此便可以绘出一幅图像。探测到的全部信号数据可以通过不同的方式显示出来，最常用的是伪三维显示（见图4-44(a)）。20世纪80年代中期这种伪三维图像已被美国的Zetec公司用于工业涡流探伤。图4-44(a)中每一条线代表沿x向的连续扫描，线间距表示传感器位置沿y轴的移动。如果数据以不同的灰度水平显示就称为灰度等级图（见图4-44(b)）。为了增强图像的某种特征，可以在数据的不同区域运用颜色得到伪彩色图像。

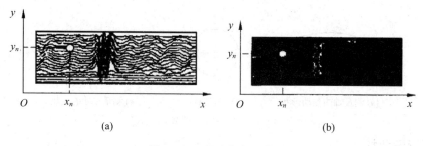

(a)   (b)

图4-44 涡流扫描图像

阵列涡流传感器与前述方法相比并没有实质性的改变，只是增加了探头的数量，提高了检测速度。这种成像技术比较简单，但一个突出的缺点就是不能显示表层以下深度缺陷的情形。

7. 涡流层析图像检测

为了获得三维图像，人们利用层析X射线照相法原理建立起涡流层析图像。在这里可以利用不同频率穿透不同深度的性质进行层析图像检测。涡流在非导磁性导体中的渗透深度为

$$d_{渗} = k\sqrt{\frac{\rho}{\omega}}$$

式中，k是比例系数。在被测材料确定后，电阻率ρ便是一个常数，因此渗透深度$d_{渗}$便只和激励频率ω有关。因此只要改变激励频率ω，便可以测量到被测体不同层面的状态。对被测物进行频率扫描，就可得到被测体的涡流层析图像。

8. 涡流扭矩检测

涡流式传感器可以用来监测钻头扭矩动态特性，测量位置可选在刀柄上，离切削区很近，安装位置如图4-45所示。在钻削中，刀柄主要受扭矩作用，从而在与中心线成45°的方向上产生一对主应力（拉、压），它们在刀柄表面最大，而且在钻头材料中产生合成应变。这一应变会改变材料的磁性，从而可通过测量刀柄表面上主应力方向的磁性来求得扭转应力，涡流扭矩传感器能用于这项工作。

涡流扭矩传感器包括1个激励绕组和4个接收绕组，接收绕组对称地装于激励线圈周围（见图4-45）。激励线圈与轴的材料相互作用，从而在线圈与轴表面之间的气隙中形成磁路，因为两个主应力方向的导磁率变化方向相反，所以接收线圈可以组成全桥工作方式，扭矩的微小变化就会引起测量电桥的非平衡输出。目前允许气隙变化量为0.5~1.0 mm，而测量信号的最大误差仅为4%。

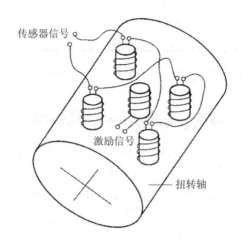

图 4-45 涡流传感器在刀柄上的安装位置

涡流扭矩传感器测量系统的电路框图如图 4-46 所示。

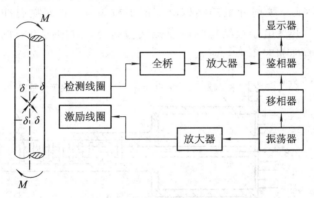

图 4-46 传感器测量系统的电路框图

图 4-47 列出了涡流扭矩检测实验的典型结果。实验中使用 Φ10 麻花钻对调质钢进行盲孔钻削。图中的信号波是经过低通滤波后的。从图中可以看到，钻到第 337 个孔时还不存在加工故障。继续进行钻削时，传感器的输出电压波形呈现较大的变化，再钻两个孔后，刀具因突然断裂而失效。如果使用高通滤波器，则能从传感器的输出信号中获取另外的信息。图 4-48 表示第 1 孔与第 340 个孔之间高频扭矩动态特性的巨大变化，这样通过分析钻头扭矩的高频成分也能预测刀具被损。因此，扭矩高频成分的出现可用于中止加工的进行。

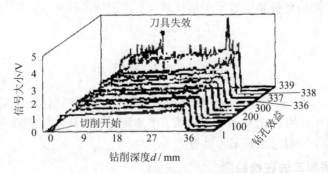

图 4-47 直至刀具断裂时扭矩的动态特性

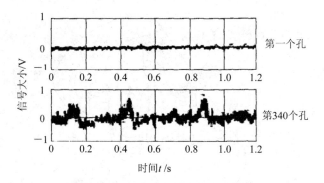

图 4 - 48　高通滤波后扭矩的动态特性

9. 喷射冲量检测

当电子束辐照固体靶结构时，因能量沉积将使靶前表面材料局部熔化(或汽化)而喷射物质，对整个靶结构施加一个冲量荷载，使其产生应力、应变、弹塑性变形和动屈曲等一系列结构响应现象。因此，喷射冲量是结构响应的加载条件，研究喷射冲量对研究结构响应问题具有重要意义。开展电子束结构响应模拟实验研究，对国防事业的某些领域具有重要意义。冲量探头的原理如图 4 - 49 所示。

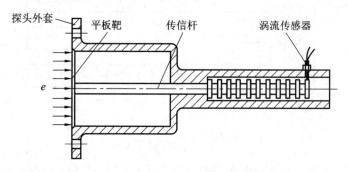

图 4 - 49　冲量探头的原理图

平板靶中心安有一个传信杆，传信杆另一头加工有若干组等宽的凸台与间隙相间的结构，在传信杆侧面安装了通有 1 MHz 正弦交变电流的涡流线圈。当电子束辐照平板靶所产生的冲量反推平板靶-传信杆组件而向后运动时，传信杆上的凹凸台顺序穿过涡流线圈的作用区域，即可得到若干个对应传信杆上凹凸台的类正弦波的交变波形，由此可读出若干个特定时间间隔，并由此换算出若干个运动速度，进而可求得冲量，有

$$
\begin{cases}
v_i = \dfrac{L}{\Delta t_i} \\
I = \dfrac{(m - \Delta m)v_1}{A}
\end{cases}
\tag{4-22}
$$

式中：I 为冲量；m 为平板靶和传信杆组件的总质量；Δm 为喷射掉的质量，也称为质量亏损；L 为两凸台的中心距；Δt_i 和 v_i 分别为第 i 个实测时间间隔和实测速度；v_1 为初始速度，即第一个实测速度，一般它也是最大速度。

10. 深孔电解加工的在线检测

电解加工中的间隙在线检测一直是电解加工精度控制的核心问题。目前多采用间接控制法,即通过对影响间隙的电压、电流、温度、浓度、流量等加工参数的控制来达到对间隙的控制。另外可采用常规的超声波、光导纤维等测试手段进行测量。用超声波测量时,要求工件外壁必须提供一条沿着加工深度方向足够光洁平整的表面以安置超声波测量仪的测头,这仅对一些特殊零件有可能实现。采用光导纤维测量的主要困难是,随着加工的进行,电解液中絮状电解产物不断增多,而溶液的色度、浓度均会影响光导纤维测量的分辨率。由于涡流式传感器结构简单,耐油、水等介质且不受磁场、流体压力的干扰,从其工作原理看,当加工对象确定后,该金属材料的导电、导磁率便为常数,只要调节加工前后加工间隙的变化范围,使其在涡流式传感器的线性区内,就可以得到足够高的灵敏度和分辨率。涡流式传感器在加工间隙的安装示意图如图 4-50 所示。

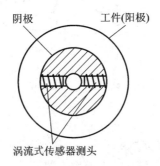

图 4-50 涡流式传感器在加工间隙的安装示意图

4.5 电容式传感器

电容式传感器是以各种电容器作为传感元件,将被测物理量转换为电容量变化的一种器件。随着电子技术和工艺水平的不断提高,电容式传感器的一些缺点,如非线性误差、易受杂散电容干扰等,正在逐步得到克服和减少,因此电容式传感器的应用也得到了相应的发展。

4.5.1 基本工作原理

图 4-51 是以空气为介质,由两个平行金属板组成的平板电容器,当不考虑边缘电场影响时,它的电容量可用下式表示:

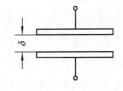

$$C=\frac{\varepsilon A}{\delta} \qquad (4-23)$$

式中:ε 为极板间介质的介电常数(F/m);A 为两平行极板相互覆盖的面积(m^2);δ 为两极板的距离(m)。由式(4-23)可见,平板电容器的电容量是 δ、ε、A 的函数。

图 4-51 平行板式电容器

如果将上极板固定,下极板与被测运动物体相连,则当被测运动物体上、下移动(即 δ 变化)或左、右移动(即 A 变化)时,将引起电容量的变化,通过测量电路将这种电容变化转换为电压、电流、频率等电信号输出,根据输出信号的大小,即可测定运动物体位移的大小。如果两极板固定不动,极板间的介质发生变化,使介电常数产生变化,就会引起电容量变化,可利用这一点来测定介质的各种状态参数,如介质在极板中的位置,介质的湿度、密度等。总之,只要被测物理量的变化,能使电容器中任一参数产生相应的改变而引起电容量变化，再通过测量电路，将其转换为电信号输出，人们就可以根据这种输出信号的大小，来测定被测物理量。

4.5.2 结构形式

电容式传感器根据其工作原理不同，可分为变间隙式（极板间距变化型）、变面积式和变介电常数式三种。若按极板形状来分，则有平板形、曲面形、圆筒形、栅形、线绕形等，如图4-52所示。

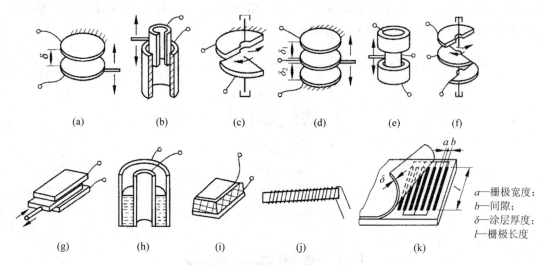

| (a) | (b) | (c) | (d) | (e) | (f) |

| (g) | (h) | (i) | (j) | (k) |

a—栅极宽度；
b—间隙；
δ—涂层厚度；
l—栅极长度

图4-52 电容式传感器的各种结构形式

图4-52中(a)～(k)为电容式传感器的结构形式。图4-52(a)～(c)电容变化是由于活动电极的位移而引起的。图4-52(a)、(b)是线位移传感器，图4-52(c)是角位移传感器。图4-52(a)是变间隙式电容传感器；图4-52(b)、(c)是变面积式电容传感器。图4-52(d)～(f)是差动式电容传感器，它是由两个结构完全相同的电容式传感器构成的，它们共用一个活动电极。当活动电极处于中间起始位置时，两个电容式传感器电容量相等；当活动电极偏离中间位置时，一个电容增加，另一个电容减少。差动式电容传感器与单一式电容传感器相比，其灵敏度高，非线性得到改善，在结构条件允许时应采用。图4-52(g)～(i)均属变介电常数式电容传感器，图4-52(g)、(h)中电容变化是由于固体或液体介质在极板之间运动而引起的，而图4-52(i)中电容变化主要是由介质的湿度、密度等发生变化而引起的。图4-52(j)是线绕式电容传感器，图4-52(k)是栅形电容传感器。变间隙式电容传感器一般用来测量微小的位移，小至$0.01~\mu m$，大到零点几毫米；变面积式电容传感器一般用来测角位移（从一秒至几十度）或较大的线位移（厘米数量级）；变介电常数式电容传感器常用于固体或液体的物位测量，也用于测定各种介质的湿度、密度等状态参数。

4.5.3 输出特性

1. 变间隙式

下面以平板形为例来讨论电容式传感器的主要特性。

如图 4－53 所示，其电容计算公式为

$$C=\frac{\varepsilon A}{\delta}=\frac{\varepsilon_r \varepsilon_0 A}{\delta} \qquad (4-24)$$

式中：C 为输出电容(F)；ε 为极板间介质的介电常数(F/m)；ε_0 为真空的介电常数，$\varepsilon_0=8.85\times10^{-12}$(F/m)；$\varepsilon_r$ 为极板间介质的相对介电常数，$\varepsilon_r=\varepsilon/\varepsilon_0$，对于空气介质 $\varepsilon_r=1$；A 为极板间相互覆盖的面积(m^2)；δ 为极板间的距离(m)。

由式(4－24)可知，极板间电容 C 与极板间距离 δ 是成反比的双曲线关系，如图 4－54 所示。由于变间隙式电容传感器输出特性的非线性性，所以在工作时，一般动极片不能在整个间隙范围内变化，而是限制在一个较小的 $\Delta\delta$ 范围内，以使 ΔC 与 $\Delta\delta$ 的关系近似于线性。

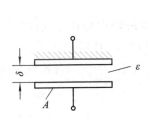

图 4－53　变间隙式电容传感器原理图　　　　图 4－54　变间隙式电容传感器的 $C=f(\delta)$ 曲线

如果电容器两极板间的介质为空气，极板之间的初始间隙设为 δ_0，则电容器的初始电容为

$$C_0=\frac{\varepsilon_0 A}{\delta_0} \qquad (4-25)$$

电容式传感器的灵敏度为

$$S=\frac{\Delta C}{\Delta\delta}\approx-\frac{C_0}{\delta_0} \qquad (4-26)$$

由式(4－26)可知，要提高灵敏度 S，应减小初始间隙 δ_0，但这受电容器击穿电压的限制，而且增加装配加工的困难；变间隙式电容传感器的非线性误差是随相对位移的增加而增加的。因此，为了保证一定的线性度，应限制极板的相对位移量，若增大初始间隙，则将影响传感器的灵敏度。为了提高灵敏度，可以采用差动式结构(见图 4－52 (d))。当一个电容量 C_1 增加时，另一个电容量 C_2 则减小。此时，电容的灵敏度为

$$S=\frac{\Delta C}{\Delta\delta}=2\frac{C_0}{\delta_0} \qquad (4-27)$$

由式(4－27)可见，差动式电容传感器的灵敏度较单个电容传感器提高一倍。

2. 变面积式

1) 平板形

如图 4－55(a)所示，当动极板移动 Δx 后，两极板间的电容为

$$C=\frac{\varepsilon b(a-\Delta x)}{\delta}=C_0-\frac{\varepsilon b}{\delta}\Delta x \qquad (4-28)$$

电容变化量为

$$\Delta C = C - C_0 = -\frac{\varepsilon b}{\delta} \Delta x \qquad (4-29)$$

灵敏度为

$$S = \frac{\Delta C}{\Delta x} = \frac{\varepsilon b}{\delta} \qquad (4-30)$$

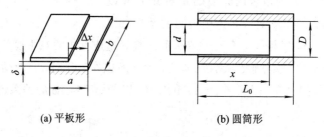

(a) 平板形　　　　　　　　**(b) 圆筒形**

图 4-55　变面积式电容传感器原理图

由式(4-29)和式(4-30)可知，变面积式电容传感器的输出特性是线性的，适合测量较大的位移，其灵敏度 S 为常数，增大极板长度 b，减小间隙 δ(通常 $\delta = 0.2 \sim 0.5$ mm)，可使灵敏度提高。极板宽 a 的大小不影响灵敏度，但也不能太小，否则边缘影响增大，非线性将增大。

图 4-52(c)为角位移电容传感器，其输出电容量为

$$C = \frac{\varepsilon r^2}{2\delta} \alpha \qquad (4-31)$$

式中，α 为两个半圆片相互覆盖的角度。

2) 圆筒形

图 4-55 (b)为圆筒形线位移电容传感器，动板(圆柱)和定板(圆柱)相互覆盖，其电容量为

$$C = \frac{2\pi\varepsilon_0\varepsilon_r x}{\ln\left(\dfrac{D}{d}\right)} \qquad (4-32)$$

当覆盖长度 x 变化时，电容量 C 发生变化，其灵敏度为

$$S = \frac{\mathrm{d}C}{\mathrm{d}x} = \frac{2\pi\varepsilon_0\varepsilon_r}{\ln\left(\dfrac{D}{d}\right)} = 常数 \qquad (4-33)$$

3) 栅形

另一种栅形电容传感器(容栅传感器)也是变面积式电容传感器，如图 4-56 所示。容栅由供给栅和接收栅组成，以如图 4-56(a)所示的容栅传感器为例，供给栅上刻有 8 个长条形电极，它们互相绝缘，每个电极上连接着电压，其相位差为 45°，即

$$\begin{cases} \phi_1 = \sin\omega t, \ \phi_2 = \sin(\omega t + 45°) \\ \phi_3 = \sin(\omega t + 90°), \ \phi_4 = \sin(\omega t + 135°) \\ \phi_5 = \sin(\omega t + 180°), \ \phi_6 = \sin(\omega t + 225°) \\ \phi_7 = \sin(\omega t + 270°), \ \phi_8 = \sin(\omega t + 315°) \end{cases} \qquad (4-34)$$

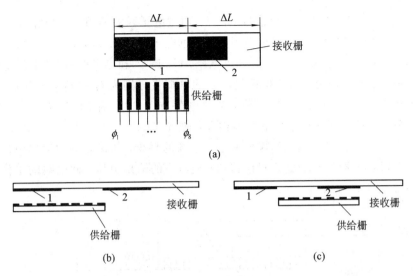

图 4-56 容栅结构

供给栅和接收栅相对安装(见图 4-56(b))时,可左右相对移动。当处在如图 4-56(b)所示的位置时,供给栅上的 8 个电极分别供给相应的电压,接收栅的电极覆盖了供给栅上的前 4 个电极,由于电容静电耦合的作用,使接收栅上产生电压,该电压应该是 $\phi_1 \sim \phi_4$ 共同作用的结果。此时的电压为

$$
\begin{aligned}
U_1 &= [\sin\omega t + \sin(\omega t + 45°)] + [\sin(\omega t + 90°) + \sin(\omega t + 135°)] \\
&= 2\cos 22.5° \sin(\omega t + 22.5°) + 2\cos 22.5° \sin(\omega t + 112.5°) \\
&= 2\cos 22.5° [\sin(\omega + 22.5°) + \cos(\omega t + 22.5°)] \\
&= 2\cos 22.5° [\sqrt{2} \sin(\omega t + 22.5° + 45°)] \\
&= 2\cos 22.5° \sin(\omega t + 67.5°)
\end{aligned}
\tag{4-35}
$$

这个电势全部集中在电极 1 上,此时电极 2 上的电势为零。

当供给栅移动到如图 4-56(c)所示的位置时,接收栅的电极 2 覆盖的是电极 $\phi_5 \sim \phi_8$,这 4 个电极的电势之和是

$$
\begin{aligned}
U_2 &= [\sin(\omega t + 180°) + \sin(\omega t + 225°)] + [\sin(\omega t + 270°) + \sin(\omega t + 315°)] \\
&= -\{[\sin\omega t + \sin(\omega t + 45°)] + [\sin(\omega t + 90°) + \sin(\omega t + 135°)]\} \\
&= -U_1
\end{aligned}
\tag{4-36}
$$

U_2 和 U_1 大小相等、方向相反,U_2 集中在电极 2 上,此时电极 1 的电压为零。由此可见,供给栅从图 4-56(b)位置移动到图 4-56(c)位置的过程,也就是接收栅的总电势从 U_1 到 U_2 的变化过程。因此,只要测得 $U_1 + U_2$ 的大小,就可以判断供给栅和接收栅的相对位置。

在实际使用中,供给栅和接收栅可根据需要加长,接收栅的输出总电压,每经过一个周期,就表示两栅的相对位移为一个 ΔL。为了提高容栅传感器的灵敏度,可以采用差动方式,如图 4-57 所示。

两块供给栅 1 和 2 的供电电压相位相差 180°,图 4-57 中的供给栅 1 和供给栅 2 上分别刻有 64 个电极,节距为 W,8 个电极为一组,第 1,9,17,25,33,41,49,57 电极相连接供给电压 ϕ_1;第 2,10,18,… 电极相连接供给电压 ϕ_2;…;以此类推。图中接收栅的节距 $\Delta L = 8W$,一个节距覆盖供给栅上的 8 个电极。U_x 是接收栅的输出电压,这个信号由放

大器放大后送到调节器，产生模拟信号 U_0。U_0 通过电子开关 B 和 C，受脉冲信号控制，在正半周时，分别加到供给栅上；在负半周时，通过电子开关 A 和 D，将 U_1 和 U_2 分别加到供给栅上。因 U_{01} 是 U_0 和参考电压 U_1 的合成电压，U_{02} 是 U_0 和参考电压 U_2 的合成电压，而参考电压 $U_1 = U_2$。设接收栅受供给栅诱发产生的电荷量分别为 Q_1 和 Q_2，当接收栅处在中间位置时，$\Delta x = 0$，$|Q_1| = |Q_2|$，接收栅上的总电荷为 0，这时输出电压 $U_x = 0$；当两栅相对移动时，如图 4-57 所示，两边的电容不相等，便有 $|Q_1| > |Q_2|$，$U_x \neq 0$，该输出信号经调节器调节，使 U_{01} 减小，U_{02} 增大，其结果建立了新的平衡，使接收栅的输出电压 U_x 重新为 0。模拟调节电压 U_0 即为与两栅相对位移 Δx 相对应的输出电压。此电路的工作方式是"0"跟踪的闭环系统工作方式。

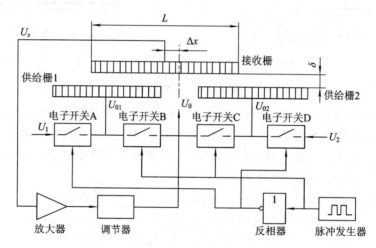

图 4-57 差动式容栅传感器电路原理

3. 变介电常数式

图 4-58 是改变介电常数的电容式传感器。当某种介质在两固定极片间运动时，其电容量与介质参数之间的关系为

$$C = \frac{A}{\dfrac{\delta - d}{\varepsilon_0} + \dfrac{d}{\varepsilon_r + \varepsilon_0}} = \frac{A \varepsilon_0}{\delta - d + \dfrac{d}{\varepsilon_r}} \qquad (4-37)$$

式中，d 为运动介质的厚度。由式(4-37)可见，当运动介质的厚度 d 保持不变，而介电常数 $\varepsilon = \varepsilon_r \varepsilon_0$ 改变时，电容量将产生相应的变化，利用这个原理可制作介电常数 ε 的测试仪。反之，如果 ε 保持不变，而 d 改变，则可制作成测厚仪。

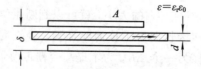

图 4-58 变介质介电常数的电容式传感器原理图

线绕式电容器也是一种改变介质的电容器，如图 4-52(j)所示。当导线匝间介质变化时，两线圈之间的匝间电容值亦发生变化。设绕线长度为 L，导线半径为 r，两导线环的匝间距离为 D，导线环半径为 R，线间介质为空气时，其总电容为

$$C_N = \frac{2\pi^2 \varepsilon_0 R L}{D \cdot \ln(D/r)} \tag{4-38}$$

调节线绕长度 L，可以方便地得到期望的电容值 C_N。

　　将这一线绕式电容器置于相对介电常数为 ε_r 的介质中时，电容量将变化为 $C = \varepsilon_r C_N$，即利用被测介质变化可测得某些物理量，如介质含水率、湿度等。这种结构形式的电容器为棒状，极易插入或抽出，安装、检修、更换都很方便；不会像平行板或圆套筒那样大体积和小间距，易于堵塞和黏结；比栅形平面电容器更方便实用，而且灵敏度高。

4.5.4　电容式传感器的应用

　　电容式传感器的优点是结构简单、动态响应好、能实现非接触的测量、灵敏度高、分辨力强、能测量 $0.01~\mu m$ 甚至更小的位移。电容式传感器本身的电容量一般很小，仅几皮法到几十皮法。所以，带来了一系列问题（例如寄生电容影响，容易受外界干扰等），但随着集成电路技术的发展，这些缺点正不断得到改善。由于电容小，需要作用的能量也小，可动的质量也小，因而它的固有频率很高，可以保证具有良好的动态特性。因此，电容式传感器不但用于位移、角度等机械量的精密测量，还逐步扩大应用于压力、压差、液面、料位、成分含量等诸多检测领域。电容式传感器还可用来测量金属表面状况、距离尺寸和振幅等量，这类传感器往往采用单极式变间隙电容传感器，使用时常将被测物作为电容传感器的一个极板，而另一个极板在传感器内。电容式传感器的动态范围很小，为十分之几毫米，而灵敏度在很大程度上，则取决于选材、结构的合理性及寄生参数影响的消除。

　　测物位的传感器多数采用电容式传感器作转换元件。电容式传感器还可用于测量原油中含水量和粮食中的含水量等。

　　当电容式传感器用于测量其他物理量时，必须进行预变换，将被测参数转换成 δ、A 或 ε 的变化。以下则列举一些应用实例。

1. 压力测量

　　在测量压力时，要用弹性元件先将压力转换成 δ 的变化。如图 4-59 所示的电容式压力传感器。弹性膜片是电容式压力传感器的动极板。

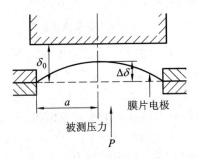

图 4-59　电容式压力传感器

2. 振动、位移测量

　　采用电容式传感器除了可以测量振动、位移、旋转轴的回转精度和振摆外，还可测量往复机构的运动特性和定位精度、机械构件的相对振动和相对变形、工件尺寸和平直度等。

电容式传感器是由一片金属板作为固定极板，而以被测构件为动极板组成电容器。在测量时，首先调整好传感器与被测工件间的初始间隙 δ_0，当位移和振动为 $\pm\Delta\delta$ 时，相应地产生一个电容变化 $\pm\Delta C$，后面的记录和图形显示仪器可直接将 $\pm\Delta\delta$ 的大小记录下来并在图像上显示出其变化的情况。

图 4-60 是电容式加速度传感器。质量块的上下表面分别和上下固定电极构成一对差动式电容传感器，把传感器和被测振动物体连接在一起，质量块和壳体产生的相对运动，使电容产生相应的变化，电容的变化和加速度成一定的比例关系。

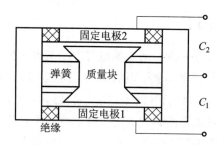

图 4-60　电容式加速度传感器

3. 介质分布测量

利用变介电常数的电容式传感器原理，可以构成一个测量介质分布的成像系统。例如测量工业高炉内部介质的分布情况：物料的分布、反应的结果和工作的状态，还可以进行实时监测，其原理如图 4-61 所示。电容极板被制成半圆条状，均匀分布在炉壁四周，两两相对，每一对组成一个电容器，每一个电容器电容量的变化，反映了该两极板之间介质的变化。测量各层面电容器的电容值便可以知道各层的介质情况，由此可得到组成各层介质分布图。

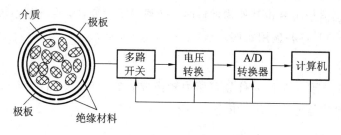

图 4-61　介质分布测量原理

电路转换原理如图 4-62 所示。图中 C_x 为被测电容的两极板电容，其他电容的极板都接地。C_x 通过 CMOS 模拟开关进行充放电，S_1 和 S_2 同步，S_3 和 S_4 同步，两者之间相位差 $180°$。当 S_1 和 S_2 闭合时，C_x 被充电；当 S_3 和 S_4 闭合时，C_x 放电，放电电荷 $Q = U_0 \cdot C_x$，Q 作为一个周期内所放电荷。电荷放大器收到的平均电流为

$$I = U_C \cdot C_x \cdot f \qquad (4-39)$$

此电流经电荷放大器被积分成电压值，输出电压为

$$U_0 = R_f \cdot U_C \cdot C_x \cdot f \qquad (4-40)$$

式中，f 为电容充放电的频率。这样就把电容转换成了电压。把每一个电容值采集下来并转换成电压后，经过计算机处理，便可组成一幅反映电容极板间介质分布情况的图像。

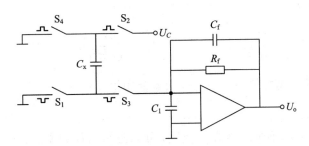

图 4-62　电容到电压的转换

4. 湿度检测

图 4-63 为电容式湿度传感器，它由两个梳状电极对插而成，电极和电极之间是对湿度敏感的高分子材料，当湿度变化时该高分子材料的 ε_r 值也发生变化，从而导致电容的变化。

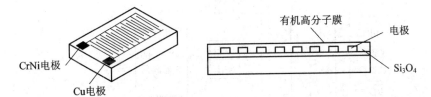

图 4-63　电容式湿度传感器

5. 物位检测

图 4-64 是利用线绕式电容器进行物位测量的示意图。当导线匝间介质变化时，两线圈之间的匝间电容值亦发生变化。

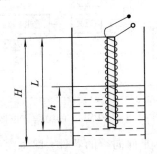

图 4-64　线绕式电容器物位测量

设电容器棒总长度为 L，总电容量为两部分电容量之和，即

$$C_x = C_1 + C_2 \tag{4-41}$$

其中，未插入水中部分的电容量为

$$C_1 = \frac{2\pi\varepsilon_0}{\ln\left(\dfrac{D}{r}\right)}(L-h) \tag{4-42}$$

插入水中部分的电容量为

$$C_2 = \frac{2\pi\varepsilon_0\varepsilon_r}{\ln\left(\dfrac{D}{r}\right)}h \tag{4-43}$$

总电容量为

$$C_x=\frac{2\pi\varepsilon_0}{\ln\left(\dfrac{D}{r}\right)}\left[(L-h)+\varepsilon_r h\right]=\frac{2\pi\varepsilon_0}{\ln\left(\dfrac{D}{r}\right)}\left[(\varepsilon_r-1)+L\right] \tag{4-44}$$

此方法已成功用于水位测定和石油原油含水率的测定。

6. 指纹识别

使用 CMOS 电容式阵列传感器 FPS110 可以进行指纹识别。使用时手指按在传感面上，传感器中的微小金属极板和手指分别形成电容的两个极，传感面作为两极之间的介电层。由于指纹的脊和谷，导致各点的电容值不同，这个电容值阵列就形成一幅指纹图像，图 4-65 是 FPS110 的结构方框图。

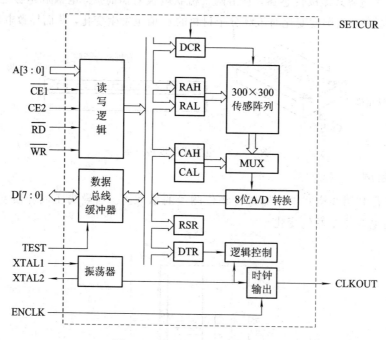

图 4-65 FPS110 的结构方框图

指纹采集流程如下：FPS110 是面向行的器件，即每次可获得一行图像，每行接有两组采样保持电路。当选定一行后，对此行的所有电容充电至 V_{DD}，充电结束时，第一组采样保持电路将保存该电容值。然后，该行电容将被放电，经过一定的放电时间，另一组采样保持电路将保存剩余电压值。显然，两组采样保持电路电压值之差正比于电容值，将其数字化即可表示该行的指纹图像。放电电流和放电时间可通过分别给寄存器 DCR、DTR 赋予不同的值来设定。寄存器 RAH、RAL 用于指定当前要采集的行，写入 RAL 时就启动了行采集，当行采集完成后，即可进行列转换。给寄存器 CAH、CAL 赋值以指定要数字化的列，写入 CAL 时就启动了 A/D 转换，A/D 转换完成后，其结果存放在 CAL 中。这就获得了一个像素点的灰度值。依此循环，即可得到一幅指纹图像。必须注意要对指定点数字化，首先应对其所在行进行行采集。FPS110 内含 7 个寄存器，由地址线 A[3：0]选择。DCR、DTR 用于指定放电电流及放电时间；RAH、RAL 用于指定要采集的行；CAH、CAL 用于指定要转换的列，CAL 也用于存放转换结果；RSR 为保留寄存器，应置零。DCR、DTR、RAH、

CAH 中还含有一些特殊的控制位。7 个寄存器都可写，但只有 CAL 可读。整个电路的原理如图 4－66 所示。

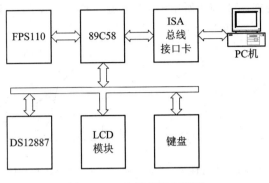

图 4－66　电路原理方框图

4.6　热敏电阻

在所有物理量的检测中，温度检测占的比重最大。目前，利用某些材料的热敏感特性来检测物理量的方法很多，如利用双金属片（热膨胀效应）、半导体 PN 结温度特性、磁感应温度特性、热电偶（双金属温差电势效应）、红外热释电效应、光纤热敏传感器等特性进行物理量检测。这些传感器都得到了有效的应用，在所有的热敏传感器中，热敏电阻是开发得最早、应用最广泛、使用量最大、品种最多的一类。下面介绍三种不同的热敏电阻。

4.6.1　陶瓷热敏电阻

陶瓷热敏电阻主要指各种半导体陶瓷型的负温度系数热敏电阻器（NTCR）和正温度系数热敏电阻器（PTCR）。

1. NTCR

NTCR 是一类以过渡金属（Mn、Ni、Co、Cu、Fe 等）氧化物为主要成分，通过一般的陶瓷工艺制备，形成以尖晶石为主晶相的热敏陶瓷元件。其感温特性可以用下式表示：

$$R_t = R_0 e^{B\left(\frac{1}{T} - \frac{1}{T_0}\right)} \tag{4-45}$$

式中：R_0 是在常温（25℃）下的电阻值；B 是表征 NTCR 感温灵敏度的常数，由材料和制备工艺决定，通常 $B = 2000 \sim 4000$ K。将式（4－45）对 T 微分可以求出其电阻温度系数为

$$\alpha = \frac{1}{R_0} \frac{\mathrm{d}R_t}{\mathrm{d}T} = -\frac{B}{T^2} \tag{4-46}$$

用作温度传感器的 NTCR 必须在低电压源或在接近所谓的零功率下使用，其 $R-T$ 特性的测量也必须在这样的条件下进行。如果 NTCR 上所加电压增大，则会出现如图 4－67 所示的 $U-I$ 特性变化规律。在对此特性深刻了解的基础上，除了把 NTCR 作为测温控温元件外，还可以开发出一系列其他用途的 NTCR 元件，如延时开关、浪涌保护元件及温度补偿元件等。目前国际上研发的 ZrO_2-Y203 系 NTCR，其 B 值已达 12 000 K；$Co-Al_2O_3$ $-CaSiO_3$ 系 NTCR 的 B 值为 6500 ～ 16 500 K。目前还需要进一步开发的是线性 NTCR 元

件以及片式及积层型 NTCR 元件，并需开发配合电子电路的大密度表面安装技术。NTCR 中还有一类称为临界热敏电阻器（CTR）的热敏元件，它们主要是以氧化矾为基的陶瓷元件。CTR 的 $R\text{-}T$ 特性如图 4-68 所示，显然这是一类开关型的控温元件。

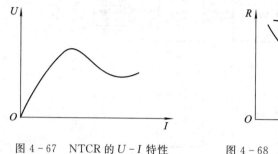

图 4-67 NTCR 的 $U\text{-}I$ 特性

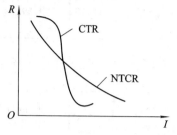

图 4-68 NTCR 和 CTR 的 $R\text{-}T$ 特性

2. PTCR

PTCR 当前虽有许多类（包括无机物系的、有机物系的及金属物系的），但自有此名称以来至今，主要是指以掺杂 N 型 $BaTiO_3$ 为基的半导体热敏电阻陶瓷器件。PTCR 是一类主要利用陶瓷粒界效应，同时利用了 $BaTiO_3$ 半导体陶瓷中的半导体特性、介质特性及铁电特性的典型器件。PTCR 导电机理较为复杂，导电特性也较为特别，一般用如图 4-69 所示的三大特性来表征。

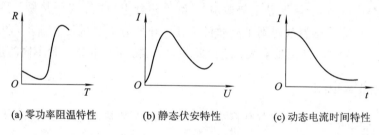

(a) 零功率阻温特性　　　(b) 静态伏安特性　　　(c) 动态电流时间特性

图 4-69　PTCR 导电特性

将 PTCR 与 NTCR 的特性加以对比，可知 PTCR 主要表现为电阻正温度特性，NTCR 主要表现为电阻负温度特性。但 PTCR 还能表现出自动恒温特性，这是 PTCR 可以用作恒温发热元件甚至智能元件的基础。深入分析研究 PTCR 的上述特性，可知它有比 NTCR 更为广阔的应用范围。就当前实用的情况来看，RTCR 至少有如下五个方面的应用：① 过载保护限流元件；② 消磁元件；③ 恒温发热元件；④ 电动机启动元件；⑤ 温度测控元件。

4.6.2　半导体热敏传感器

半导体热敏传感器有硅热敏电阻型、热敏二极管型及热敏晶体管型三大类。硅热敏电阻一般由 N 型硅薄片制成平面结构，其 $R\text{-}T$ 特性在 $-55\sim175\,^\circ\!C$ 范围内具有误差小于 2% 的线性度，如图 4-70 所示。

热敏二极管利用了 PN 结的正向压降随温度线性变化的特性，如图 4-71 所示。热敏晶体同样也是利用了 PN 结的正向压降随温度线性变化的特性，但其 $U_{BE}\text{-}T$

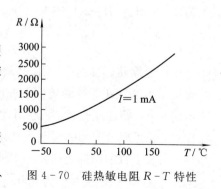

图 4-70　硅热敏电阻 $R\text{-}T$ 特性

特性的线性度更高，工艺更易控制，互换性也好，故近年来发展较快。图 4 - 72 表示在集电极电流为常数时的基极-发射极电压 U_{BE} 与温度 T 的关系。众所周知，半导体平面工艺现已非常成熟，而且极适用于制造集成电路。因此，近年来将热敏晶体管和放大电路、偏置电路及线性化电路制作在同一微小芯片上，并制成集成温敏传感器。因热敏晶体管具有灵敏度高、线性性好、稳定性高等优点，故已广泛应用于常温测量、自动控制等领域。

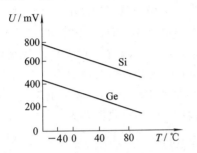

图 4 - 71　热敏二极管正向 U - T 特性

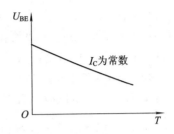

图 4 - 72　热敏晶体管 U_{BE} - T 特性

如图 4 - 73 所示的就是一种高性能的远端温度传感器（MAX6649），在 $60 \sim 125\,℃$ 范围内具有 $\pm 1\,℃$ 的遥测精度，多 SMBus 地址允许这些传感器件用于多处理器系统中。

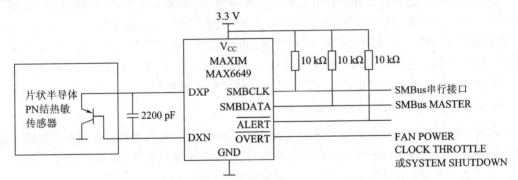

图 4 - 73　远端温度传感器 MAX6649 的原理图

DSI8B20 是一款精度更高的固态数字式温度传感器，采用简单的三线数字协议进行通信。DSI8B20 工作范围为 $-55 \sim +125\,℃$、$-10 \sim +85\,℃$ 的温度范围和 $+3.0 \sim +5.5$ V 的电源范围内，最大测量误差不超过 $\pm 0.5\,℃$；输出分辨率可由用户设置为 9 位~12 位；只需一条 I/O 接口线。半导体器件作为一类有源器件，通常都要外加偏置电源，而偏置参量的选择及稳定性对半导体热敏传感器的工作特性及稳定性影响很大，这是它们与作为无源器件的 NTCR 和 PTCR 热敏传感器相比的劣势。此外，相对来说半导体热敏传感器成本较高，高温域的测量较困难，但是，从其高灵敏性、高线性、高稳定性、高集成性以及低温域测量的巨大潜力等方面来看，是很有优势的，今后必将会得到很大发展。

4.6.3　薄膜铂电阻

1. 薄膜铂电阻的性能

薄膜铂电阻温度传感器是将金属铂在真空条件下，采用溅射的方法沉积到陶瓷或玻璃基片上，并经刻划、引线焊接、涂釉、烧结退火等工艺制成。这种工艺适于批量生产，同时由于采用真空沉积镀膜的方法，节省了大量的贵重金属铂，因此在减少响应时间和体积及降低成本方面优于线绕式铂电阻传感器。薄膜铂电阻由于采用铂薄膜作为感温材料，因而在线性度、精度和稳定性等方面较其他热敏电阻优越，因而在大多数测温领域可以取代其他热敏电阻。

这里介绍德国 Sensycon 公司的铂电阻产品有关性能，供使用中参考。该公司的主要产品有温度传感器和工业测控仪器，其中薄膜铂电阻传感器有各种各样的形式和规格：有用于表面温度测量的端面式（A2000 系列）；有单向引线和双向引线式；最小尺寸可达 2.3 mm× 1.3 mm×2 mm；引线长度 15 mm；当 0 ℃ 时，电阻值有 100 Ω、500 Ω 和 1000 Ω；测温范围为 $-50 \sim 600$ ℃；工业 A 级测温误差 $\Delta t = \pm (0.15 + 0.02 |t|)$ ℃，工业 B 级测温误差 $\Delta t = \pm (0.3 + 0.005 |t|)$ ℃（式中 t 为温度）；响应时间很快，即在速度为 0.2 m/s 的水中，最小可达 0.05 s，在速度为 1 m/s 的空气中，最小可达 4 s。因为薄膜铂电阻传感器是电阻元件，是耗能元件，所以通电后必然会产生自热效应，引起自热误差为

$$\Delta t = \left(\frac{2IR_t}{E_K} \right) \times 1000 \qquad (4-47)$$

式中：Δt 为自热误差（K）；E_K 为自热系数（mW/K）；I 为流过薄膜铂电阻的电流（mA）；R_t 为温度为 t 时的电阻值。

薄膜铂电阻传感器有极好的长期稳定性，例如 W200 系列，在 600 ℃ 的高温下，连续工作 1000 h 后，其阻值仅偏离原值的 0.002 %。目前国内一般工业用铂电阻，R_0 值有 100 Ω 和 50 Ω 两种，分度号分别用 Pt100 和 Pt50 表示。由于薄膜铂电阻有如此优良的特性，因而在工业、农业、国防、科研、建筑、家电等各种领域得到了广泛的应用。如果对上述产品经过适当的封装，可以扩大其应用范围，满足各种条件下的测温要求。

2. 铂电阻的自热影响及其补偿方法

接入测量电路的铂电阻必然要通过电流，因而必定会产生热效应，引起发热升温，这就是铂电阻的自热效应。铂电阻的自热效应破坏了被测环境的温度场，造成测量误差，这对精密温度测量是不容忽视的，克服这一影响具有关键性意义。

若铂电阻的阻值为 R_B，通过铂电阻的测量电流为 I_B，则铂电阻消耗的电功率为 $P = I_B^2 R_B$。可以认为铂电阻上消耗的电能全部转换为热能，由此引起的铂电阻温升为

$$t_B = f \cdot P = f \cdot I_B^2 R_B \qquad (4-48)$$

式中，f 为与热阻有关的系数。对于特定的铂电阻温度传感器，f 值决定于其使用条件。例如，用于测量空气温度时，铂电阻温度传感器的自热就不易传出，则 f 值就大；而用于测量液体的温度时，其自热就易于导出，则 f 值就小；用于测量不良导体温度时，自热不易于散出，则 f 值大；测量良导体温度时自热易于散出，则 f 值小。f 值应由实验确定。由于铂电阻温度传感器存在自热温升，因而其测得的温度应为

$$t_e = t_a + t_B = t_a + f \cdot P \qquad (4-49)$$

式中，t_a 为被测对象的实际温度。

克服自热温升的影响可有以下几种途径：

(1) 在使用铂电阻温度传感器测量时改善铂电阻的散热条件，创造良好的散热条件，使热阻系数尽可能小。但传感器的散热条件是由测量的具体要求所确定的，是不能随意改变的，因而散热条件的改善往往是有限的。

(2) 在设计上采取好的封装形式将铂电阻封装于传感器中，使其自热易于散发，利于

克服其自热影响。这一措施受到设计要求和使用要求的限制，其效果也是有限的。

（3）在保证足够的信号灵敏度和信噪比的条件下优化设计测量电路，尽可能地降低铂电阻温度传感器的激励电流。减少激励电流可显著减少铂电阻的功耗，从而有效地控制其自热影响。但这一方法的效果也是有一定限度的。减少激励电流会降低传感器的灵敏度，增加后续电路的设计困难。同时，减少激励电流会降低传感器输出的信噪比，影响到仪器的精度。因此激励电流的降低也是有限度的。

（4）采取间歇激励方式，间歇激励方式是在测量采样时段内供电，其余时间切断传感器的激励电流，如图 4-74 所示。

在这一方法中，激励电流脉宽的占空比有较大的调节余地，因而用于控制自热有很大潜力。这个方法在实施中，应使激励电流脉动间歇时段足够长，以给出足够的自热平衡时间，使每个周期自热平衡过程互不影响，这样可以避免自热的累积，有效地控制自热的影响。脉动激励电流的占空比越小，则自热量越少，温升就越小。根据等效电路（见图 4-75）可知，通过铂电阻 R_B 的瞬时电流为

$$I_B(\tau)=I_j(1-e^{-\frac{\tau}{R_B C}})r(\tau)-I_j(1-e^{-\frac{\tau-S}{R_B C}}) \cdot r(\tau-S) \qquad (4-50)$$

流过铂电阻的瞬时功率为

$$P(\tau)=I_B^2(\tau)R_B=I_j^2 R_B(1-e^{-\frac{\tau}{R_B C}})r(\tau)-I_j^2 R_B(1-e^{-\frac{\tau-S}{R_B C}}) \cdot r(\tau-S) \qquad (4-51)$$

由此引起铂电阻的温升为 $t_B(\tau)=fP(\tau)$。当 $\tau=S$ 时，$t_B(\tau)$ 达到最大，即，

$$t_B(S)=fP(S)=fI_j^2 R_B(1-e^{-\frac{S}{R_B C}})r(S) \qquad (4-52)$$

由式（4-52）可知，为了减小温升，应使 S 尽量小。

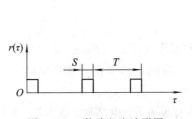

图 4-74　激励电流波形图

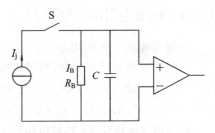

图 4-75　等效电路

实际上，有多种途径克服自热影响，但通常的途径都有其局限性，周期脉动激励电流的间歇供电方式可基本上克服自热的影响。这一方法在实践上易于实现，经济性好，对通常的精密测温系统十分有效。

3. 非线性误差的修正

铂电阻的温度特性呈非线性，在 0～850℃ 之间为抛物线，方程式为

$$R_t=R_0(1+At+Bt^2) \qquad (4-53)$$

在 -200～0℃ 范围内，则用下式表示

$$R_t=R_0[1+At+Bt^2+C(t-100)t^3] \qquad (4-54)$$

式中：A、B、C 为常数，用实验方法求得，如果采用的铂电阻是 Pt100，则式中的系数为 $A=3.90802\times10^{-3}$、$B=-5.802\times10^{-7}$、$C=-4.22\times10^{-12}$；R_t 为温度为 t 时铂电阻的电阻值；R_0 为温度在 0℃ 时铂电阻的电阻值。

为了保证测量的高精度，应对该抛物线进行校正，最有效的方法是采用计算机对曲线

进行拟合，然后用查表和插值的方法进行校正。如果采用硬件的方法也可以使非线性误差得到一定程度的改善，具体电路如图 4-76 所示。把铂电阻的阻值变化通过运算放大器转换为电压的变化，通过负反馈、差分放大和低通滤波，使输出电压 U_o 和铂电阻 R_B 的非线性关系得到改善。

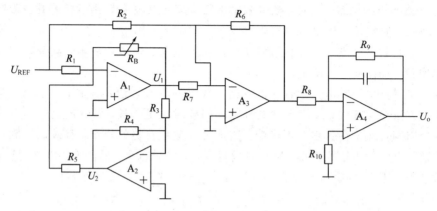

图 4-76 温度电压变换电路

U_{REF} 是一个基准电压，给运算放大器 A_1 提供一个合适的工作电压；运算放大器 A_2 给 A_1 提供了负反馈回路。图 4-76 的电路主要是为了减少铂电阻的阻值与温度之间关系的非线性，运算放大器 A_3 与外围元器件构成差分放大电路，再经过 A_4 的低通滤波，最后输出和铂电阻变化相应的电压信号。

4.6.4 热敏电阻的主要应用

热敏电阻的主要应用如下：

(1) 温度的测量和控制：热敏电阻在工业上可用作温度的测量与控制，也可用于汽车某部位的温度检测与调节，还大量用于民用设备，如控制瞬间开水器的水温、空调与冷库的温度，利用本身加热作气体分析和风速机等方面。

(2) 用作加热元件：热敏电阻作为加热元件应用的有暖风器、电烙铁、烘衣柜、空调等。

(3) 加热或过热保护：热敏电阻用于加热器、电动机、变压器、大功率晶体管等电器，起到加热或过热保护的作用；PTC 热敏电阻主要用于电器设备的过热保护、无触点继电器、恒温、自动增益控制、电机启动、时间延迟、彩色电视自动消磁、火灾报警和温度补偿等方面。

(4) 温度补偿：热敏电阻作为电子线路元件用于仪表线路温度补偿和温差电偶冷端温度补偿等。

4.7 压电式传感器

压电式传感器是一种可逆型换能器，既可以将机械能转换为电能，又可以将电能转换为机械能，这种性质使它被广泛用于力、压力、加速度和质量的测量，也被用于超声波发射与接收装置中。压电式传感器具有体积小、质量轻、精确度及灵敏度高等优点。与传感器配套的后续仪器，如电荷放大器等的技术性能日益提高，使压电式传感器的应用越来越广泛。

4.7.1　压电效应

　　压电式传感器的工作原理是利用某些物质的压电效应。某些物质，如石英、钛酸钡、锆钛酸铅(PZT)、聚偏二氟乙烯(PVDF)等一些各向异性的材料，当受到外力作用时，不仅几何尺寸发生变化，而且内部正负电荷中心会发生相对移动而产生电的极化，导致元件的两表面上出现符号相反的束缚电荷，由此形成电场；当外力消失时，材料重新恢复到原来状态，这种现象称为正压电效应。相反，如果将这些物质置于电场中，其晶格发生变形，导致几何尺寸发生变化，这种由于外电场作用导致物质的机械变形的现象，称为逆压电效应，或称为电致伸缩效应。具有压电效应的材料称之为压电材料，石英是常用的一种压电材料。石英(SiO_2)晶体结晶形状为六角形晶柱(见图 4-77(a))，两端为一对称的棱锥，六棱柱是它的基本组织。纵轴线 z-z 称为光轴，通过六角棱线而垂直于光轴的轴线 x-x 称为电轴，垂直于棱面的轴线 y-y 称为机械轴，如图 4-77(b)所示。如果从晶体中切下一个平行六面体，并使其晶面分别平行于 x-x、y-y、z-z 轴线，则这个晶片在正常状态下不呈现电性。当施加外力时，将沿 x-x 方向形成电场，其电荷分布在垂直于 x-x 轴的平面上。沿 x 轴加力产生纵向效应；沿 y 轴加力产生横向效应，如图 4-78 所示。

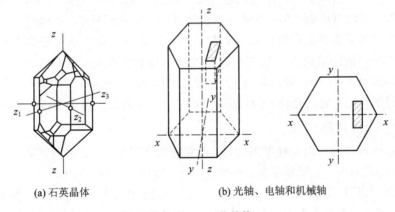

(a) 石英晶体　　　　　　(b) 光轴、电轴和机械轴

图 4-77　石英晶体

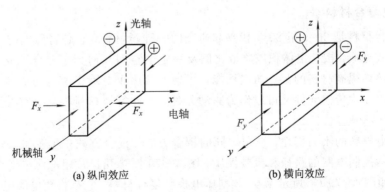

(a) 纵向效应　　　　　　　　(b) 横向效应

图 4-78　压电效应模型

　　实验证明压电体表面积聚的电荷与作用力成正比。若沿晶轴 x-x 方向加力 F_x，则在垂直于 x-x 方向的压电体表面上积聚的电荷量为

$$Q = d_{33}F_x \tag{4-55}$$

式中：Q 为电荷量；d_{33} 为压电常数，与材质和切片方向有关；F_x 为作用力。若沿 $y-y$ 方向加力 F_y，则在垂直 $x-x$ 方向的压电体表面积聚的电荷量与上述电荷量 Q 大小相等，方向相反，如图 4-78(b) 所示。

4.7.2　压电材料

1. 压电单晶

压电单晶为单晶体，常用的有石英晶体(SiO_2)、铌酸锂($LiNbO_3$)、钽酸锂($LiTa_3$)等。石英是压电单晶中最有代表性的，应用广泛。除天然石英外，大量应用人造石英。石英的压电常数不高，但具有较好的机械强度、时间和温度的稳定度。其他压电单晶的压电常数为石英的 2.5～3.5 倍，但价格较贵。水溶性压电晶体，如酒石酸钾钠($NaKC_4H_4O_6 \cdot 4H_2O$)压电常数较高，但易受潮、机械强度低、电阻率低、性能不稳定。

2. 压电陶瓷

现代声学和传感技术中最普遍应用的是压电陶瓷。压电陶瓷是多晶体，制作方便，成本低。原始的压电陶瓷不具有压电效应，其内部"电畴"是无规则排列的，电畴与铁磁物质的磁畴类似。在一定温度下对压电陶瓷进行极化处理，即利用强电场使其电畴按规则排列，呈现压电性能。极化电场消失后，电畴取向保持不变，在常温下可呈压电特性。压电陶瓷的压电常数比单晶体高得多，一般比石英高数百倍。现在压电元件绝大多数采用压电陶瓷。钛酸钡是使用最早的压电陶瓷，其居里点(温度达到该点将失去压电特性)低，约为 120℃。现在使用最多的是 PZT 锆钛酸铅系列压电陶瓷。PZT 是一系列材料，随配方和掺杂的变化可以获得不同的性能，它具有较高的居里点(350℃)和很高的压电常数(70～590 pC/N)。

3. 高分子压电材料

高分子压电薄膜的压电特性并不太好，但它可以大量生产，且具有面积大、柔软、可弯曲、不易破碎、质量轻、机械强度高、耐冲击、频响宽(10^{-5} Hz～500 MHz)、压电常数高及可以裁切成任意形状等优点，可用于微压测量和仿生皮肤等。其中以聚偏二氟乙烯(PVDF)最为著名，它是人工合成的电场取向型的高聚合物压电材料。

4. 压电复合材料

压电复合材料是 20 世纪 80 年代兴起研究的一种新材料，它是将压电陶瓷相和聚合物相按一定方式连通，按一定体积或质量比例及一定的空间几何分布复合制成的。压电复合材料可以成倍地提高材料的某些压电性能，并具有常用压电陶瓷没有的优良性能。由于压电材料既可以作为传感元件又可以作为驱动元件，因此复合材料也就具有传感、驱动等多种功能，很有发展前景。

根据压电材料的不同用途，采用不同的耦合方式。耦合方式中的连通性是重要的，因为连通性表示控制电路的路径和机械性质。图 4-79 便是几种常用的压电复合材料的连通性原理图。如图 4-79(a) 所示为 0-3 型压电橡胶复合材料，它是将压电陶瓷粉与橡胶、有机硅、环氧树脂等混合固化而成。在两边涂上导电胶作为电极，并在 60℃ 的硅油中，以 10 MV/m 的电场极化 1 h，即制成 0-3 型压电橡胶复合材料。0-3 型压电橡胶复合材料可以作为水听器，也可以制成压电橡胶电缆，既可作为传感器，又可作为驱动器。如图 4-79(b) 所示为 1-3 型压电复合材料。将细棒形状的 PZT 压电陶瓷平行地排列，并在中间浇上环氧树脂及其他聚合物即成 1-3 型压电复合材料，经高温固化后根据需要切割成薄片，两边镀上电极即可。1-3 型压电复合材料的主要优点是具有低声阻抗、低介电常数和一定的柔韧性，它的压电常数可达到 PZT 的压电常数，但它的柔韧性可比 PZT 要好很多。如图 4-79(c)、(d)所示为 3-1 型和 3-2 型压电复合材料，它是在 PZT 压电陶瓷片上打孔，并在孔中充入聚合物制成的。如图 4-79(e)、(f)所示为 3-3 型压电复合材料，图 4-79(e)是一种三维编织结构，由压电相材料堆成三线井字形，并胶结成一体，再充以聚合物相材料。图 4-79(f)是大小相近的细孔均匀分布在压电相材料中，细孔的体积近似等于 PZT 的体积，细孔之间互相连通，从其中一个细孔可以进入其他细孔，因此可以充入聚合物材料。利用图 4-79(f)的压电复合材料制成的水听器，其频响在 50 kHz 以下，而且不随频率变化；它还具有柔韧性、易于弯曲等优点；由于它可以用失蜡法制备，因此适用于批量生产。如图 4-79(g)所示为 2-2 型压电复合材料，它是一层压电材料和一层聚合物组合成多层的压电层板，人们正在研究用它作为能进行自适应动作的智能材料结构。如图 4-79(h)所示的是另一种 2-2 型压电复合材料，它采用月牙形边缘连接，它的特点是刚度小、变形大，利用它可对桁架等结构的位移和振动进行检测和自适应控制。

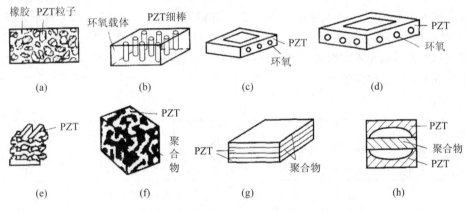

图 4-79　几种常用的压电复合材料的连通性原理图

4.7.3　压电式传感器及其等效电路

在压电晶片的两个工作面上进行金属蒸镀，形成金属膜，构成两个电极，如图 4-79 所示。当晶片受到外力作用时，在两个极板上积聚数量相等而极性相反的电荷，形成了电场。因此压电式传感器可以看做是电荷发生器，它又是一个电容器，其电容量为

$$C = \frac{\varepsilon_r \varepsilon_0 A}{\delta} \tag{4-56}$$

式中：ε_r 为压电材料的相对介电常数，石英晶体的 $\varepsilon_r = 4.5$，钛酸钡的 $\varepsilon_r = 1200$；δ 为极板间距，即晶片厚度；A 为压电晶片工作面的面积。

如果施加在晶片上的外力不变，积聚在极板上的电荷无内部泄漏，外电路负载无穷大，那么在外力作用期间，电荷量将始终保持不变，直到外力的作用终止时，电荷才随之消失。如果负载不是无穷大，电路将会按指数规律放电，极板上的电荷无法保持不变，从而造成测量误差。因此，压电式传感器不适宜测量静态或准静态物理量。在测量动态物理量时，变化快，漏电量相对比较小，故压电式传感器适宜作动态测量。

压电式传感器实际使用中，往往用两个或两个以上的晶片进行串接或并接。当并接时（见图 4-80(b)）两晶片负极在中间极板上，正电极在两侧的电极上。并接时电容量大、输出电荷量大、时间常数大，宜于测量缓变信号，适宜于以电荷量为输出的场合。当串接时（见图 4-80(c)），正电荷集中在上极板，负电荷集中在下极板。串接法传感器本身电容小、输出电压大，适用于以电压作为输出信号的场合。

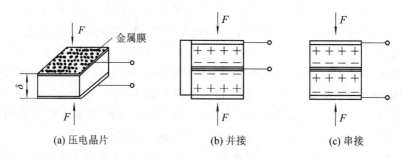

(a) 压电晶片　　　　　　　　(b) 并接　　　　　　　　(c) 串接

图 4-80　压电晶片的连接方式

如果把压电式传感器和测量仪表连在一起，还应考虑到连接电缆的等效电容 C_c，如果放大器的输入电容为 C_i，输入电阻为 R_i，那么完整的等效电路如图 4-81 所示。图 4-81(a) 为压电式传感器以电压灵敏度表示时的等效电路；图 4-81(b) 是压电式传感器以电荷灵敏度表示时的等效电路，两者的意义是一样的，只是表示的方式不同。图 4-81 中 C_a 是传感器的电容，R_a 是传感器的漏电阻。

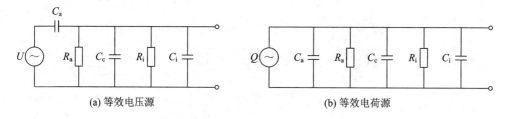

(a) 等效电压源　　　　　　　　　　　　(b) 等效电荷源

图 4-81　放大器输入端等效电路

4.7.4　压电式传感器的信号调节电路

压电式传感器的测量电路关键在于高阻抗的前置放大器。前置放大器有两个作用：第一是把压电式传感器的微弱信号放大；第二是把压电式传感器的高阻抗输出变换为低阻抗输出。压电式传感器的输出可以是电压，也可以是电荷，因此，它的前置放大器也有电压和电荷型两种形式。

ICP 是美国 PCB 公司的内置微电路放大器压电式传感器的注册专用技术术语。固体集成电路的发展使得压电式传感器及其仪表技术产生了变革性的进展。在压电式传感器测试系统中，ICP 测试系统代表了当今的技术发展趋势，这种测试系统，一改传统的电荷放大器测试方式，极大地提高了压电式传感器的各项性能，使得其应用更为广泛。常规电荷放大器测试系统的使用受到一些限制的主要原因是：当传感器与放大器间连接较长的电缆时，首先，电荷放大器的电噪声输出受到总系统电容（传感器电容、电缆电容和放大器输入电容）与反馈电容之比的影响；其次，传感器的输出信号是高阻抗的，因此必须强制使用特别的低噪声电缆,以减小无线电频率干扰(RFI)、电磁干扰(EMI)及电缆运动的影响。当然,在实际应用中要注意避免绝缘电阻的降低和潜在的信号漂移,同时要保持工作环境的干燥和清洁,特别要注意对电缆的密封和接头的保护。

ICP 压电式传感器的电路原理如图 4-82 所示,该传感器由恒流信号调节器供电,性能大大优于传统电荷放大器。ICP 压电式传感器的电荷放大器在传感器的内部,离压电元件距离非常近,同时它们一并密封在一个坚固的金属壳体里面。这样就把最容易受到干扰的部分彻底地屏蔽了,信号质量得到了大幅度的提高。ICP 压电式传感器一般需要用 4 mA 左右的恒流源供电,这实际上是为了得到比较大的动态电阻,同时进一步提高传输的抗干扰性能。在 ICP 压电式传感器中,所产生的电荷增量可以几乎不受损耗地被微集成电路转换为电压,每个 ICP 微电路都有固定的电荷转换增益,这个增益决定了传感器的最后灵敏度。这种把传感元件和转换电路集成在一起的器件将是今后发展和应用的方向。

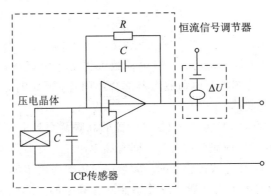

图 4-82　典型 ICP 压电陶瓷传感器

4.7.5　压电式传感器的应用

1. 压电式加速度传感器

图 4-83 为压电式加速度传感器的结构原理图。压电元件一般由两片压电片组成。在压电片的两个表面镀上银层,并在银层上焊接输出引线,或在两个压电片之间夹一片金属片,引线焊接在金属片上,输出端的另一根引线直接与传感器基座壳体相连。在压电片上放置一个体积质量较大的质量块,然后用一硬弹簧对质量块预加载荷。整个组件装在一个

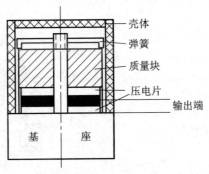

图 4-83　压电式加速度传感器的结构原理图

厚基座的金属壳体中，为了隔离试件的任何应变传递到压电元件上去，避免产生假信号输出，所以一般要加厚基座或选用刚度较大的材料来制造基座。测量时，将传感器基座与试件刚性固定在一起。当传感器感受振动时，由于弹簧的刚度相当大，而质量块的质量相对较小，可以认为质量块的惯性很小。因此质量块感受与传感器基座相同的振动，并受到与加速度方向相反的惯性力的作用。这样，质量块就有正比于传感器加速度的交变力作用在压电片上的功能。由于压电片具有压电效应，因此在它的两个表面上就产生交变电荷(电压)。

由二阶系统的幅频特性曲线可知，当传感器的固有频率远大于振动体的振动频率时，传感器的灵敏度几乎近似为一常数。这一频率范围就是传感器的理想工作范围。对于与电荷放大器配合使用的情况，传感器的低频响应受电荷放大器的下限截止频率限制。电荷放大器的下限截止频率是指放大器的相对输入电压减小 3 dB 时的频率，它主要由放大器的反馈电容和反馈电阻决定。如果忽略放大器的输入电阻以及电缆的漏电阻，则电荷放大器的下限截止频率为

$$f = \frac{1}{2\pi R_f C_f} \tag{4-57}$$

式中：R_f 为反馈电阻；C_f 为反馈电容。一般电荷放大器的下限截止频率可低至 0.3 Hz，甚至更低。因此，当压电式传感器与电荷放大器配合使用时，低频响应是很好的，可以测量接近静态变化非常缓慢的物理量。

压电式传感器的高频响应特别好。只要放大器的高频截止频率远高于传感器自身的固有频率，那么，传感器的高频响应完全由自身的固有频率决定，放大器的通频带要做到100 kHz以上是并不困难的。因此，压电式传感器的高频响应只需要考虑传感器的固有频率。

实际测量的振动频率的上限一般只取传感器固有频率的 1/5～1/3，也就是说工作在频响特性的平直段。在这一范围内，传感器的灵敏度基本上不随频率而变化。即使限制了传感器的测量频率范围，但由于传感器的固有频率相当高(一般可达 30 kHz，甚至更高)，因此，它的测量频率的上限仍可高达几千赫兹，甚至十几千赫兹。

2. 压电式测力传感器

图 4-84 给出一种测量均布压力的传感器结构。拉紧的薄壁管对晶片提供预载力，而感受外部压力的是由挠性材料做成的很薄的膜片。预载筒外的空腔可以连接冷却系统，以保证传感器工作在一定的环境温度条件下，避免因温度变化造成预载力变化引起的测量误差。图 4-85 给出了另一种压力传感器的结构，它采用两个相同的膜片对晶片施加预载力，从而可以消除由振动加速度引起的附加输出。

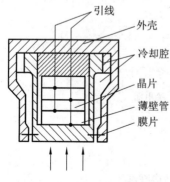

图 4-84 压电式压力传感器图

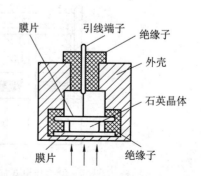

图 4-85 消除振动加速度影响的结构

3. PVDF 应变传感器

PVDF 传感器主要用于测量被测量引起的应力和应变。在设计 PVDF 传感器时，首先要确定工作方式，以便采用合适的结构形状，然后选择适当的支撑方式，便于在所需应变的方向上得到高的灵敏度和良好的线性，减少一些不必要的干扰影响，并计算传感器的灵敏度。

PVDF 传感器元件的表面形状主要有膜片形和圆柱形。一般用两种方法来安放 PVDF 压电膜，一是自悬式，二是用基底支撑。实际上因为 PVDF 材料不同于压电陶瓷材料，压电陶瓷的厚度很难做到小于 $200~\mu m$，需要时可以自悬，而 PVDF 可薄至 $5~\mu m$，故一般要用基底支撑，支撑又有全部刚性基底和梁式支撑之分，如图 4－86 所示。

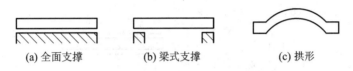

(a) 全面支撑   (b) 梁式支撑   (c) 拱形

图 4－86　PVDF 传感元件的支撑方式

4. 纳克微天平

纳克微天平是一种质量传感器，它对质量的分辨率可达 10^{-12} g，其核心传感元件是压电石英晶片。

石英晶体具有四个极其重要的特性：压电效应、逆压电效应、极高品质因数和极高的机械和化学稳定性，这些特性的综合使它成为近代电子工业极其重要的原材料。压电效应和逆压电效应使它可以用放大器产生振荡，也就是产生频率源，但这还不足以达到极高的稳定性。从某种意义上讲，高达几万甚至几百万的品质因数，以及千百万年在自然界的老化使它具有极高的稳定性，才最终决定了它如今的普及。自 20 世纪 40 年代以来石英晶体就成为石英钟、电子表、电话、电视、电脑等凡与数字电路有关的频率基准而被广泛应用。最常用的石英晶片是 AT 切型，即沿着与石英晶体主光轴成 35.40° 方向切割而成。晶体的厚度一般在 0.1～0.3 mm，晶体表面的激励电极为银（或金）膜电极，厚度为 μm 级。AT 切型的石英晶片在电场激励下以厚度剪切方式（thickness shear mode）振动，其振荡频率由厚度决定并与之成反比，频率范围为 1～20 MHz。

虽然压电石英晶片的谐振频率在恒定条件下非常稳定，如普通石英钟的精度可达到年误差小于 1 s，相对误差在千万分之一以下，但若在石英晶体的电极表面加上一小质量负载层，则将导致晶振频率的显著下降。此质量负载层可以相当于晶体的厚度增加，Sauer-brey 方程从理论上导出了晶体表面负载物质质量与谐振频移的关系，即

$$\Delta F = -2.26 \times 10^{-6} F^2 \frac{\Delta M}{A} \tag{4-58}$$

式中：F 为晶体的固有谐振频率（基频）（Hz）；ΔM 为晶体表面涂层质量（g）；ΔF 为由涂层所引起的频率变化；A 为涂层面积（cm^2）。

对基频为 10 MHz 的石英晶体，若其直径为 5 mm，由式（4－58）可知，$1~\mu g$ 的质量变化将导致 1151 Hz 的频率降低。由于频率测定可以达到很高的精度，估计检测下限可达 10^{-12} g，因此振动的石英晶体是非常灵敏的质量检测器，并称作石英晶体微天平（Quartz

Crystal Microbalance，QCM）。从振荡电路频率测量信噪比考虑，检测下限易达到 10^{-9} g，因此石英晶体微天平也称为纳克微天平。

QCM 最早应用于真空膜厚度检测，使用时将石英晶片置于工件附近，喷镀物质在工件和石英晶体上同时沉积。由于频率变化与质量负载之间有简单的线性关系，经校正后，可直接显示镀膜的厚度。QCM 现在是真空镀膜厚度的标准检测装置。

5. 冰传感器

冰传感器是指能感应出是否有结冰且还能给出对应冰层厚度信号的一种传感器。这种冰传感器采用了三电极的片式压电器件，其结构如图 4-87 所示。电极 a 是一金属平板，电极 b 是另一电极，电极 c 是在电极 b 中刻蚀出的第 3 个电极，d 是压电体。

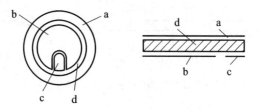

图 4-87　压电元件结构图

作为冰传感器使用时，极板 a 上装设支撑腿，极板面朝上作为感受冰层的测量面。如图4-88所示即是作为冰传感器使用时的结构简图。

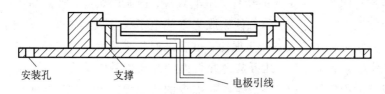

安装孔　　支撑　　电极引线

图 4-88　冰传感器结构示意图

当在电极 a、b 之间加上一定的交变电压时，压电体会作一阶体积膨胀振动。可视这样的系统为机械振动系统，其谐振频率与其等效质量 m、等效刚度 k 之间存在着如下的函数关系式：

$$f = c\sqrt{\frac{k}{m}} \qquad (4-59)$$

式中，c 是常数。

三电极的片式压电器件是冰传感器使用的根本原因，在于它巧妙地利用了如下的原理：当极板 a 上无任何附加物时，压电体在一定的电路配合下，以其自身的谐振频率而作一阶体积膨胀振动；当极板 a 上有冰冻发生时，冰层会大大增加振动系统的刚度。从式(4-59)可知，刚度 k 增加，谐振频率 f 也随之增加。冰层越厚，刚度增加越大，谐振频率也就越大。因此，获得谐振频率这一信号就可实现冰层厚度的测量。这种三电极的压电元件可视为一个 T 形 LC 三端元件，以此三端元件构成振荡电路的最简设计可采用如图 4-89所示的皮尔考茨型振荡电路。另一种电路设计为如图 4-90 所示的正反馈振荡系统，压电元件在此系统中作为负载电极，可引出振动信号并以正反馈方式返回至输入。

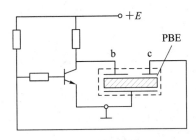

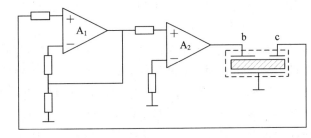

图 4-89　皮尔考茨振荡电路图　　　　　　图 4-90　放大器组成的正反馈振荡电路

当正反馈振荡系统上电瞬间，能产生一谐波丰富的输出激励信号作用于压电元件。由于系统具有自选频特性，因此，系统能自发地以压电元件的谐振频率为工作频率而自激振荡。因压电元件在谐振频率处有较高的品质因数，因而从电极获得的正反馈输入信号为一基本纯净的正弦信号。此信号经 A_1 比例放大后直接输入至下一级开环放大器 A_2，A_2 的输出作用于电极 b 作为激励信号。放大器 A_2 的供电电压就决定了振荡激励输出信号幅度的大小。此激励输出信号经单极化、限幅等简单处理即成为一方波信号，其频率大小就是对应冰层厚度的测量值。对各放大器的选用要求是：放大器 A_1 应有足够大的输入阻抗、低零点漂移和优良的动态性能。放大器 A_2 工作在开环状态下，且输出幅度很大，因此，要求其除了有足够大的带宽增益外，还要求其有较高的上升速率，使放大器 A_2 能够提供大幅度信号下的快速激励输出，从而保证稳定的系统振荡。

实验选用一种极板直径为 27 mm，压电体直径为 19.7 mm，厚度为 0.54 mm 的片式压电陶瓷元件。如图 4-91 所示为试验所获得的冰层厚度与频率之间的函数关系曲线。由此可知，二者之间有良好的线性关系。

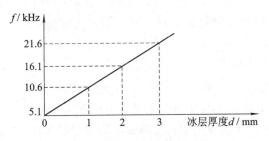

图 4-91　静态测量特性曲线

6. 压电化学传感器

石英晶体微天平(QCM)可以作为化学传感器应用，最初应用于气体分析。由于 QCM 检测的是质量变化，必须将待测组分捕捉到石英晶体表面，这一过程由修饰到石英晶体表面的吸附剂完成。应用 QCM 测定气体成分的关键在于选择合适的化学涂层及相应的涂层技术，对涂层的选择须综合考虑灵敏度、选择性、响应时间以及能否可逆解吸附剂和使用寿命等因素。目前 QCM 发展的重点仍是寻找新涂层以及增强涂层选择性。除从化学方面改进传感器选择性外，对实际混合体系也采用由多个传感器构成的阵列进行测定，再以化学计量学方法分析处理，实现多组分的同时测定。

压电石英晶体作为质量传感器的应用多年来一直局限于气相中，主要原因是其在液相中振荡一直未获成功。因为晶体在液相中振荡导致的能量损耗远大于气相中的损耗，早期的振荡电路又均是照搬气相中的电路，难免实现不了石英晶体在液相中的振荡。直到 1980 年，Nomura 和 Konash 等实现了石英晶体在溶液中的振荡，开辟了压电式传感器应用的全新领域。因 QCM 测定的参量为待测物的质量，因此可利用晶体表面涂层对某些特定化学成分的吸附作用来测定溶液中的金属离子及小分子物质的浓度。

QCM 还可以实现对溶液黏度和密度的测量。由于表面张力的作用，晶体表面所附着的溶液薄层也随石英晶体一起振荡，其结果也等效于石英晶体表面质量负载的增加，由此导致传感器振荡频率的下降。溶液的黏度越高，随晶体振荡的液层就越厚，等效的质量负载也越大。溶液的密度越高，液层的质量也越大。从流体力学原理分析，随振荡的石英晶体作剪切运动的液层仅为附着在晶体表面的溶液薄层，因为表面声波（此处指体声波）的振幅随距离的增加呈指数衰减，只有在表面声波一个波长左右（厚度在微米量级）以内的溶液层参与振荡。假定溶液为牛顿流体，压电式传感器的振荡频率直接受溶液黏度 η、密度 ρ 的影响，传感器的频率下降值与 $\eta\rho$ 成正比，不同的溶液比例系数略有不同。

经典的压电化学传感器由 AT 切割的石英晶片与喷镀在其上的金属激励电极构成。由于石英与金属间的作用力弱，喷镀金属电极需要复杂的工艺，难以在一般的实验室条件下完成，而商品石英晶体所用的金属材料为银，因受石英晶片质量负载能力的限制，激励电极为厚度在微米以下的银膜电极。由于银膜电极在溶液中易遭受电化学腐蚀，因此经典的压电化学传感器的使用寿命较短，且成本较高。

为克服经典的压电化学传感器的不足，提出了液隔电极式压电传感器（ESPS）的构想。在 ESPS 构造中使用裸露的石英晶片，激励电极为置于溶液中的液隔电极，高频激励电场经溶液传导施加在晶片上引起其振荡，免除了在石英表面喷镀激励电极的复杂工艺。由于石英本身具有优异的化学稳定性，液隔电极可用耐腐蚀性能良好的材料（如铂、石墨等），而且其厚度不受限制，即使液隔电极受损，也可很方便地更新或更换，石英晶片仍可继续使用，这样，ESPS 的使用寿命远远大于经典的压电化学传感器。

ESPS 最简单的使用方法是单面触液隔电极的压电式传感器。在使用 ESPS 时，必须充分考虑到溶液导电参数的影响，实验结果表明，ESPS 具有和经典压电化学传感器相同的质量响应灵敏度，其谐振频率除了与质量有关外，还与溶液电导率、介电常数、黏度、密度等参量有关。目前，ESPS 已成功应用于石英表面吸附质量的测定、液晶相变过程监测等。

压电式传感器在液相中的另一个应用是检测溶液的电导率。压电式传感器对溶液电导率具有高分辨率，可以在高背景电导率存在下检测溶液电导率的细微变化，因而比经典电导法优越。如果单纯用压电式传感器测定溶液电导率的变化，将压电式传感器双面浸入电解质溶液中，则这种用法有两点不足：一是晶体双面触液，石英晶体在液相中振荡时的表面声波损耗很大，因而使经典液相压电式传感器频率稳定性大幅度下降，损害了石英晶体振荡频率的稳定性。二是溶液的旁路会导致晶体在稍高浓度电解质溶液中停止振荡，针对这一不足，提出了串联式压电传感器（Series Piezoelectric Quartz Crystal，SPQC）的设想。所谓 SPQC，就是将置于气相中振荡的压电石英晶体与一电导电极串联使用，通过与其串联的电导电极共同传感溶液电导率变化的信息，其原理如图 4-92 所示。由于晶体在密封的气体环境中工作，表面声波损耗非常小，其振荡频率稳定性很高。另外也不存在溶液对晶体的腐蚀问题，极大地改善了压电晶体的使用寿命。

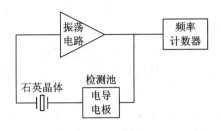

图 4-92　串联式压电传感器构造示意图

由图 4-92 可见，SPQC 的导电通路包括溶液，这样 SPQC 的振荡频率就与溶液导电性相关的电导率和介电常数有关。所以，这种传感器实际上已不再被用作质量测定的微天平，而变成一种可传感溶液电导率或介电常数变化的装置。

研究结果表明，SPQC 对溶液的电导率与介电常数有高度灵敏的频率响应，而且具有极其优异的频率稳定性，其使用寿命可无限期延长。

7. 阵列式表面声波触觉传感器

依照与 SPQC 相同的原理和构造，将 SPQC 中的压电石英晶体替换为表面声波（Surface Acoustic Wave，SAW）压电器件，就可以得到一种 SAW 的电导传感器。SAW 的电导传感器比 SPQC 工作频率更高，SPQC 的频率受厚度因素的限制，上限约为 20 MHz，而 SAW 的电导传感器可以达到 GHz 量级。采用 SAW 压电器件的高工作频率，使得传感器的响应灵敏度有所增加。

利用表面声波传感信号是一种很好的方式，有其独特的优点。下面介绍一种阵列式表面声波触觉传感器。

阵列式表面声波触觉传感器是采用石英晶体作为传感元件的。石英晶体谐振器是目前振荡频率最稳定的器件，其 AT 切片振荡器频率稳定率都在 10^{-6} 以上，最高可达 10^{-13} 以上，其振动频率随所加压力或表面位移量大小而发生变化。实验证明振动频率和压力或位移变化的关系为线性关系，并且具有很好的重复性。只要精确测出频率变化，就可精确反应压力或形变位移量的变化。

将具有传感功能的石英晶片，在其上、下表面沉积多组水平和垂直两方向的电极，如图 4-93(a) 所示，那么，在水平和垂直电极相交处就形成了许多具有驻波特性的自由振子。这些相交处都可等效成独立的、与周围不相关的晶体振荡源。当加上振荡驱动时，电极相交区就构成各自独立的自由振荡的振子了，如图 4-93（b）所示。

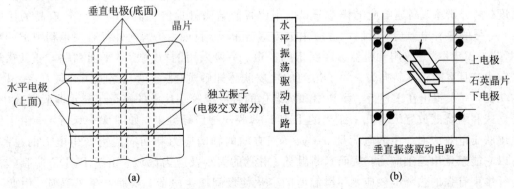

(a)　　　　　　　　　　　(b)

图 4-93　独立振子的构成

当某一独立振子受压或受热时，振子的谐振频率 f 将增加，且向四面八方传递。如果每一独立振子的固有频率（没加压时）f_n 都相同，则该弹性波将毫无阻挡地自由传播。如果在晶片四周分别装上四个换能器，则每个换能器都能接收到该弹性波，根据换能器接收的调频波信号，便可感知压力等被传感量的存在和大小，然后再根据接收信号的时间先后差，即相位关系，便可精确定位传感点。由于石英晶体的稳定性很好，因此测量精度及位置点的分辨率是极高的。而且传感信号的传递是以调频波在石英中传播并输出的，有极强的抗干扰性和快捷的响应，集成处理后可成为理想的智能机器人触觉传感器，如图 4-94 所示。

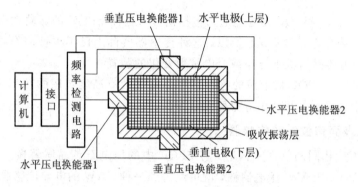

图 4-94　智能机器人触觉传感系统

新型谐振式高精度、高速石英触觉传感器利用石英晶振进行传感。由于石英触觉传感器的每个传感元素由上、下面电极的相交形成，因而传感元可以很小（0.1 μm 以下），其位置分辨率很高，而且可以是规则的阵列排列、网状排列，也可按需要构成任何一种仿人的网络式排列方式。利用石英的切型不同对许多物理变量的不同响应，还可模拟人的众多感觉。传感器的信号是以调频波向四周传播到四个换能器的，这从根本上解决了扫描方式的阵列传感器响应速度慢的问题，并使传感器具有极强的抗干扰能力，构成理想智能机器人分布式触觉传感器。

石英晶片构成的触觉传感器虽具有众多优点，但由于石英晶振可变化的频偏有限，因而，对于更复杂形状分布，高强度的情形，可以将上述石英晶片用石英薄膜代替，以构成宽的测量范围、良好的弹性及屈从性较完美的人造皮肤系统。

8. 仿生皮肤

进入 20 世纪 90 年代以来，智能机器人的研究十分活跃，仿生机构的研究又是国内外智能机器人机构近期发展的一个热点。模仿人体感觉功能的智能机器人最关键部分是其高精度、高分辨率、高速响应的任意分布的集成智能结构触觉传感器。因 PVDF 有高的压电常数、强的热释电效应，所以广泛应用于传感器领域。目前，在国内外都有关于利用 PVDF 制作"人工皮肤"并应用到机器人手指上的报道。一般采用的"皮肤"是平面粘贴，可以感觉法向力，但不能感觉斜向力。为了达到仿生皮肤感知触觉（法向力）、滑觉（斜向力）和温觉的功能，有人提出在柔性好、耐高温和抗老化的合成橡胶基片上的高分子充水薄膜微球中，呈立式和缠绕式放置大量几十微米的 PVDF 薄膜丝神经纤维束，如图 4-95 所示。由于仿生皮肤压电效应而产生的电荷是 x、y、z 三方向的轴向应力和切向应力产生电荷的总和，所以它能感觉出三维应力，从而判断触觉、滑觉的大小及应力区域。由于 PVDF 薄膜丝神经纤维束有强的热释电效应，环境温度的变化使极间产生电荷，从而产生了温觉。由此可见，该模型的感应电压是仿生皮肤触觉、滑觉、温觉的很好体现。仿生皮肤虽然现在仍处于实验阶段，但随着研究的深入，实用的仿生皮肤将会问世。

表层皮肤

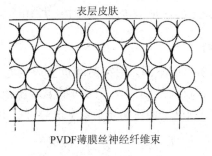

PVDF薄膜丝神经纤维束

图 4 - 95　仿生皮肤结构

4.8　热　电　偶

热电偶是一种把温度转换为电势的传感器，它的基本工作原理是基于"双金属温差热电势效应"。

4.8.1　热电偶的工作原理

所谓的"热电势效应"，就是将两种不同材料的导体，组成一个闭合回路，如图 4 - 96 所示。如果两端结点的温度不同，则在两者间产生一电动势，回路中有一定大小的电流，这个电势或电流与两种导体的性质和结点温差有关，这个物理现象称为热电势效应，或简称热电效应，有时也称为温差效应。在这个闭合回路中，A、B 两种导体叫做热电极；两个结点，一个称为工作端或热端(T)，另一个称为参考端或冷端(T_0)。

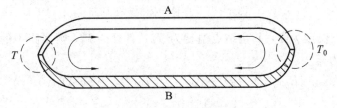

图 4 - 96　热电效应

热电偶产生的电势称为热电势或温差电势。热电势是由两种导体的接触电势和单一导体的温差电势所组成的。接触电势又称泊尔电势，单一导体的温差电势又称为汤姆逊电势。

1. 两种导体的接触电势

各种导体内部都存在大量的自由电子。不同的金属，其自由电子密度是不同的。当两种金属接触在一起时，在结点处就要发生电子扩散，电子浓度大的金属中的自由电子就向电子浓度小的金属中扩散，这种扩散一直到动态平衡为止，最终形成一个稳定的接触电势。接触电势的大小除和两种材料有关外，还与结点温度有关，在温度为 T 时，它的大小可用下式表示：

$$E_{AB}(T) = \frac{kT}{e} \ln \frac{N_A}{N_B} \qquad (4-60)$$

式中：k 为玻耳兹曼常数；e 为电子电荷；N_A、N_B 为材料 A、B 的自由电子浓度。

当另一端的温度如果为 T_0 时，在闭合回路中，总的接触电势为

$$E_{AB}(T) - E_{AB}(T_0) = \frac{k}{e}(T - T_0)\ln\frac{N_A}{N_B}$$ （4-61）

2. 单一导体的温差电势

对单一金属 A，如果两端温度不同，则在两端也会产生电势。产生这个电势是由于导体内的自由电子在高温端具有较大的动能，因而向低温端扩散，由于高温端失去了电子，所以带正电，而低温端由于得到电子而带负电。这个电势可以由下式求得：

$$E_A(T, T_0) = \int_{T_0}^{T} \sigma_A dT$$ （4-62）

对于 A、B 两种导体构成的闭合回路，总的温差电势为

$$E_A(T, T_0) - E_B(T, T_0) = \int_{T_0}^{T} (\sigma_A - \sigma_B) dT$$ （4-63）

式中，σ_A、σ_B 为汤姆逊系数。

3. 中间导体定律

如果在如图 4-96 所示的热电偶中，将 T_0 断开，接入第三种导体 C，如图 4-97 所示。

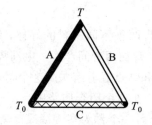

图 4-97 三种导体的热电回路

若 A、B 结点温度为 T，其余结点温度为 T_0，且 $T > T_0$，则回路中的总电势等于各结点电势之和，即为

$$E_{ABC}(T, T_0) = E_{AB}(T) + E_{BC}(T_0) + E_{CA}(T_0)$$ （4-64）

因为

$$E_{AB}(T_0) + E_{BC}(T_0) + E_{CA}(T_0) = 0$$ （4-65）

所以

$$E_{ABC}(T, T_0) = E_{AB}(T) - E_{AB}(T_0) = E_{AB}(T, T_0)$$ （4-66）

由式（4-66）可以看出：由导体 A、B 组成的热电偶，当引入第三种导体 C 时，只要该导体两端的温度相同，接入导体 C 后对回路总的热电势无影响，这个规律，称为中间导体定律。根据这个定律，可以把第三种导体 C 换上显示仪表（如动圈式毫伏表、电子电位差计等）或连接显示仪表的导线，并保持两个结点的温度一致，这样就可以对热电势进行测量而不影响热电偶的输出。

4.8.2 常用热电偶

根据热电效应，只要是两种不同性质的导体都可配制成热电偶，但是在实际情况下，

并不是所有材料都可以作为热电偶材料的，因为还要考虑到灵敏度、准确度、可靠性、稳定性等条件。因此作为热电偶的材料，一般应该满足如下要求：

（1）在同样的温差下产生的热电势大，且其热电势与温度之间呈线性或近似线性的单值函数关系。

（2）耐高温、抗辐射性能好，在较宽的温度范围内应用时，其化学、物理性能稳定。

（3）电导率高，电阻温度系数和比热小。

（4）复制性和工艺性好，价格低廉。

热电偶根据测温范围可分为高温热电偶、中温热电偶和低温热电偶。

1. 高温热电偶

钨铼$_5$-钨铼$_{20}$是一种高温热电偶，可测温度达 2450℃，如果安装在保护管内，绝缘性、气密性均满足要求，可测 2800℃ 的高温；铂铑$_{30}$-铂铑$_6$的热电偶可长期测 1600℃ 的高温，短期可测 1800℃ 高温，此种热电偶性能稳定、精度高，但热电势小、价格昂贵；铂铑-铂热电偶在 1300℃ 以下可长期使用，短期测量可达 1600℃，由于易得到高纯度的铂和铂铑，所以该热电偶的复制精度和测量准确度较高，其主要缺点同样是热电势较小、价格较贵。

2. 中温热电偶

镍铬-镍硅热电偶，化学稳定性较高，可在氧化性或中性介质中测温，长期测温在 1000℃ 以下，短期可达 1200℃。此种热电偶复制性好、热电势大、线性好、价格便宜；虽然测量精度偏低，但在工业中常采用。

3. 低温热电偶

镍铬-考铜热电偶，长期测温范围为 −200～600℃，其热电势大、价格低，但考铜金属丝易氧化而变质。铜-康铜测温范围为 −200～200℃。

另外还有超低温热电偶：铜-铜锡$_{0.005}$，测温范围为 −271～243℃；镍铬-铁金$_{0.003}$可测 −200℃ 以下的温度，并在低温和超低温下有高的热电灵敏度，但当温度过低时（低于 −210℃ 时）须考虑磁场的影响。

4.8.3　热电偶参考端温度补偿

热电偶只有在其热电极材料一定，且参考端的温度 T_0 保持不变时，热电偶的热电势 $E_{AB}(T, T_0)$ 才是其工作端温度 T 的函数。这一结论无论是对标准化热电偶还是非标准化热电偶都是正确的。我国标准化热电偶的分度表均以参考端温度 $T_0 = 0℃$ 为基础，但在实际应用时，参考端的温度常随环境温度的变化而改变，不但不是 0℃，而且也不恒定，因此将引入误差。消除或补偿这个误差的方法，常用的有以下几种。

1. 0℃ 恒温法

将热电偶参考端置于冰水混合的恒温容器中，此法自然能保证参考端的温度为 0℃，但一般只适用于实验室中。

2. 计算修正法

当已知参考端温度为 $T_n \neq 0$ 时，热电偶测得的热电势为 $E(T, T_n)$，显然与 $E(T, T_0)$ 不一样，两者之间的关系为

$$E_{AB}(T, T_0) = E_{AB}(T, T_n) + E_{AB}(T_n, T_0) \qquad (4-67)$$

式中：$E_{AB}(T, T_n)$ 为实际测得的热电势；$E_{AB}(T_n, T_0)$ 可由热电偶分度表查得。这样根据式（4-67）就可以求得 $E_{AB}(T, T_0)$ 值，然后再根据热电偶分度表查得被测介质的真实温度，这种方法比较精确，但是繁琐。因此在工程上还常用简化的方法：假定参考端的温度为 T_n 时测得的工作端温度为 T'，则被测温度的真实值为

$$T = T' + K T_n \qquad (4-68)$$

式中，K 称为热电偶的修正系数，可在表 4-2 中查得。

表 4-2 热电偶修正系数表

工作温度/℃	热电偶种类				
	铜-考铜	镍铬-考铜	铁-考铜	镍铬-镍硅	铂铑-铂
0	1.00	1.00	1.00	1.00	1.00
20	1.00	1.00	1.00	1.00	1.00
100	0.86	0.90	1.00	1.00	0.82
200	0.77	0.83	0.99	1.00	0.72
300	0.70	0.81	0.99	0.98	0.69
400	0.68	0.83	0.98	0.98	0.66
500	0.65	0.79	1.02	1.00	0.63
600	0.65	0.78	1.00	0.96	0.62
700		0.80	0.91	1.00	0.60
800		0.80	0.82	1.00	0.59
900			0.84	1.00	0.56
1000				1.07	0.55
1100				1.11	0.53
1200					0.53
1300					0.52
1400					0.52
1500					0.53
1600					0.53

例如，镍铬-镍硅热电偶测得某介质温度为 800℃，此时参考端温度为 30℃，查表 4-2，可知系数 $K=1.00$，由式（4-68）可计算出 $T=800+1.00\times30=830$，与热电偶分度表计算所得的结果相比，误差仅为 0.0625‰。

3. 电桥补偿法

在热电偶电路中，串入一不平衡电桥，如图 4-98 所示。其中 3 个桥臂的电阻用电阻温度系数小的材料（例如锰铜丝）绕制，而另一个桥臂电阻则用温度系数较大的铜丝绕制。这样在环境温度变化时，将使电桥产生不平衡电压，而此电压值将随着环境温度而变化。由式（4-67）可知当补偿电桥输出的不平衡电压在任何环境温度下，均等于 $E(T_n, T_0)$ 时，显示仪表的示值即为被测对象的真实温度值。现补偿电桥已有定型产品，能使热电偶参考端温度在 0～40℃ 范围内变化时，自动补偿热电势误差。由于补偿电桥设计在 $T_n=20$℃ 时，其输出电势为零，因此在使用补偿电桥时，应将显示仪表起始点调到 20℃。

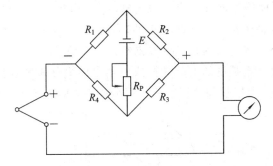

图 4 - 98　电桥补偿法原理图

4.9　光电传感器

4.9.1　光电传感器原理

　　光电传感器是基于光电效应原理的一种应用极其广泛的传感器。光电效应是指某些物质在受到光照射后，其物质的电性质会发生变化，这种光致电变的现象被人们统称为光电效应。光电传感器具有非接触、高灵敏度、响应快、性能可靠等很多优点，因此在工农业生产和日常生活中都获得了广泛应用。光电传感器既可以用于检测直接引起光量变化的非电量，如光强、光照度、辐射测温、气体成分分析等；也可用来检测能转换成光量变化的其他非电量，如物体尺寸、表面粗糙度、材料应变、位移、振动、速度、加速度，以及物体的形状、工作状态的识别等。近年来，新的光电器件不断涌现，特别是 CCD 图像传感器的诞生，为光电传感器的进一步应用开创了新的一页。

　　光电效应分外光电效应和内光电效应。外光电效应是指在光线作用下物体内的电子逸出物体表面向外发射的物理现象。光子是以量子化"粒子"的形式对可见光波段内电磁波的描述。光子具有能量 $h\nu$，h 为普朗克常数，ν 为光频。光通量则相应于光强。外光电效应可由爱因斯坦光电效应方程描述：

$$h\nu = \frac{1}{2}mv_0^2 \tag{4-69}$$

式中：m 为电子质量；v_0 为电子逸出速度。当光子能量等于或大于逸出功时才能产生外光电效应。

　　而发生内光电效应的物质并不发射光电子，比如半导体材料，当受到光照射时，材料中处于价带的电子吸收光子能量，通过禁带跃入导带，使导带内电子浓度和价带内空穴增多，即激发出光生电子-空穴对，从而使半导体材料产生电效应。光子能量必须大于材料的禁带宽度 ΔE_g 才能使电子跃入导带，产生内光电效应，因此存在产生内光电效应的临界波长。

　　光电器件除能直接测量光强之外，还能利用光线的透射、遮挡、折射、反射、干涉、衍射等测量多种物理量，如尺寸、位移、速度、温度、成分等，因而是一种应用极为广泛的重要敏感器件。光电测量时不与被测对象直接接触，光束的质量又近似为零，在测量中不存在摩擦和对被测对象几乎不施加压力，不影响被测件的物理和化学特性，因此在许多应用场合,光电传感器比其他传感器有很明显的优越性。光电传感器的缺点是在某些应用方面,光学器件和电子器件价格较贵,并且对测量的环境条件要求较高,但随着薄膜工艺、平面工艺和大规模集成电路技术的发展,产品的成本大为降低。

　　光电传感器是通过把光强度的变化转换成电信号的变化来实现控制的。光电传感器在一般情况下,由光发射、光接收和处理电路三部分构成,如图4-99所示。

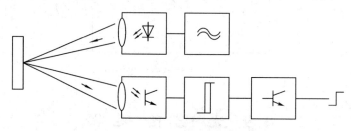

图4-99　光电测量系统结构

　　被检测物体一般就在发射和接收之间。发射源可以是半导体光源,如发光二极管(LED)、激光二极管及红外发射二极管等发光源。光源可以连续发射光辐射,或者是脉冲式发射。接收器由光电二极管、光电三极管、光电池组成。接收器前一般装有光学器件,如透镜系统进行聚光,也可能装有某些特殊透镜进行滤光等。在接收器后面是检测电路,将光信号转变成电信号后放大,并且进行噪声过滤和调制解调等相应处理。

4.9.2　外光电效应器件

　　光电管是最基本的外光电效应转换器件,按结构分为真空光电管和充气光电管两种。真空光电管的典型结构是将球形玻璃壳抽成真空,在球形内表面上涂一层光电材料作为阴极,球心放置球形或环形金属作为阳极。若球内充低压惰性气体则称为充气光电管,光电子从阴极飞向阳极的过程中与气体分子碰撞而使气体电离,可增加光电管的灵敏度。用作光电阴极的金属有碱金属、汞、金、银等,可适合不同波段的需要。光电管灵敏度低、体积大、易破损,已被固体二极管光电器件所代替。

　　真空光电管的外形和结构如图4-100所示。

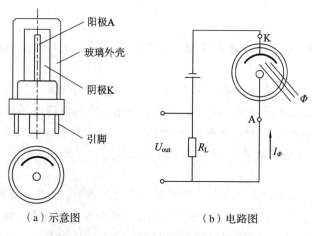

（a）示意图　　　　（b）电路图

图4-100　光电管的结构示意图和电路图

熟悉光电管，必须要了解光电管以下几点主要特性：

1. 光电管的光谱特性

光电管的光谱特性是指光电管在工作电压不变的条件下，入射光的波长与其绝对灵敏度（即量子效率）的关系，图 4 - 101 和图 4 - 102 分别给出了光电管阴极的光谱特性曲线。

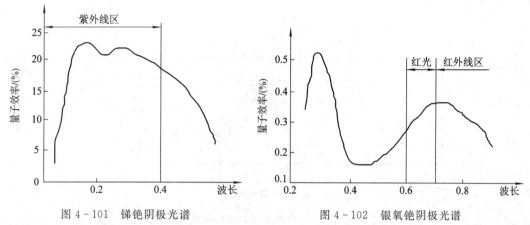

图 4 - 101　锑铯阴极光谱　　　　图 4 - 102　银氧铯阴极光谱

由光电管的光谱特性曲线可以看出，不同阴极材料制成的光电管有着不同的最佳灵敏区域。例如被测光的成分是红光，选用银氧铯阴极光电管就可以得到较高的灵敏度。

2. 光电管的伏安特性

光电管的伏安特性是指在一定光通量照射下，光电管阳极与阴极之间的电压 U_A 与光电流 I_Φ 之间的关系，如图 4 - 103 所示。

光电管在一定光通量照射下，光电管阴极在单位时间内发射一定量的光电子。

3. 光电管的光电特性

光电管的光电特性是指光电管阳极电压和入射光频谱不变的条件下，入射光的光通量 Φ 与光电流 I_Φ 之间的关系。在光电管阳极电压足够大，光电管工作在饱和状态条件下，入射光通量和光电流呈线性关系，如图 4 - 104 所示。

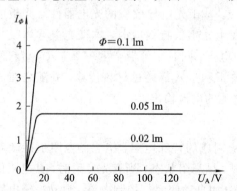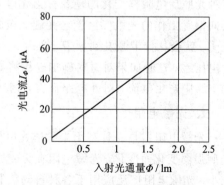

图 4 - 103　光电管不同光通量下的伏安特性曲线族　　　图 4 - 104　光电管的光电特性

4. 暗电流

如果将光电管置于无光的黑暗条件下，当光电管施加正常的使用电压时，光电管也会产生微弱的电流，此时的电流称为暗电流。暗电流的产生主要是由漏电流引起的，影响测量的精度。

由于真空光电管的灵敏度低，因此人们研制了具有放大光电流能力的光电倍增管（photomultiplier tube），它也是一种典型的外光电效应器件。光电倍增管是主要利用二次电子效应，把微弱入射光转换成光电子并进行倍增的真空光电发射器件，其工作原理如图4-105所示。

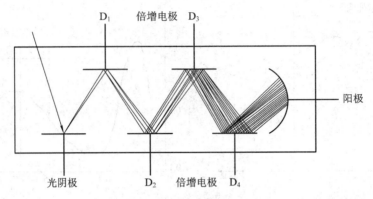

图4-105　光电倍增管结构示意图

当光照射到光阴极时，光阴极向真空中激发出光电子。这些光电子按聚焦极电场进入倍增系统，每个光电子打到下一级倍增板上都产生多个光电子，形成二次发射倍增放大效应。经过多次倍增放大后的电子用阳极收集作为信号输出。因为采用了二次发射倍增系统，所以光电倍增管的灵敏度极高。可将光电倍增管用来探测紫外区、可见区和近红外区的辐射能量，具有极高的灵敏度和极低的噪声。另外，光电倍增管还具有响应快速、成本低、阴极面积大等优点。

4.9.3　内光电效应器件

内光电效应按其工作原理可分为两种：光电导效应和光生伏特效应。半导体受到光照时会产生光生电子-空穴对（electron-hole pairs），使导电性能增强，光线愈强，阻值愈低。这种光照后电阻率变化的现象称为光电导效应。基于光电导效应的光电器件有光敏电阻和反向偏置工作的光敏二极管与光敏三极管。发生光生伏特效应时，本征光电导体吸收一个光子，就会从价带激发到导带，产生一个自由电子，同时在价带产生一个空穴，材料两边产生电压差。这时如果对材料施加电场将导致电子和空穴都通过材料传输，并随之在探测器的电路中产生电流，对外电路而言，相当于电池的电流输出。

1. 光敏电阻

光敏电阻器是一种利用半导体光电导效应制成的特殊电阻器，它的电阻值能随着外界光照强弱变化而变化。光敏电阻在无光照射时，呈高阻状态；当有光照射时，其电阻值迅速减小。光敏电阻广泛应用于各种自动控制电路(如自动照明灯控制电路、自动报警电路等)、家用电器(如电视机中的亮度自动调节、照相机的自动曝光控制等)及各种测量仪器中。

光敏电阻的基本特性包括伏安特性、光照特性、光电灵敏度、光谱特性、频率特性和温度特性等。了解光电器件的基本特性对合理选用光电器件非常重要，下面介绍光敏电阻的伏安特性和光照特性。

（1）在一定光照下，光敏电阻的电流与所加电压的伏安特性如图 4 - 106 所示。在给定偏压下，光照度越大，电流也越大。在一定光照下，电压越大，电流也越大，且没有饱和现象。

（2）当光电器件电极上的电压一定时，光电流与入射到光电器件上的光照强度之间的关系称为光照特性。光敏电阻的光照特性如图 4 - 107 所示，图中入射光照强度的单位是 lx（勒克斯），由图可以看到，光敏电阻灵敏度高，但其光照特性为非线性，故一般不宜作测量元件，在自动控制中多做开关元件。例如照相机中的电子快门和路灯自动控制电路都使用光敏电阻作为光电传感元件。

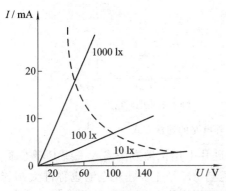

图 4 - 106　硫化镉光敏电阻的伏安特性

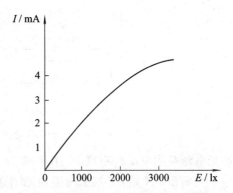

图 4 - 107　硫化镉光敏电阻的光照特性

2. 光敏晶体管

光敏晶体管通常指光敏二极管和光敏三极管，它们的工作原理也是基于内光电效应，它们和光敏电阻的差别仅在于光线照射在半导体 PN 结上，PN 结参与了光电转换过程。光敏二极管的结构和普通二极管相似。

光敏三极管是在光敏二极管的基础上发展起来的光电器件，它有两个 PN 结，因而可以获得电流增益，其伏安特性如图 4 - 108 的第一、三象限的曲线所示，它比光敏二极管具有更高的灵敏度，同时它本身具有放大功能。

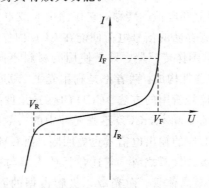

图 4 - 108　光敏三极管的伏安特性

3. 光生伏特效应

光生伏特效应是光照引起 PN 结两端产生电动势的效应。当 PN 结两端没有外加电场时，在 PN 结势垒区内仍然存在着内建结电场，其方向是从 N 区指向 P 区。当光照射到结区时，光照产生的电子-空穴对在结电场作用下，电子被推向 N 区，空穴被推向 P 区；电子在 N 区积累和空穴在 P 区积累使 PN 结两边的电位发生变化，PN 结两端出现一个因光照而产生的电动势，这一现象称为光生伏特效应。由于光生伏特效应可以像电池那样为外电路提供能量，因此常称为光电池。

光电池(photocell)与外电路的连接方式有两种(见图 4 - 109)：一种是把 PN 结的两端通过外导线短接，形成流过外电路的电流，这电流称为光电池的输出短路电流(I_L)，其大小与光强成正比；另一种是开路电压输出，开路电压与光照度之间呈非线性关系，光照度大于 1000 lx 时呈现饱和特性。因此使用时应根据需要选用工作状态。

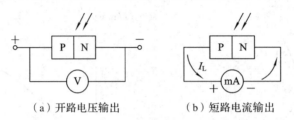

（a）开路电压输出　　　　　（b）短路电流输出

图 4 - 109　光电池与外电路的连接方式

硅光电池是用单晶硅制成的。在一块 N 型硅片上用扩散方法渗入一些 P 型杂质，从而形成一个大面积 PN 结，P 层极薄能使光线穿透到 PN 结上。硅光电池也称硅太阳能电池，为有源器件，它轻便、简单，不会产生气体污染或热污染，特别适用于宇宙飞行器作仪表电源。硅光电池转换效率较低，适宜在可见光波段工作。

4. CCD/CMOS 图像传感器

CCD 是电荷耦合器件(Charge Coupled Device)的缩写，目前应用最多的是在数码相机上作为数字成像器件。近年来，利用光电成像器件构成图像传感器进行光学图像处理与图像测量已成为现代光学仪器、现代测控技术的重要发展方向。电荷耦合器件广泛应用于遥感、遥测技术、图形图像测量技术和监控工程等，成为现代科学技术的重要组成部分，它的突出特点是以电荷作为信号，而不同于其他大多数器件是以电流或者电压为信号。所以 CCD 的基本功能是电荷的存储和电荷的转移，它存储由光或电激励产生的信号电荷，当对它施加特定时序的脉冲时，其存储的信号电荷便能在 CCD 内作定向传输。

CMOS 和 CCD 一样也是图像传感器，只是使用的材料不同，CCD 由光电耦合器件构成，而 CMOS 由金属氧化物器件构成。两者都是利用光敏二极管结构感受入射光并转换为电信号，主要区别在于读出信号所用的方法。CCD 的感光元件除了光敏二极管之外，还包括一个用于控制相邻电荷的存储单元，CCD 感光元件中的有效感光面积较大，在同等条件下可接收到较强的光信号，对应的输出电信号也更明晰。而 CMOS 感光元件的构成就比较复杂，除处于核心地位的光敏二极管之外，它还包括放大器与模数转换电路，每个像点的构成为一个光敏二极管和三个晶体管，而光敏二极管占据的面积只是整个元件的一小部分，造成 CMOS 传感器的有效感光区域比较小。所以，在接收同等光照及元件大小相同的情况下，CMOS 感光元件所能捕捉到的光信号就明显小于 CCD 元件，捕捉到的图像内容也不如 CCD 丰富，噪声较明显。但是随着 CMOS 技术的发展，器件特性也逐渐提高。

CCD 的工作过程主要包括信号电荷的产生、存储、输出三步。首先，由 CCD 中的众多光敏像元，在衬底和金属电极间偏置电压作用下，每个像元形成一个 MOS 电容器。当光线投射到 MOS 电容器上时，光子穿过透明电极及氧化层，进入 P 型 Si 衬底，衬底中处于价带的电子将吸收光子的能量而跃入导带，产生光电荷。随后，当光子进入衬底时产生的电子跃迁形成电子-空穴对，电子-空穴对在外加电场的作用下，分别向电极的两端移动，这就是信号电荷。加在 CCD 所有电极上的电压，使每个电极下面都有一定深度的势阱。这些信号电荷储存在由电极形成的"势阱"中。当某一像素上的电压下降时，"势阱"深度下降，电荷就像水一样向更深的"势阱"中流动，如果依次增加与降低相邻电荷上的偏置电压，电荷就可完成按一定顺序的转移过程，比如从左向右的转移。彩色 CCD 中采用三相时钟驱动分别移动红、绿、蓝三种颜色的电荷信号。

4.9.4　常见光电传感器的应用举例

1. 光电式带材跑偏检测器

带材跑偏检测器用来检测带形材料在加工中偏离正确位置的大小及方向，从而为纠偏控制电路提供纠偏信号，主要用于印染、送纸、胶片、磁带生产过程中。光电式带材跑偏检测器原理如图 4-110 所示，光源发出的光线经过透镜 1 会聚为行光束，投向透镜 2，随后被会聚到光敏电阻上。在平行光束到达透镜 2 的途中，有部分光线受到被测带材的遮挡，使传到光敏电阻的光通量减少。

图 4-111 为带材跑偏检测器测量电路简图。R_1、R_2 是同型号的光敏电阻。R_1 作为测量元件装在带材下方，R_2 用遮光罩罩住，起温度补偿作用。当带材处于正确位置（中间位）时，由 R_1、R_2、R_3、R_4 组成的电桥平衡，使放大器输出电压 U_o 为 0。当带材左偏时，遮光面积减少，光敏电阻 R_1 阻值减少，电桥失去平衡，差动放大器将这一不平衡电压加以放大，输出电压为负值，它反映了带材跑偏的方向及大小。反之，当带材右偏时，U_o 为正值。输出信号 U_o 一方面由显示器显示出来，另一方面被送到执行机构，为纠偏控制系统提供纠偏信号。

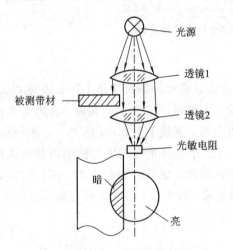

图 4-110　带材跑偏检测器工作原理

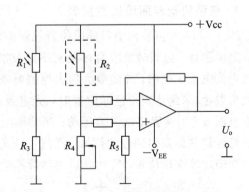

图 4-111　带材跑偏检测器测量电路

2. 包装充填物高度检测

用容积法计量包装的成品，除了对重量有一定误差范围要求外，一般还对充填高度有一定的要求，以保证商品的外观质量，不符合充填高度的成品将不许出厂。如图 4-112 所示为借助光电检测技术控制充填高度的原理。当充填高度 h 偏差太大时，光电接头没有电信号，即由执行机构将包装物品推出进行处理。

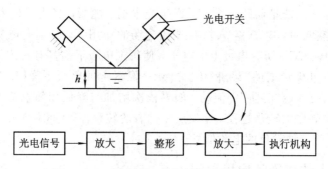

图 4-112　利用光电检测技术控制充填高度

3. 光电色质检测

图 4-113 为包装物料的光电色质检测原理。若包装物品规定底色为白色，因质量不佳，有的出现泛黄，在产品包装前先进行光电色质检测，物品泛黄时就有比较电压差输出，接通电磁阀，由压缩空气将泛黄物品吹出。

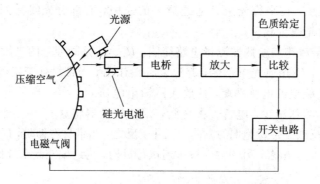

图 4-113　包装物料的光电色质检测原理

4. 包装机塑料薄膜位置控制

图 4-114 为包装机塑料薄膜位置控制系统原理。成卷的塑料薄膜上印有商标和文字，并有定位色标。包装时要求商标及文字定位准确，不得将图案在中间切断。薄膜上商标的位置由光电系统检测，并经放大后去控制电磁离合器。薄膜上色标(不透光的一小块面积，一般为黑色)未到达定位色标位置时，光电系统因投光器的光线能透过薄膜而使电磁离合器有电而吸合，薄膜得以继续运动；当薄膜上的色标到达定位色标位置时，因投光器的光线被色标挡住而发出到位的信号，此信号经光电变换、放大后，使电磁离合器断电脱开，薄膜就准确地停在该位置，待切断后再继续运动。

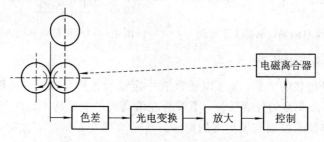

图 4-114　薄膜位置控制系统示意图

当薄膜上的色标未到达光电管时，光电继电器线圈无电流通过，伺服电机转动，带动薄膜继续前进。当色标到达光电管位置时，光电继电器线圈有电流，伺服电机立即停转，因而薄膜就停在那个位置。当切断动作完成后，又使伺服电机继续转动，如图 4-115 所示。

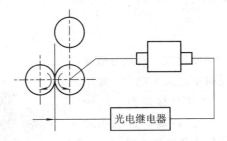

图 4-115　薄膜位置控制示意图

5. 其他方面的应用

利用光电开关还可以进行产品流水线上的产量统计、对装配件是否到位及装配质量进行检测，例如灌装时瓶盖是否压上、商标是否漏贴（见图 4-116），以及送料机构是否断料（见图 4-117）等。

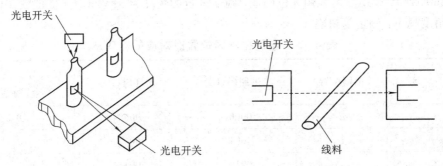

图 4-116　瓶子灌装检测示意图　　　　图 4-117　送料机构检测示意图

此外，利用反射式光电传感器可以检测布料的有无和宽度。利用遮挡式光电传感器检测布料的下垂度，其结果可用于调整布料在传送中的张力。利用安装在框架上的反射式光电传感器可以发现漏装产品的空箱，并利用油缸将空箱推出。

4.10　数字式传感器

数字式传感器能够直接将非电量转换为数字量，这样就不需要 A/D 转换，可以直接用数字显示，提高测量精度和分辨率，并且易于与微机连接，也提高了系统的可靠性。此外，数字式传感器还具有抗干扰能力强、适宜远距离传输等优点。

数字式传感器按结构形式可分为直线式和旋转式两类，前者用于测量线位移，后者用于测量角位移。旋转式编码器是测量角位移的最直接和最有效的数字式传感器，按工作原理可分为脉冲盘式编码器（增量编码器）和码盘式编码器（绝对编码器）两大类。增量编码器的输出是一系列脉冲，需要一个计数装置对脉冲进行累计计数，一般还需要一个零位基准，才能完成角位移的测量。绝对编码器能直接将角度变为某种码制的数码输出。

4.10.1　码盘式编码器

码盘式编码器按结构可分为接触式、光电式和电磁式编码器三种，后两种为非接触式编码器。

1. 接触式编码器

接触式编码器由码盘和电刷组成，码盘与被测的旋转轴相连，沿码盘的径向安装几个电刷，每个电刷分别与码盘上的对应码道直接接触。如图4-118所示为一个接触式四位二进制码盘的示意图。涂黑部分是导电区，所有导电部分连接在一起接高电位，代表"1"；空白部分表示绝缘区低电位，代表"0"。四个电刷沿一固定的径向安装，即每圈码道上都有一个电刷，电刷经电阻接地。当码盘与轴一起转动时，电刷上将出现相应的电位，对应一定的数码，如表4-3所示。图4-118中表示的是四个码道，称为四位码盘，能分辨的角度为 $a=360°/2^4=22.5°$。若采用 n 位码盘，则能分辨的角度为 $a=360°/2^n$。位数 n 越大，能分辨的角度越小，测量越精确。

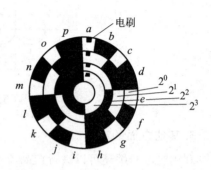

图4-118　接触式四位二进制码盘示意图

表4-3　电刷在不同位置时对应的数码

角　　度	电刷位置	二进制码（C）	循环码（R）	对　　应 十进制数
0	a	0000	0000	0
a	b	0001	0001	1
$2a$	c	0010	0011	2
$3a$	d	0011	0010	3
$4a$	e	0100	0110	4
$5a$	f	0101	0111	5
$6a$	g	0110	0101	6
$7a$	h	0111	0100	7
$8a$	i	1000	1100	8
$9a$	j	1001	1101	9
$10a$	k	1010	1111	10
$11a$	l	1011	1110	11
$12a$	m	1100	1010	12
$13a$	n	1101	1011	13
$14a$	o	1110	1001	14
$15a$	p	1111	1000	15

　　二进制码盘很简单，但在实际应用中，对码盘的制作和电刷的安装要求十分严格，否则就会出错。例如，在如图 4-118 所示位置，23 码道上的电刷（称电刷 3），在安装时稍向逆时针方向偏移，则当码盘随轴作顺时针方向旋转时，输出本应由数码 00 转换到 1111，但现在电刷 3 接触导电部分早了些，因而先给出数码 1000，相当于 i 位置输出的数码，这是不允许的，应避免发生。一般称这种错误为非单值性误差。为了消除非单值性误差，应用最广的方法是采用循环码代替二进制码。循环码的特点是相邻的两个数码间只有一

图 4-119　四位循环码盘

位是变化的，它能较有效地克服由于制作和安装不准而带来的误差。因为当一个代码变为相邻的另一个代码时，可以降低代码在变化时产生错误的概率，还可以避免错一位数码而产生大的数值误差。图 4-119 是一个四位的循环码盘。循环码和二进制码及十进制数的对应关系如表 4-3 所示，这是十进制数 0～15 之间的关系。

　　因为采用循环码时直接译码有困难，所以一般总是把它译为二进制码。这种译码电路有并行和串行两种。图 4-120 为并行译码电路，此图以四位数码为例。图 4-120 中循环码最高位接 R_1，其余依次接 R_2～R_4，输出端 C_1 为二进制码最高位，C_2～C_4 依次为各低位。并行译码电路需用元件稍多，但转换速度快。如果采用串行读数，可用如图 4-121 所示的串行译码电路。图 4-121 中用一个 JK 触发器和四个与非门构成不进位的加法电路，R_1～R_4 代表循环码的最高位至最低位依次输入端，C_1～C_4 代表二进制的最高位至最低位顺序输出端。串行译码电路是从循环码的高位读起，边读边译，不限制位数，这里 R 只是以四位为例。串行译码电路需用元件较少，但转换速度不如并行译码电路。

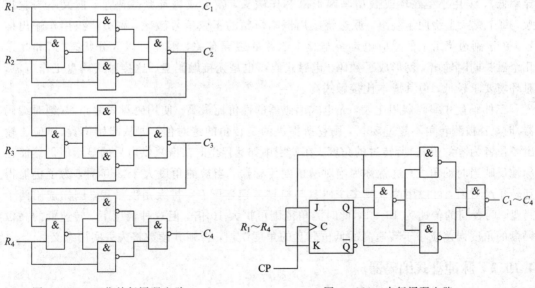

图 4-120　四位并行译码电路　　　　　　图 4-121　串行译码电路

　　接触式码盘的优点是简单、输出信号功率大；但它的电刷和铜箔靠接触导电，不够可靠、寿命短、转速不能太高。

2. 光电式编码器

光电式编码器是在自动测量和自动控制中用得较多的一种数字编码器，它采用非接触式测量，寿命长、可靠性高、测量精度和分辨力能达到很高水平。我国已有 16 位光电式编码器，其分辨力达到 $360°/2^{16}$，约 $20''$。

光电式码盘由光学玻璃制成，其上有代表一定编码（多采用循环码）的透明和不透明区，码盘上码道的条数就是数码的位数，对应每一码道有一个光敏元件。图 4 - 122 是光电码盘式编码器示意图，来自光源（多采用发光二极管）的光束，经聚光镜射到码盘上，光束通过码盘进行角度编码，再经窄缝射入光电元件（多为硅光电池或光敏晶体管）组，光电元件组给出与角位移相对应的编码信号。光路上的窄缝是为了提高光电转换效率。与其他编码器一样，光电码盘的精度决定了光电式编码器的精度。为此，不仅要求码盘分度精确，而且要求其透明区和不透明区的转接处有陡峭的边缘，以减小逻辑"1"和"0"相互转换时，在敏感元件中引起的噪声。光电编码器的缺点是结构复杂、光源寿命较短。

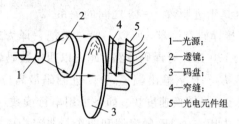

1—光源；
2—透镜；
3—码盘；
4—窄缝；
5—光电元件组

图 4 - 122　光电码盘式编码器示意图

3. 电磁式编码器

电磁式编码器是在圆盘上按一定的编码图形，做成磁化区（磁导率高）和非磁化区（磁导率低），采用小型磁环或微型马蹄形磁芯作磁头，磁头或磁环紧靠码盘，但又不与它接触，每个磁头上绕两组绕组，原边绕组用恒幅恒频的正弦信号激磁，副边绕组用作输出信号，由于副边绕组上的感应电动势与整个磁路的磁导有关，因此可以区分状态"1"和"0"。几个磁头同时输出，就形成了数码。电磁式码盘也是无接触码盘，比接触式码盘工作可靠，对环境要求较低，但其成本比接触式高。

三种码盘式编码器相比较，光电式编码器的性价比最高。使用码盘式编码器（绝对编码器）时，若被测转角不超过 360°，则它所提供的是转角的绝对值，即从起始位置（对应于输出各位皆为零的位置）所转过的角度。在使用中如遇停电，在恢复供电后的显示值仍然能正确地反映当时的角度，这就称为绝对型角度传感器。当被测角度大于 360°时，为了仍能得到转角绝对值，可以用两个或多个码盘与机械减速器配合，扩大角度量程，例如选用两个码盘，两者间的传速为 10∶1，此时测角范围可扩大 10 倍。但这种情况下，转速低的高位码盘的角度误差应小于转速高的低位码盘的角度误差，否则其读数将失去实用意义。

4.10.2　脉冲盘式编码器

脉冲盘式编码器（增量编码器）不能直接产生 n 位的数码输出，当盘转动时可产生串行光脉冲，用计数器将脉冲数累加起来就可反映转过的角度大小，但遇停电，就会丢失累加的脉冲数，必须有停电记忆措施。

1. 结构和工作原理

脉冲盘式编码器是在圆盘上开有两圈相等角矩的缝隙,外圈(A)为增量码道,内圈(B)为辨向码道,内、外圈的相邻两缝隙之间的距离错开半条缝宽,另外,在内、外圈之外的某一径向位置,也开有一缝隙,表示码盘的零位。在开缝圆盘两边分别安装光源及光敏元件,其示意图如图 4-123 所示。当码盘随被测工作轴转动时,每转过一个缝隙就发生一次光线明暗的变化,通过光敏元件产生一次电信号的变化,所以每圈码道上的缝隙数将等于其光敏元件每一转输出的脉冲数。利用计数器计取脉冲数,就能反映码盘转过的角度。

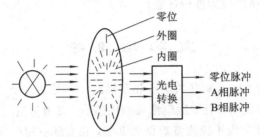

图 4-123　脉冲盘式编码器示意图

2. 旋转方向的判别

为了判别码盘的旋转方向,可以采用如图 4-124(a)所示的辨向原理框图来实现,如图 4-124(b)所示是它的波形图。

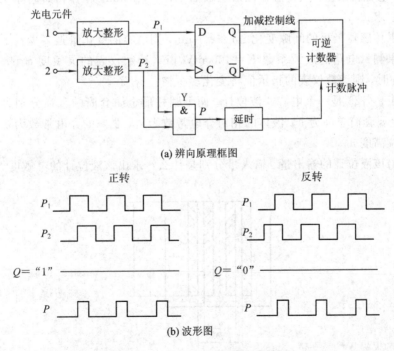

(a) 辨向原理框图

(b) 波形图

图 4-124　辨向环节原理图和波形图

光电元件 1 和光电元件 2 的输出信号经放大整形后,产生矩形脉冲 P_1 和 P_2,它们分别接到 D 触发器的 D 端和 C 端,D 触发器在 C 脉冲(即 P_2)的上升沿触发。当正转时,设光电元件 1 比光电元件 2 先感光,即脉冲 P_1 超前脉冲 P_2 90°,D 触发器的输出 $Q=1$,使可逆计数器的加减控制线为高电位，计数器将作加法计数。同时 P_1 和 P_2 又经与门 Y 输出脉冲 P，经延时电路送到可逆计数器的计数输入端，计数器进行加法计数。当反转时，P_2 超前 P_1 90°，D 触发器输出 Q＝0，计数器进行减法计数。设置延时电路的目的是等计数器的加减信号抵达后，再送入计数脉冲，以保证不丢失计数脉冲。零位脉冲接至计数器的复位端，使码盘每转动一圈计数器复位一次。这样不论是正转还是反转，计数码每次反映的都是相对于上次角度的增量，所以称为增量式编码器。增量式编码器的最大优点是结构简单，它除可直接用于测量角位移外，还常用来测量转轴的转速。例如测量平均转速，就可以在给定的时间间隔内对编码器的输出脉冲进行计数。

复习与思考

4.1 应变片有哪两类？有哪些共同点和不同点？

4.2 应变片是一种使用方便、适应性强的传感器，在力学量的测量中得到了广泛的应用。但它受温度影响很大，为了使测量数据更真实，在实际应用中应该采取哪些措施？

4.3 有一钢板，原长 $L＝1$ m，截面为 1 cm×10 cm，钢板的弹性模量 $E＝2.1×10^6$ kg/cm²(1 kg/cm²＝ 98.07×10⁵ Pa)。在力 F 的作用下拉伸，使用箔式应变片($R＝120$ Ω，灵敏度 $S＝2$)，测出应变片的电阻变化量为 0.3 Ω，求钢板的伸长量 ΔL 和力 F 的大小。

4.4 一电容测微仪，其传感器圆形极板的半径 $r＝4$ mm，工作初始间隙 $\delta_0＝0.3$ mm，介质为空气。求：

(1) 如果传感器极板的间隙变化 $\Delta\delta＝\pm1$ μm，则电容的变化量是多少？

(2) 如果测量电路的放大系数 $K＝100$ mV/pF，读数仪表的灵敏度 $S＝5$ 格/mV，当 $\Delta\delta＝\pm1$ μm 时，则读数仪表的指示值将变化多少格？

4.5 图 4-125 是一个电容式液位计。两个圆柱形金属套筒的直径分别为 d 和 D，液位高为 h，金属套筒总高为 L，液体的相对介电常数为 ε_1，真空的介电常数为 ε_0。求：

(1) 液位高度 h；

(2) 指出该液位计的输出量、输入量分别是什么？求出该液位计的灵敏度 S。

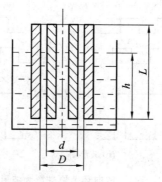

图 4-125 题 4.5 图

4.6 铂电阻是目前使用较多的一种传感器，但是它存在自热温升，采用哪些措施可以减小自热温升的影响，提高测量精度？

4.7　压电晶片的输出特性是什么？对前置放大器有什么要求？能否用压电式传感器测量静态特征信号或变化缓慢的信号？为什么？

4.8　压电式传感器的前置放大器有哪两种形式？分析它们各自的特点。

4.9　已知磁电式传感器线圈直径 $D=25$ mm，气隙磁感应强度 $B=6000$ T，灵敏度 $S=600$ mV/(cm/s)，求线圈匝数 N。

4.10　热电偶的测量原理是什么？当参考端温度 T_0 变化时，测得的热电势会有什么样的变化？由此得到的温度是否代表实际测得的温度？

第5章 测试信号调理与记录

当被测物理量经过传感环节被转换为电阻、电容、电感等电参量的变化时,在测量过程中不可避免地遭受各种内、外干扰因素的影响;同时,为了将信号输入计算机(进行进一步处理或驱动显示、记录)和控制装置,经传感后的信号一般需要经过调理、放大、滤波等进一步的加工处理,以抑制干扰噪声、提高信噪比,便于后续的传输和处理。信号转换与调理涉及的范围很广,本章将仅讨论常用的处理环节如电桥、信号的调制与解调、信号的放大与滤波及信号的显示与记录。

5.1 电 桥

电桥是将电阻、电容、电感等参数的变化转换为电压或电流输出的一种测量电路。由于电桥电路简单可靠,具有很高的精度和灵敏度,所以被广泛用作仪器的测量电路。

按照电桥激励电源的种类不同,电桥可分为直流电桥和交流电桥;按照电桥的工作原理不同,可分为归零法和偏值法两种,以偏值法的应用更广泛。

5.1.1 直流电桥

直流电桥是由四个首尾串联的桥臂组成,每个桥臂由电阻构成,在电桥的任一对角线两端如 A、C 端接入直流电源 E(激励电源),输出信号 U_o 则接入另一对角线两端 B 和 D 上,如图 5-1 所示。

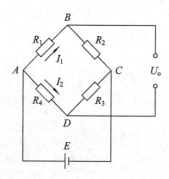

图 5-1 直流电桥结构形式

1. 直流电桥的工作原理

直流电桥工作原理是利用四个桥臂中的一个或数个阻值变化而引起电桥输出电压的变化。为简化计算,电桥测量之前通常需要对电桥进行调平衡,即使得电桥输出为零。

由图 5-1 可以看出,当输出端后接输入阻抗较大的仪表或电路时,可视为负载为无穷

大，即输出可视为开路，此时，输出电流为零，则电桥的输出电压为

$$U_o = U_{BD} = U_{AB} - U_{AD} = I_1 R_1 - I_2 R_4 = \frac{R_1}{R_1 + R_2} \cdot E - \frac{R_4}{R_3 + R_4} \cdot E$$

$$= \frac{R_1 R_3 - R_2 R_4}{(R_1 + R_2)(R_3 + R_4)} \cdot E \tag{5-1}$$

由式(5-1)可得，要使输出电压 U_o 为零，即电桥平衡，则应满足

$$R_1 R_3 = R_2 R_4 \tag{5-2}$$

式(5-2)为直流电桥的平衡公式。由式(5-1)可以看出，任一桥臂的电阻或数个桥臂的阻值发生变化而使电桥的平衡不成立时，均可引起电桥输出电压的变化。

常用的电桥连接形式有半桥单臂、半桥双臂和全桥连接，如图5-2所示。

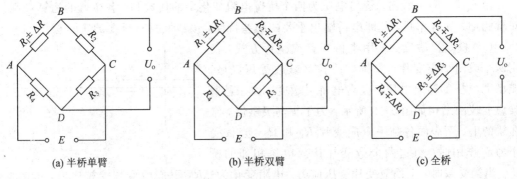

(a) 半桥单臂　　　　　　(b) 半桥双臂　　　　　　(c) 全桥

图 5-2　直流电桥的连接方式

图 5-2(a)为半桥单臂连接方式，当电桥工作时仅有一个桥臂电阻如 R_1 随着被测量而变化，若其变化量为 ΔR，则此时输出电压 U_o 为

$$U_o = \left(\frac{R_1 + \Delta R}{R_1 + R_2 + \Delta R} - \frac{R_4}{R_3 + R_4} \right) \cdot E \tag{5-3}$$

实践中，常常采用等臂电桥，即 $R_1 = R_2 = R_3 = R_4 = R$，则式(5-3)变为

$$U_o = \frac{\Delta R}{4R + 2\Delta R} \cdot E \tag{5-4}$$

一般来说，$\Delta R \ll R$，则式(5-4)变为

$$U_o \approx \frac{\Delta R}{4R} \cdot E \tag{5-5}$$

即电桥输出电压 U_o 与激励电压 E 成正比，与桥臂阻值变化 ΔR 近似呈线性关系。

同理，图 5-2(b)为半桥双臂的连接方式，工作时有两个相邻的桥臂阻值随着被测量的变化而变化，且满足 $\Delta R_1 = \Delta R_2$，则电桥的输出为

$$U_o = \frac{\Delta R}{2R} \cdot E \tag{5-6}$$

而图 5-2(c)为全桥的连接方式，四个桥臂阻值都随着被测量的变化而变化，且满足 $\Delta R_1 = \Delta R_2 = \Delta R_3 = \Delta R_4$，则电桥的输出为

$$U_o = \frac{\Delta R}{R} \cdot E \tag{5-7}$$

若四个桥臂的阻值变化同向，即 $R_1 + \Delta R_1$、$R_2 + \Delta R_2$、$R_3 + \Delta R_3$、$R_4 + \Delta R_4$，当 $R_1 = R_2 = R_3 = R_4 = R$，且 $\Delta R \ll R$ 时，则此时的输出电压为

$$U_o = \frac{1}{4}\left(\frac{\Delta R_1}{R} - \frac{\Delta R_2}{R} + \frac{\Delta R_3}{R} - \frac{\Delta R_4}{R}\right) \cdot E \qquad (5-8)$$

2. 电桥的工作特性

1) 电桥的灵敏度

定义电桥的灵敏度为 $S = \frac{\Delta U}{\Delta R}$（或 $S = \frac{\Delta U}{\Delta R / R} = \frac{\Delta U}{\varepsilon}$），则不同的接桥方式具有不同的灵敏度。由式(5-5)～式(5-7)可以看出，参与测量的桥臂数越多，电桥的灵敏度越高，因此，只要情况允许，应尽量采用半桥双臂或全桥方式工作。

2) 电桥的和差特性

由式(5-8)可看出，输出电压为四个桥臂电阻变化率的代数和，各桥臂的运算规则是：对臂相加、邻臂相减，此即电桥输出重要的和差特性，该特性具有重要的实际意义。

(1) 提高灵敏度。采用半桥双臂或全桥方式，使用两个或四个应变片，安排好受拉区域或受压区域，能增大电桥的输出电压，提高电桥灵敏度。如一悬臂梁应变仪的结构如图5-3所示，为了提高灵敏度，常在梁的上、下表面各贴一个应变片 R_1 和 R_2，当仅受压力 F 作用时，将这两个应变片接入电桥相邻的桥

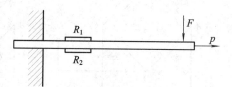

图5-3 悬臂梁应变仪结构

臂。当梁受载时，上面应变片受压应力，电阻变化为 ΔR，下面应变片受拉应力，电阻变化为 $-\Delta R$，它们各自产生的电压输出相减，此时电桥的输出最大。

(2) 实现温度补偿。如图5-3所示，若 R_1、R_2 为相同的应变片，悬臂梁上仅 R_1 是工作应变片，仅受压力 F 作用；R_2 为补偿块，粘贴在与悬臂梁材料相同、环境温度相同(即 R_1 附近)，但不受力的补偿块上。设电桥工作中，温度引起的应变片阻值变化为 $\Delta R_温$，应变引起的输出为 ΔR_1，R_1、R_2 处于同一温度场，且为相邻臂，则输出电压 U_o 为

$$U_o = \frac{1}{4}\left(\frac{\Delta R_1 + \Delta R_温}{R} - \frac{\Delta R_温}{R}\right) \cdot E = \frac{1}{4}\frac{\Delta R_1}{R} \cdot E \qquad (5-9)$$

可见，电桥输出电压仅与工作应变片 R_1 的应变有关，与温度无关，从而达到温度补偿的目的。显然，全桥接法也可实现温度自动补偿。

(3) 消除非测量载荷的影响。如图5-3所示，悬臂梁若受到压力 F 和拉力 p 的作用，则 R_1、R_2 感受到的应变分别为

$$\frac{\Delta R_1}{R_1} = \frac{\Delta R_p}{R} + \frac{\Delta R_F}{R}, \quad \frac{\Delta R_2}{R_2} = \frac{\Delta R_p}{R} - \frac{\Delta R_F}{R}$$

式中：ΔR_p 为拉力 p 引起应变片阻值的变化；ΔR_F 为压力 F 引起应变片阻值的变化。

若将 R_1、R_2 接入电桥的对臂上，有

$$U_o = \frac{1}{2}\frac{\Delta R_P}{R} \cdot E \qquad (5-10)$$

输出电压与压力 F 无关，即与弯矩无关，从而达到了消除弯矩影响的目的。

同理，若将 R_1、R_2 接入电桥的邻臂上，则达到测量弯矩而消除拉载荷影响的目的。

3) 提高供桥电压来提高输出电压和灵敏度

提高供桥电压可增加电桥的输出，但会受到应变片额定功率的限制，使用中可选用串

联的方法增加桥臂阻值，来提高供桥电压。

直流电桥采用直流电源作为激励，稳定性高，电压输出也是直流量，可直接用仪表测量，精度高。电桥的平衡电路，有以下几种配置方式，如图 5-4 所示。可以看出，无论是串联、并联还是差动方式，其调整实质是通过调节桥臂的电阻值来达到电桥的平衡，实现起来也较容易。

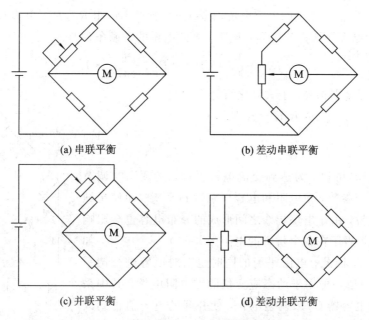

(a) 串联平衡　　　　　　　　　(b) 差动串联平衡

(c) 并联平衡　　　　　　　　　(d) 差动并联平衡

图 5-4　直流电桥平衡调节的配置方式

然而，由于直流电桥容易引入工频干扰，后续进行直流放大器的放大电路较复杂，易受零漂和接地电位的影响，因此，直流电桥较适合于静态量的测量。

5.1.2　交流电桥

交流电桥的电路结构与直流电桥相似，不同处为激励电源为交流电源，桥臂可以是电阻、电感或电容，如图 5-5 所示。图中，用 $Z_1 \sim Z_4$ 来表示四个桥臂的交流阻抗。

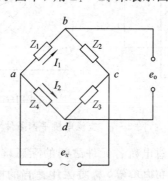

图 5-5　交流电桥结构

由图 5-5 可得，交流电桥的平衡条件是

$$Z_1 Z_3 = Z_2 Z_4 \tag{5-11}$$

其中，$Z_i = |Z_i|e^{j\varphi_i}$，其中 $|Z_i|$ 为复数的模，φ_i 为复数阻抗的阻抗角。将 $Z_i = |Z_i|e^{j\varphi_i}$ 带入式 (5-11) 可得交流电桥的平衡条件是

$$\begin{cases} |Z_1 Z_3| = |Z_2 Z_4| \\ \varphi_1 + \varphi_3 = \varphi_2 + \varphi_4 \end{cases} \qquad (5-12)$$

相对桥臂阻抗模的乘积相等，阻抗角的和相等。

如图 5-6 所示是常见的电容电桥，其中四个桥臂为电阻 R_2、R_3，电容 C_1、C_4，而电阻 R_1、R_4 可视为电容介质损耗的等效电阻，则此电桥的平衡条件有

$$\left[R_1 + \frac{1}{j\omega C_1} \right] \cdot R_3 = \left[R_4 + \frac{1}{j\omega C_4} \right] \cdot R_2$$

根据实部、虚部分别相等，上式可化简为

$$\begin{cases} R_1 R_3 = R_2 R_4 \\ \dfrac{R_3}{C_1} = \dfrac{R_2}{C_4} \end{cases} \qquad (5-13)$$

由式 (5-13) 可得，为达到交流电桥平衡，必须同时调节电容与电阻两个参数，使电阻和电容分别达到平衡。即使是纯电阻的交流电桥，由于电桥导线之间形成的分布电容也会影响桥臂阻抗值，相当于在各个桥臂的电阻上并联了一个电容，如图 5-7(a) 所示，因此，电阻平衡的同时也需对电容进行调平衡。图 5-7(b) 是一种用于动态应变仪的纯电阻电桥，其中采用差动可变的电容器 C_2 来调整电容，使并联的电容值得到改变，来实现电桥电容的平衡。

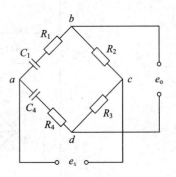

图 5-6　电容电桥结构

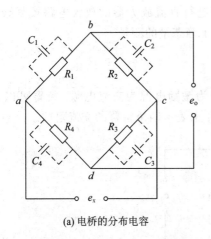

(a) 电桥的分布电容

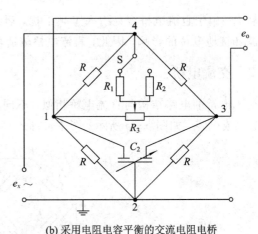

(b) 采用电阻电容平衡的交流电阻电桥

图 5-7　交流电桥平衡条件

当使用交流电桥时，需注意电桥各元件之间的互感耦合、无感电阻的残余电抗、泄露电阻、元件间及元件对地的分布电容等，需要采用适当的措施消除或减小影响。另外，也要求交流电桥的激励电源的电压波形和频率具有一定的稳定性，电源频率大多采用 5~10 kHz 的音频交流电源，电桥不易受到工频干扰，后接交流放大电路较简单，没有零漂的问题。

5.1.3　变压器电桥

变压器电桥是将变压器中感应耦合的两线圈绕组作为电桥的桥臂，如图 5-8 所示是其常用的两种形式。如图 5-8(a)所示为电感比较仪中电桥，其中感应耦合绕组 W_1、W_2（为变压器副边，其阻抗为 Z_1、Z_2）与 Z_3、Z_4 组成电桥，其平衡条件为 $Z_1 Z_3 = Z_2 Z_4$，当任一桥臂阻抗有变化时，电桥有电压输出。图 5-8(b)为变压器的原边绕组 W_1、W_2 与 Z_3、Z_4 组成的电桥，此电桥平衡时，绕组 W_1、W_2 中两磁通大小相等，方向相反，激磁效应互相抵消，因此变压器副边绕组中无感应电势输出，当变压器中铁芯位置改变时，电桥有电压输出。

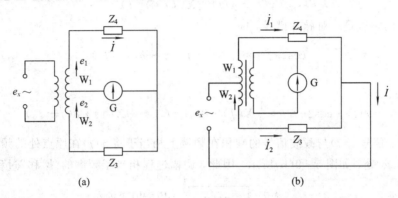

(a)　　　　　　　　　　　　　　　　(b)

图 5-8　变压器电桥

以上两种变压器的电桥也被称为差动变压器式传感器，通过移动敏感元件铁芯的位置，将位置的变化转换为绕组间互感的变化，通过电桥进一步转换为电压或电流量输出。与普通电桥相比，变压器电桥具有较高的测量精度和灵敏度，且性能也较稳定，在非电量测量中得到广泛的应用。

5.2　信号的调制与解调

工程测量过程中常常会碰到力、位移、温度等一些变化缓慢的量，经传感器变换后的输出信号也是一些低频的电信号。如果直接采用直流放大，常常会带来零漂和级间耦合等问题，造成信号的失真。因此通常首先将这些低频信号通过调制的手段变成高频信号，然后可采取简单的交流放大器进行放大，最后采取解调的方法还原原来的缓变信号。另外，在无线电技术中，为了防止发射的信号（如各电台发射的无线电波）间的相互串扰，采用调制解调技术，将需发送的声频信号的频率移至各自被分配的高频、超高频频段上进行传输与接收。

所谓调制，是指利用某种低频信号来控制或改变高频振荡信号的某个参数（幅值、频率或相位）的过程。控制高频振荡信号的低频信号称为调制波，高频振荡信号称为载波，将经过调制后所得的高频振荡波称为已调制波。根据载波受调制的参数不同，调制可分为调幅（AM）、调频（FM）和调相（PM）。当被控制的量是高频信号的幅值时，称为幅值调制或调幅；当被控制的量为高频信号的频率时，称为频率调制或调频；而当被控制的量为高频信号的相位时，称为相位调制或调相。

解调是从已调制波中恢复出原有低频调制信号的过程。调制与解调是一对信号变换过程，在工程上常常结合在一起使用。

5.2.1 幅值调制与解调

1. 幅值调制

幅值调制是将一个高频载波信号与被测信号（调制信号）相乘，使载波信号的幅值随着被测信号的变化而变化。如图 5 - 9 所示，$x(t)$ 为被测信号，$y(t) = \cos 2\pi f_0 t$ 为高频载波信号，已调制信号 $x_m(t) = x(t) \cdot \cos 2\pi f_0 t$，将信号进行傅里叶变换可知：两信号在时域中的相乘对应于在频域中的卷积，即

$$x(t) \cdot y(t) \Rightarrow X(f) * Y(f)$$

而余弦信号的频域是一对脉冲谱线，即

$$\cos 2\pi f_0 t \Rightarrow \frac{1}{2}\delta(f - f_0) + \frac{1}{2}\delta(f + f_0)$$

则有

$$x(t) \cdot \cos 2\pi f_0 t \Rightarrow \frac{1}{2}X(f) * \delta(f - f_0) + \frac{1}{2}X(f) * \delta(f + f_0)$$

由上式可知，信号 $x(t)$ 与载波信号的乘积在频域上相当于将 $x(t)$ 在原点处的频谱图形搬移至载波频率 f_0 处，如图 5 - 9(b) 所示。因此，调幅过程相当于频谱的"搬移"过程。

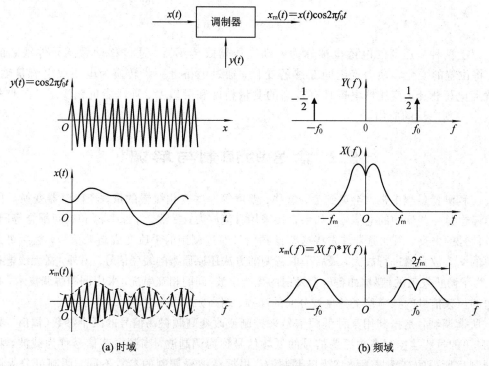

(a) 时域 (b) 频域

图 5 - 9　幅值调制原理

幅值调制装置实质上是一个乘法器，霍尔元件也是一种乘法器。在实际应用中，经常采用电桥作调制装置，将高频振荡电源供给电桥，作为载波信号，则电桥的输出便为调幅波。如图 5 - 10 所示为一应用实例，其中电桥的供电电压为 5 V，频率为 3000 Hz，被测应变量的频率变化为 0～10 Hz，即为从静态到缓变的一个范围，根据电桥的工作原理，应变

片阻值的变化使得电桥产生输出，输出电压是供电电源（载波）的电压，输出电压的幅值被应变片的阻值变化所调制，经过频谱搬移后为 2990～3010 Hz，此范围的频率信号将后接交流放大器进行处理。

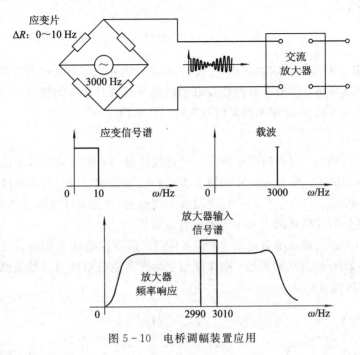

图 5 - 10　电桥调幅装置应用

2. 幅值调制的解调

幅值调制的解调常用的方法有同步解调、整流检波和相敏解调。

1）同步解调

同步解调就是将调幅波经一乘法器与原载波信号相乘，在频域上相当于频谱的再次搬移，如图 5 - 11 所示。

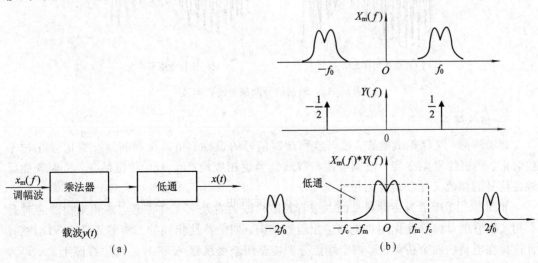

图 5 - 11　同步解调

这里"同步"指解调时所乘的信号与调制时的载波信号具有相同的频率和相位。由于载波信号的频率为 f_0，再次移频后，原信号的中心频谱图形出现在原点和 $\pm 2f_0$ 的频率处。设计一个低通滤波器将位于中心频率为 $\pm 2f_0$ 的高频成分滤去，便可恢复原信号的频谱。其中，时域分析为

$$x(t) \cdot \cos 2\pi f_0 t \cdot \cos 2\pi f_0 t = \frac{x(t)}{2} + \frac{1}{2}x(t) \cdot \cos 4\pi f_0 t \qquad (5-14)$$

由式(5-14)可知，原信号的幅值减小了一半，通过后续方法可对此进行补偿。

同步解调方法简单，但要求有性能良好的线性乘法器件，否则将引起信号失真。具体实践中，可采用 AD630 调制解调器对信号进行同步解调。

2) 整流检波

整流检波的原理是：对调制信号偏置一个直流分量 A，使得偏置后的信号具有正电压值，如图 5-12(a)所示，那么该信号调幅后得到的已调制波 $x_m(t)$ 的包络线将具有原信号的形状。对调幅波 $x_m(t)$ 作简单的整流(全波或半波整流)和滤波便可恢复原调制信号，信号在整流滤波之后仍需准确地减去所加的偏置直流电压。

整流检波的方法关键是准确地加、减偏置电压。若所加电压未能使调制信号电压都在零位的同一侧，如图 5-12(b)所示，则在调幅之后便不能简单地通过整流滤波来恢复原信号，而采用相敏解调可解决这一问题。

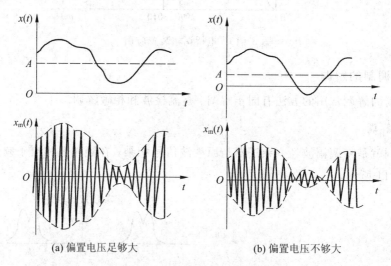

(a) 偏置电压足够大   (b) 偏置电压不够大

图 5-12　调制信号加偏置的调幅波

3) 相敏解调

相敏解调，又称相敏检波，可以鉴别调制信号的极性。相敏解调利用交变信号在过零位时正、负极性发生突变，使调幅波与载波信号也相应地产生 180°相位跳变，从而既能反映原信号的幅值又能反映其相位。

如图 5-13 所示为一种典型的二极管相敏检波装置及其工作原理，该相敏检波装置是利用二极管的单向导通作用将电路输出极性换向。四个特性相同的二极管 $VD_1 \sim VD_4$ 顺时针连接在电桥的四个桥臂上，四个端点分别接至两个变压器 A 和 B 的副边线圈上。$x(t)$ 为原始信号，变压器 A 输入调幅波信号 $x_m(t)$；变压器 B 接有参考信号(载波)$y(t)$，用作极性

识别的标准；R_1 和 C 为负载；平衡电阻 R 起限流作用，以避免二极管导通时的副边电流过大。电路设计使变压器 B 副边的输出电压大于变压器 A 副边的输出电压，以便有效控制四个二极管的导通状态。

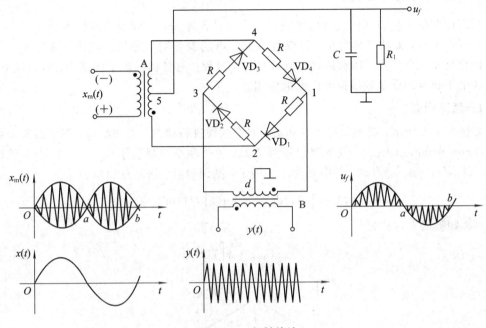

图 5-13　相敏检波

若原信号 $x(t)$ 为正，则调幅波 $x_m(t)$ 与载波 $y(t)$ 同相，如图 5-13 中 $O\sim a$ 段所示。当载波电压为正时，VD_1 导通，电流的流向是 d—1—VD_1—2—5—C—负载—地—d；当载波电压为负时，变压器 A 和变压器 B 的极性同时改变，电流的流向变为 d—3—VD_3—4—5—C—负载—地—d。若原信号 $x(t)$ 为负，则调幅波 $x_m(t)$ 与载波 $y(t)$ 相位相反，如图 5-13 中 $a\sim b$ 段所示。当载波电压为正时，变压器 B 的极性如图 5-13 所示，而变压器 A 的极性与图中相反，VD_2 导通，电流的流向是 d—地—负载—C—5—2—VD_2—3；当载波电压为负时，电流的流向是 d—地—负载—C—5—4—VD_4—3。因此可以看出，通过负载的输出电压 u_f 重现输入信号 $x(t)$ 的波形。

相敏检波的典型实例是动态应变仪，如图 5-14 所示为其结构原理图。电桥振荡器供

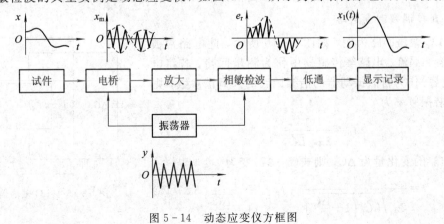

图 5-14　动态应变仪方框图

给高频振荡电压(10 kHz～15 Hz)，应变片控制电桥输出调幅波，经放大和相敏检波后再经低通滤波，最后恢复被测的信号。

5.2.2 频率调制与解调

利用调制信号控制高频载波信号频率变化的过程称为频率调制。在频率调制过程中载波幅值保持不变，即功率是常量，仅仅载波的频率随着调制信号的幅值成比例变化。由于调频较容易实现数字化，特别是调频信号在传输过程中有较强的抗干扰能力，所以在测量、通信和电子技术的许多领域得到广泛的应用。

1. 频率调制

如图 5-15 所示，调制信号为三角波，对余弦波进行调制，未调制前，等幅高频余弦信号：$x(t) = A\cos(\omega_0 t + \varphi_0)$。设调制信号为 $f(t)$，由于频率调制信号其角频率随 $f(t)$ 成线性变化，即 $\omega(t) = \omega_0 + k f(t)$，其中 k 为比例因子，则调频后，信号总相角为

$$\theta(t) = \int \omega(t)\mathrm{d}t = \omega_0 t + k\int f(t)\mathrm{d}t + \varphi_0 \tag{5-15}$$

因此，调频波的表达式为

$$y(t) = A\cos\left(\omega_0 t + k\int f(t)\mathrm{d}t + \varphi_0\right) \tag{5-16}$$

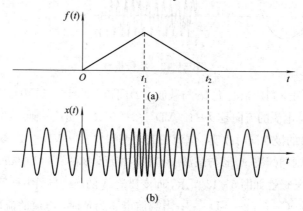

图 5-15 频率调制信号

实现信号调频和解调方法很多，下面仅介绍两种常用的调频方法。

1) 直接调频测量电路

以 LC 振荡回路为例，如图 5-16 所示，此电路常被用于电容、涡流、电感等传感器中作为测量回路。若将电感(或电容)作为自激振动器的谐振回路的一调谐参数，则电路的谐振频率为

$$f_0 = \frac{1}{2\pi\sqrt{LC_0}} \tag{5-17}$$

若电容 C_0 的变化量为 ΔC，则式(5-17)变为

$$f = \frac{1}{2\pi\sqrt{LC_0\left(1 + \dfrac{\Delta C}{C_0}\right)}} = f_0 \cdot \frac{1}{\sqrt{1 + \dfrac{\Delta C}{C_0}}} \tag{5-18}$$

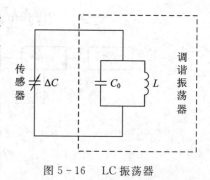

图 5-16 LC 振荡器

按泰勒级数展开，忽略高阶项得

$$f \approx f_0 \cdot \left(1 - \frac{\Delta C}{2C_0}\right) = f_0 - \Delta f \qquad (5-19)$$

可见，LC 振荡回路以振荡频率 f 与调谐参数的变化呈线性关系，即振荡频率 f 受控于电容 C_0，这种将被测参数的变化直接转换为振荡频率变化的过程称直接调频式测量。

2）压控振荡器（VCO）

压控振荡器是一种常用的调频方法，图 5-17 为压控振荡器的原理图。

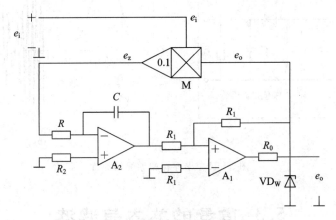

图 5-17　压控振荡器

图 5-17 中运算放大器 A_1 为一正反馈放大器，其输入电压受稳压管 VD_W 限制为 $+e_W$ 或 $-e_W$。M 为一乘法器，e_i 为一恒值电压。开始时，设 A_1 输出处于 $+e_W$，则乘法器输出 e_z 也为正，积分器 A_2 的输出电压将线性下降。当 A_1 输出电压降至低于 $-e_W$ 时，A_1 翻转，其输出将变为 $-e_W$，此时乘法器 M 的输出，即 A_2 的输入也将成负电压，其结果使 A_2 输出电压线性上升。当 A_2 输出上升到 $+e_W$ 时，A_1 又翻转，输出 $+e_W$，如此反复。由此可见，在常值正电压 e_i 作用下，积分器 A_2 将输出频率一定的三角波，而 A_1 输出与之同频率的方波 e_o。

乘法器 M 的一个输入端电压 e_o 为定值（$\pm e_W$），改变另一输入值 e_i 可线性地改变其输出 e_z，促使积分器 A_2 的输入电压也随之改变。这将导致 A_2 由 $-e_W$（或 $+e_W$）充电至 $+e_W$（或 $-e_W$）的所需时间发生改变，从而使振荡器的振荡频率与电压 e_i 成正比。因此，改变 e_i 的值便可达到控制振荡器振荡频率的目的。

压控振荡电路有多种形式，已经有单片集成化的压控振荡器芯片，如 Maxim 公司的 MAX2622～MAX2624 等可供选择。

2. 频率调制的解调

对调频波的解调也称鉴频，其原理是将频率的变化恢复成调制信号电压幅值的变化过程，实现方法很多，如图 5-18 所示为测试仪器常用的鉴频法——变压器耦合的谐振回路鉴频方法。

图 5-18（a）中 L_1、L_2 为变压器耦合的原边、副边线圈，它们和 C_1、C_2 组成并联谐振回路。将等幅调频波 e_f 输入，在回路的谐振频率 f_0 处，线圈 L_1、L_2 中的耦合电流最大，副边输出电压 e_a 也最大。当 e_f 频率偏离 f_0 时，e_a 也随之下降。尽管 e_a 的频率和 e_f（调频波的频率）保持一致，但 e_a 的幅值发生变化，如图 5-18（b）所示。通常利用特性曲线的亚谐振区近

似直线的一段工作范围，实现频率-电压的变换。当被测量（如位移）为零值时，设置调频回路的振荡频率位于直线工作段的中点附近，在有频偏 Δf 时，频率范围为 $f_0 \pm \Delta f$。随着测量参量的变化，幅值 e_a 随调频波频率而近似线性变化，调频波 e_f 的频率则和测量参量保持近似线性的关系。后续的幅值检波电路则采用常用的整流滤波电路，能检测出调频调幅波的包络信号 e_o，该包络信号反映了被测量参数 ΔC 的信息。

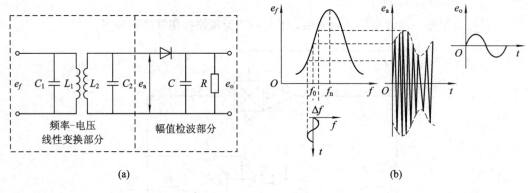

图 5-18 谐振振幅鉴频器原理

5.3 信号的放大与滤波

5.3.1 信号的放大

信号放大电路是为了将微弱的传感器信号放大到足以进行各种转换处理，或推动指示器、记录器以及各种控制机构。由于传感器输出的信号通常为毫伏级，有时为微伏级，而许多处理系统要求的输入电压为 $0 \sim \pm 10$ V，因此不经过放大处理，是无法满足采集和信号处理需要的。信号放大器用放大倍数即增益（gain）表示放大器的灵敏度，放大倍数用放大器的输出端电压与输入端的电压差之比来表示，通常为 $1 \sim 1000$ 或者更高。

由于传感器输出的信号形式和信号大小各不相同，传感器所处的环境条件、噪声对传感器的影响也不一样，因此所采用放大电路的形式和性能指标也不同。如对于数字测试系统，要求放大电路增益能程控；对于生物电信号的放大以及核电站等强噪声背景下的信号放大，考虑到安全等原因，还将传感器与放大电路实现电气隔离，采用隔离放大电路。

随着集成技术的发展，集成运算放大器的性能不断完善，价格不断降低，完全采用分立元件的信号放大电路已基本被淘汰，主要是用集成运算放大器组成的各种形式的放大电路，或专门设计制成具有某些性能的单片集成放大器。

1. 运算放大器模型

实际放大器通常由一种普通的、低成本的集成电路构成，被称为运算放大器，简称运放，如图 5-19(a)所示。

输入电压 U_n 和 U_p 分别加到运放的负端和正端，$U+$ 和 $U-$ 提供运放所需要的正负电源，U_o 为输出电压。

图 5-19(b)所示为图 5-19(a)的运算放大器模型，图 5-19(b)中所示的接线方法为开

环接法。由于输入端之间的电阻(r_d)非常大(接近无穷大),输出电阻(r_o)接近于零,所以从负载的角度来说,运放接近于理想放大器。运算放大器的增益一般用符号 A 来代表,其值非常高,理想的值是无穷大。在图 5-19(b)中,运放开环接线的输出为

$$U_o = A(U_p - U_n) \tag{5-20}$$

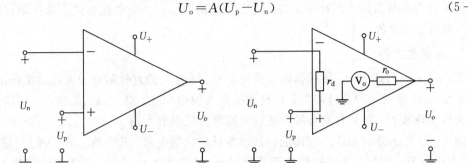

(a) 符号　　　　　　　　　　　　(b) 简化模型

图 5-19　运算放大器的符号和简化模型

运算放大器如 μA741C,op07 等应用广泛,价格也较便宜。如 μA741C 的输入阻抗 r_d 在 2 MΩ 数量级,输出阻抗 r_o 约为 75 Ω,增益 A 约为 200 000,共模抑制比 CMRR 约为 75 dB 或更高。

2. 基本放大器

1) 反相放大器

基本的反相放大器电路如图 5-20(a)所示,其特点是输入信号和反馈信号均加在运放的反相输入端。根据理想运放的特性,其同相输入端电压与反相输入端电压近似相等,流入运放输入端的电流近似为零。可以得到反相放大器的电压增益为

$$A_u = \frac{u_o}{u_i} = -\frac{R_2}{R_1} \tag{5-21}$$

式中,A_u 为负值,表示输出 u_o 与输入 u_i 反相。

反馈电阻 R_2 值不能太大,否则会产生较大的噪声及漂移,一般为几十千欧至几百千欧。R_1 的取值应远大于信号源 u_i 的内阻。

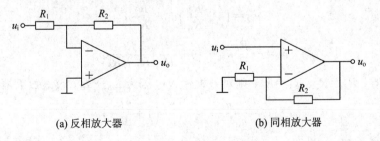

(a) 反相放大器　　　　　　　　(b) 同相放大器

图 5-20　基本放大器

2) 同相放大器

图 5-20(b)所示为同相放大器电路,其特点是输入信号加在同相输入端,而反馈信号加在反相输入端。同样由理想运放特性,可以分析出同相放大器的增益为

$$A_V = \frac{u_o}{u_i} = 1 + \frac{R_2}{R_1} \tag{5-22}$$

式中，A_V 为正值，表示输出 u_o 与输入 u_i 同相。

由于运放同相端与反相端电压近似相等，即引入了共模干扰，因此需要高共模抑制比的运放才能保证精度。

同相放大器具有输入阻抗非常高，输出阻抗很低的特点，常在测试系统中用做阻抗变换器，多用于前置放大级。

3. 仪表放大器

在许多工程测试场合，传感器输出信号不仅很微弱，而且伴随有很大的共模电压（包括干扰电压），一般对这种信号需要采用具有很高共模抑制比、高增益、低噪声、高输入阻抗的放大器实现放大，将具有这种特点的放大器称为仪表放大器。

图 5-21 所示是目前广泛应用的三运放测量放大器电路。其中 A_1、A_2 为两个基本性能一致（主要指输入阻抗、共模抑制比和开环增益）的通用集成运放，工作于同相放大方式，构成平衡对称的差动放大输入级；A_3 工作于差动放大方式，用来进一步抑制 A_1、A_2 的共模信号，并接成单端输出方式以适应接地负载的需要。

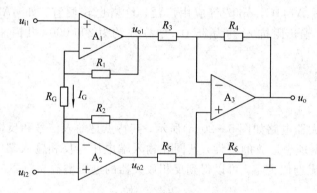

图 5-21　三运放测量放大器电路

由如图 5-21 所示的电路结构分析可得

$$u_{o1} = \left(1 + \frac{R_1}{R_G}\right) u_{i1} - \frac{R_1}{R_G} u_{i2} \tag{5-23}$$

$$u_{o2} = \left(1 + \frac{R_2}{R_G}\right) u_{i2} - \frac{R_2}{R_G} u_{i1} \tag{5-24}$$

$$u_o = -\frac{R_4}{R_3} u_{o1} + \left(1 + \frac{R_4}{R_3}\right) \frac{R_6}{R_5 + R_6} u_{o2} \tag{5-25}$$

通常取 $R_1 = R_2$、$R_3 = R_5$、$R_4 = R_6$，则对差模输入电压为 $u_{i1} - u_{i2}$，仪表放大器的增益为

$$A_u = \frac{u_o}{u_{i1} - u_{i2}} = -\frac{R_4}{R_3} \left(1 + \frac{2R_1}{R_G}\right) \tag{5-26}$$

4. 隔离放大器

隔离放大器应用于高共模电压环境下的小信号测量，其输入、输出和电源电路之间没有直接的电路耦合，由输入放大器、输出放大器、隔离器以及隔离电源等几部分组成，如图 5-22(a) 所示，图 5-22(b) 为其电路符号。图 5-22(a) 中 u_d 为输入端的差模电压，u_c 为对输入端公共地的输入级共模电压，u_{iso} 为隔离共模电压，即隔离器两端或输入端与输出端两公共地之间所承受的共模电压。通常额定的隔离峰值电压高达 5000 V。

　　隔离放大电路中，采用的主要隔离方式有电磁（变压器、电容）耦合和光电耦合。变压器耦合采用载波调制-解调技术，具有较高的线性度和隔离性能、共模抑制比高、技术较成熟，但通常带宽较窄，大多数在数千赫兹以下，体积较大、工艺成本复杂。电容耦合采用数字调制技术（电压-频率变换或电压-脉冲占空比变换），将输入信号以数字量的形式由电容耦合到输出端，其可靠性好、带宽较宽、具有良好的频率特性。光电耦合结构简单、成本低廉、器件重量轻、频带宽，但存在非线性误差。

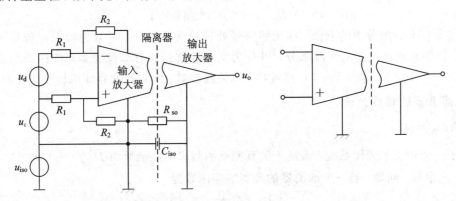

图 5-22　隔离放大器的基本电路及其电路符号

　　由于隔离放大器采用浮置式设计（浮置电源、浮置放大器输入端），输入、输出端相互隔离，不存在公共地线的干扰，因此具有极高的共模抑制能力，能对信号进行安全准确地放大，有效防止高压信号对低压测试系统造成的破坏。

5.3.2　信号的滤波

　　滤波是保留信号中需要的成分，而抑制或衰减掉其他不需要的成分。实现滤波功能的装置称为滤波器，可对获取的信号进行频谱分析，也可剔除不需要的干扰噪声。根据滤波器的作用，在设计时需要具有以下的性能：

　　(1) 在通带内，滤波器对信号的衰减越小越好，理想情况下衰减为零；

　　(2) 在阻带内，滤波器对信号的衰减越大越好，理想情况下衰减应为无穷大；

　　(3) 通带与阻带分界要明显，理想情况下应无过渡段；

　　(4) 在通带内，输入阻抗及输出阻抗应与前后网络阻抗相匹配。

1. 滤波器的种类

　　根据滤波器的选频方式一般可分为低通滤波器、高通滤波器、带通滤波器和带阻滤波器，如图 5-23 所示为四种滤波器的幅频特性。

　　(1) 低通滤波器。从 0 到 f_2 频率段，幅频特性平直，为通频带，信号中高于 f_2 的频率成分被衰减。

　　(2) 高通滤波器。允许 $f_1 \sim \infty$ 频率的信号通过，低于 f_1 的频率成分被衰减。

　　(3) 带通滤波器。允许频率范围为 $f_1 \sim f_2$ 的信号通过，信号中高于 f_1 而低于 f_2 的频带成分不受衰减的通过，其他频率成分被衰减。

　　(4) 带阻滤波器。它与带通滤波器相反，频率范围为 $f_1 \sim f_2$ 的信号成分被衰减，即阻带范围为 $f_1 \sim f_2$，而低于 f_1 和高于 f_2 的频率成分可不受衰减的通过。

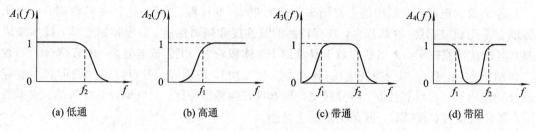

图 5 - 23　不同滤波器的幅频特性

滤波器还有其他分类的方法，如按照信号处理的性质来分，可分为模拟滤波器和数字滤波器；按照构成滤波器的性质来分，可分为无源滤波器和有源滤波器；按照滤波器所用元件来分，可分为 RC 滤波器、LC 滤波器、晶体滤波器、陶瓷滤波器即机械装置滤波器等。

2. 滤波器的特性分析

1) 一般特性

对于一个理想的线性系统，满足不失真测试的频率响应函数为 $H(f) = A_0 \mathrm{e}^{-\mathrm{j}2\pi f t_0}$，其中 A_0 和 t_0 为常数。同理，若一个滤波器的频率响应函数为

$$H(f) = \begin{cases} A_0 \mathrm{e}^{-\mathrm{j}2\pi f t_0} & |f| < f_c \\ 0 & 其他 \end{cases}$$

则此滤波器具有矩形幅频特性和线性相频特性，如图 5 - 24 所示。将低于频率 $|f_c|$ 的所有信号无失真的通过，而高于频率 $|f_c|$ 的信号全部衰减，$|f_c|$ 称为截止频率，则称这种滤波器为理想滤波器。

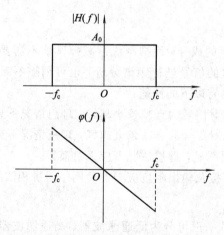

图 5 - 24　理想低通滤波器的幅频、相频特性

2) 理想滤波器对单位脉冲的响应

若将单位脉冲信号 $\delta(t)$ 送入理想低通滤波器，则其响应为一个 $\mathrm{sin}c$ 函数，如图 5 - 25 所示，其数学表达式为

$$h(t) = 2A_0 f_c \mathrm{sin}c[2\pi f_c(t - t_0)] \tag{5 - 27}$$

式中，$\mathrm{sin}c[2\pi f_c(t - t_0)] = \dfrac{\sin[2\pi f_c(t - t_0)]}{2\pi f_c(t - t_0)}$。从图 5 - 25 可以看出，理想低通滤波器的脉冲响应函数波形在整个时间轴上延伸，输入信号 $\delta(t)$ 是在 $t = t_0$ 时刻加入的，可响应在 $t =$

t_0 之前就已经出现，可对于实际的物理系统来说，在信号输入之间是不可能有输出的，出现上述结果是由于采取了实际中不可能实现的理想化传输特性的缘故。

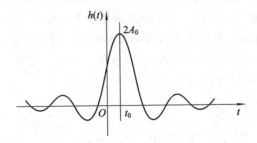

图 5 - 25　理想低通滤波器的脉冲响应

3）理想滤波器对单位阶跃的响应

若给理想低通滤波器输入阶跃函数 $1(t)$，则滤波器的输入为

$$y(t) = h(t) * 1(t) = \int_{-\infty}^{+\infty} x(\tau)h(t-\tau)\mathrm{d}\tau \tag{5-28}$$

其结果如图 5 - 26 所示。

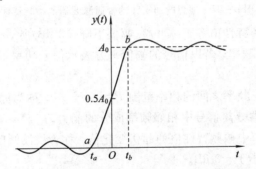

图 5 - 26　理想低通滤波器对单位阶跃输入的响应$(t_0 = 0)$

从图 5 - 26 可见，输出响应从零点（a 点）到稳定点 A_0（b 点）需要一定的建立时间（$t_b - t_a$），计算积分式(5 - 28)，可得

$$T_e = t_b - t_a = \frac{0.61}{f_c} \tag{5-29}$$

从式(5 - 29)中可以看出，响应的建立时间 T_e 与截止频率 f_c 成反比，若按理论响应值的 $0.1 \sim 0.9$ 作为计算时间的标准，则

$$T_e = t_b - t_a = \frac{0.45}{f_c} \tag{5-30}$$

截止频率 f_c 表征了带宽 B 的大小，则带宽 B 与 T_e 成反比，并且

$$BT_e = 常数$$

这一结论对其他滤波器（高通、带通、带阻）同样适用。

滤波器带宽表征了滤波器的频率分辨能力，通带越窄，分辨力越高，说明滤波器的高分辨能力与快速响应的要求是相互矛盾的。若想采用一个滤波器从信号中获取某一频率范围很窄的信号，如进行高分辨率的频谱分析，则需要有足够的建立时间。对于已定带宽的滤波器，一般采用 $BT_e = 5 \sim 10$。

3. 滤波器的特征参数

如图 5-27 所示表示理想滤波器(虚线)和实际滤波器(实线)的幅频特性。对于理想滤波器来说，在个两截止频率 f_{c1} 和 f_{c2} 之间的幅频特性为常数 A_0，截止频率以外的幅频特性均为零。而对于实际滤波器，其特性曲线无明显转折点，通带中幅频特性也并非常数。因此对实际滤波器的描述要求有更多的参数，主要有截止频率、带宽、纹波幅度、品质因子(Q 值)、倍频程选择性以及滤波器因数等。

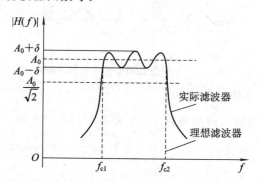

图 5-27　理想的和实际的带通滤波器的幅频特性

(1) 截止频率。幅频特性值等于 $A_0/\sqrt{2}$(幅值下降 -3 dB)所对应的频率点(图 5-27 中的 f_{c1} 和 f_{c2})，称为截止频率。若以信号的幅值平方表示信号功率，则该频率对应的点为半功率点。

(2) 带宽。上下截止频率之间的频率范围 $B = f_{c2} - f_{c1}$，称为滤波器的带宽，表征滤波器的分辨能力，即滤波器分离信号中相邻频率成分的能力。

(3) 纹波幅度。通带中幅频特性值的起伏变化值，称为纹波幅度，用 $\pm\delta$ 表示。显然，δ 值越小越好，一般应远小于 -3 dB。

(4) 品质因子。品质因子即 Q 值，对于一个带通滤波器来说，品质因子 Q 定义为中心频率 f_0 与带宽 B 之比 $Q = f_0/B$，中心频率定义为 $f_0 = \sqrt{f_{c1}f_{c2}}$。

(5) 倍频程选择性。从阻带到通带有一个过渡带，过渡带的倾斜程度代表了幅频特性衰减的快慢程度，通常用倍频程选择性来表征。倍频程选择性是指：上截止频率 f_{c2} 与 $2f_{c2}$ 之间或下截止频率 f_{c1} 与 $2f_{c1}$ 间幅频特性的衰减值，即频率变化一个倍频程的衰减量，用 dB 表示。显然，衰减越快，选择性越好。

(6) 滤波器因数 λ(矩形系数)。滤波器因数定义为滤波器幅频特性的 -60 dB 带宽与 -3 dB 带宽的比，即

$$\lambda = \frac{B_{-60\,\text{dB}}}{B_{-3\,\text{dB}}} \tag{5-31}$$

对理想滤波器，$\lambda = 1$；对普通滤波器，$1 < \lambda < 5$。滤波器因数表征滤波器从阻带到通带或从通带到阻带过渡的快慢，以及滤波器对通带以外频率分量的衰减能力。

4. 恒带宽滤波器和恒带宽比滤波器

在做信号频谱分析时，可使信号通过放大倍数相同而中心频率不同的多个带通滤波器，各个滤波器的输出主要反映信号中在该通带内频率成分的量值。可以有两种做法：一是使带通滤波器的频率可调，通过改变调谐参数而使其中心频率跟随所需要量测的信号频

段，但其可调范围有限；另一种是使用一组中心频率固定、按照一定规律相隔的多个滤波器，如图 5-28 所示。倍频程频谱分析装置采用的滤波器组具有相同的放大倍数，其通带是

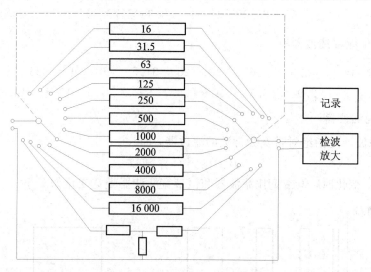

图 5-28　倍频程频谱分析装置

相互连接的，以覆盖整个所需要的频率范围，保证不丢失信号中频率成分，通常是前一个滤波器的 -3 dB 上截止频率（高端）就是下一个滤波器 -3 dB 的下截止频率（低端）。

根据滤波器组带宽遵循的规则不同，通常分为恒带宽比滤波器和恒带宽滤波器。

1）恒带宽比滤波器

恒带宽比滤波器的相对带宽是常数（具有相同的品质因子 Q 值），即

$$b=\frac{1}{Q}=\frac{B}{f_0}=\frac{f_{c2}-f_{c1}}{f_0}\times 100\%=常数 \tag{5-32}$$

实现恒带宽比滤波器的方式常采用倍频程带通滤波器，它的上、下截止频率之间应满足以下条件：

$$f_{c2}=2^n f_{c1} \tag{5-33}$$

式中，n 为倍频程数。若 $n=1$，则称为倍频程滤波器；$n=1/3$，则称 1/3 倍频程滤波器，以此类推。由于滤波器中心频率为 $f_0=\sqrt{f_{c1}f_{c2}}$，因此截止频率与中心频率之间的关系是 $f_{c2}=2^{\frac{n}{2}}\cdot f_0$，$f_{c1}=2^{-\frac{n}{2}}\cdot f_0$，带入式（5-32），可得

$$b=\frac{1}{Q}=2^{\frac{n}{2}}-2^{-\frac{n}{2}} \tag{5-34}$$

因此，可得以下关系：

$$n=1 \qquad \frac{1}{3} \qquad \frac{1}{6} \qquad \frac{1}{12}$$
$$b=70.7\% \quad 23.16\% \quad 11.56\% \quad 5.78\%$$

同理可证，一个滤波器组中后一个滤波器的中心频率 f_{02} 与前一个滤波器的中心频率 f_{01} 间应满足如下关系：

$$f_{02}=2^n f_{01} \tag{5-35}$$

根据式（5-34）和式（5-35）可知，只要选定 n 值便可设计覆盖给定频率范围的邻接式

滤波器组，如对于 $n=1$ 的倍频程滤波器有

中心频率/Hz	16	31.5	63	125	250	…
带宽/Hz	11.05	22.09	44.19	88.36	176.75	…

对于 $n=\dfrac{1}{3}$ 的倍频程滤波器有

中心频率/Hz	12.5	16	20	25	31.5	40	50	633	…
带宽/Hz	2.9	3.6	4.6	5.7	7.2	9.1	11.5	14.5	…

2) 恒带宽滤波器

恒带宽滤波器是指绝对带宽为常数的滤波器，即

$$B=f_{c2}-f_{c1}=常数 \tag{5-36}$$

当中心频率 f_0 变化时，恒带宽比滤波器和恒带宽滤波器带宽变化如图5-29所示。

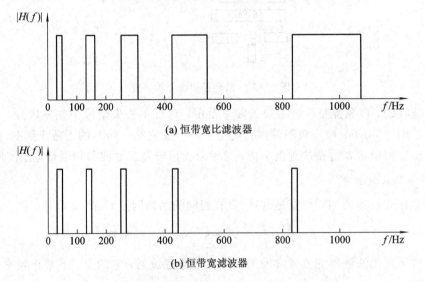

(a) 恒带宽比滤波器

(b) 恒带宽滤波器

图5-29　理想的恒带宽比和恒带宽滤波器的特性

由于恒带宽比滤波器组的通频带在低频段内很窄，而在高频段内较宽，说明恒带宽比滤波器组的频率分辨力在低频段较好，在高频段较差。

为使滤波器在所有频段都具有同样良好的频率分辨力，则采用恒带宽滤波器。为提高分辨力，滤波器的带宽可做得窄些，但为此覆盖整个频率范围内所使用的滤波器数量便增加，因此恒带宽滤波器一般不做成固定中心频率的，常常使滤波器的中心频率跟随一个预定的参考信号。作信号频谱分析时，该参考信号用一频率扫描的信号发生器来提供。且需对扫频速度加以限制，使其不大于 $(0.1\sim0.5)B^2$ Hz/s 便可得到很精确的频谱图。

常用的恒带宽滤波器有相关滤波和变频跟踪滤波两种，这两种滤波器的中心频率都能自动跟踪参考信号的频率。

5.4　信号的显示与记录

信号的显示和记录装置是用来显示和记录各种信号变化规律所必需的设备，是测试系

统的最后一个环节，用来显示信号的特征量，如幅值、频率、相位角等。信号的显示和记录装置包括模拟显示、数码显示以及图形显示等几种基本结构，下面以典型的应用为例来分别介绍。

5.4.1　笔式记录仪

早期测试仪器的信号输出多为模拟输出，具有体积小、质量轻、结构简单、价格低等特点。这里以典型的动圈式磁电指示机构为例，如图 5-30 所示，其核心是磁电式检流计，又称检流计式笔式记录仪。当信号电流输入检流计的线圈时，在磁场力的作用下，线圈产生与信号电流成正比的角度偏转，直接带动笔杆摆动，同时，弹簧产生与转角成正比的弹性恢复力矩与电磁力矩平衡。

笔式记录仪结构简单，显示与记录能同时进行。然而，这种记录器的笔尖与记录纸之间的摩擦较大，可动部分质量大，需要相当大的驱动力矩，并需要抑制笔急速运动时跳动的强力阻尼装置。因此，这种记录仪灵敏度较低，只适于记录长时间慢变化信号，以及要求显示与记录同时进行的场合。

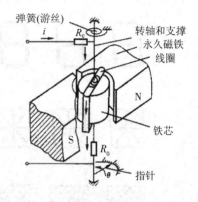

图 5-30　动圈式磁电指示机构

5.4.2　LED 和 LCD

随着数字技术的发展，目前大多数测试仪器都采用数码的显示方式输出测试结果。数码显示常用的显示器件有：发光二极管（LED）、液晶显示器（LCD）、荧光管显示器。荧光管显示器由于其特殊的真空管结构，驱动电压比较高，一般需要 10~15 V，使用也没有 LED 和 LCD 灵活，在测试仪器中运用较少。

各种测试信号输出与数码显示器的接口原理框图如图 5-31 所示。针对测试仪器不同形式的信号输出，需要用不同的转换电路来转换成数字信号，然后通过数字译码、锁存、驱动电路，被数码显示器显示出来，当然，不同的数码显示器需要不同的驱动技术。

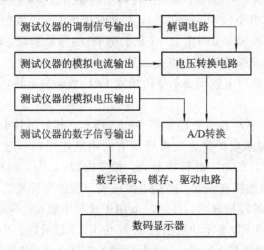

图 5-31　各种测试信号输出与数码显示器的接口原理框图

1. 发光二极管(LED)

发光二极管是利用掺杂特殊物质的半导体 PN 结在通过电流时把电能转换成光能的固体发光器件,具有工作稳定可靠、体积小、易与数字电路匹配、响应速度快等特点。

如图 5-32 所示,LED 器件分别有七段("8"字形)数码管(见图 5-32(a))、"米"字形数码管(见图 5-32(b))、数码点阵(见图 5-32(c))和数码条柱(见图 5-32(d))四种类型。

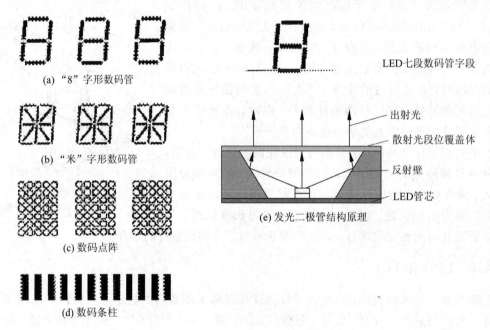

(a) "8"字形数码管

(b) "米"字形数码管

(c) 数码点阵

(d) 数码条柱

LED七段数码管字段

出射光

散射光段位覆盖体

反射壁

LED管芯

(e) 发光二极管结构原理

图 5-32　LED 数码显示器件及字段构成原理

其中,"8"字形和"米"字形显示器最为常用,一般用于显示 0～9 的数字数码和简单英文字母;数码点阵显示器不仅可以显示数码,还可以显示英文字母和汉字以及其他二值图形;数码条柱显示器比较简单,多用于分辨率要求不高的信号幅度显示,如音频信号幅度的显示、电源电池容量的显示、汽车油箱液位高度的显示、水箱相对温度的显示等。

发光二极管的管芯很小($100\ \mu m$ 左右),发光时相当于一个发射角很大而发光面积很小的点光源,不足以直接形成需要一定大小(几十毫米)的显示字段。因此需要一个外形为字段形状的特殊反光和散光结构来扩大发光面积,并使整个字段接近均匀发光。由发光二极管构成数码显示字段,然后由数码显示字段构成 LED 数码显示块,其结构原理示意图如图 5-32(e)所示。

LED 数码显示器的驱动显示原理如图 5-33 所示,其显示块分共阳极和共阴极两种。共阴极 LED 是指组成显示块的发光二极管所有的阴极连接在一起并接地,当某个发光二极管的正极为高电平时,发光二极管被点亮,相应的段(a～g,dp)被显示。同样,共阳极 LED 的发光二极管阳极连接在一起,并接电源正极,当某个发光二极管的阴极接地时,发光二极管被点亮,相应的段被显示。其中,dp 用于显示小数点。一片 LED 显示块可以显示一位完整的数码,N 片 LED 显示块可拼接成 N 位 LED 显示器,N 位 LED 显示器有 N 根位选线(共阴极线或共阳极线)和 $8 \times N$(七段型)或 $16 \times N$("米"字形)根段选线,如图 5-34所示。

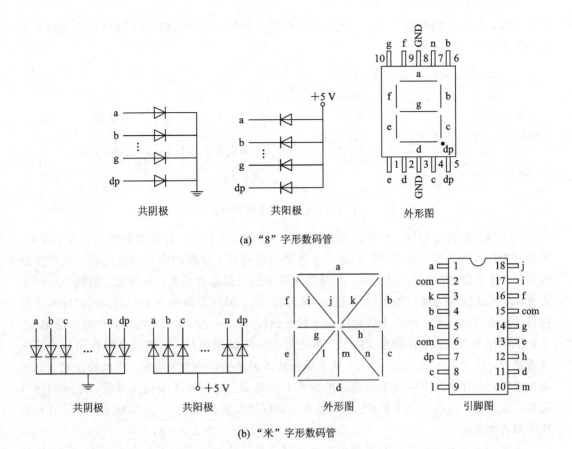

(a) "8" 字形数码管

(b) "米" 字形数码管

图 5-33　LED 显示器结构与工作原理图

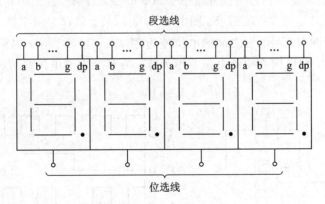

图 5-34　4 位 LED 显示器

2. 液晶(LCD)数码显示及图形显示

LCD 液晶显示器是一种功耗低($1\sim10$ MW/cm^2)、驱动电压低($1.5\sim6$ V)、集成度高、体积小的数码显示器,应用非常广泛,从袖珍式仪表到复杂的测试与检测设备都使用了液晶显示器,尤其适合于便携式操作的测试与检测仪器的输出显示。

液晶是一种介于液体与固体之间热力学的中间稳定相,其特点是在一定的温度范围内既有液体的流动性和连续性,又有晶体的各向异性。液晶分子呈长棒形,长宽比较大,分子不能弯曲，是一个刚性体，中心一般有一个桥链，分子两头有极性。LCD 的基本结构及显示原理如图 5-35 所示。

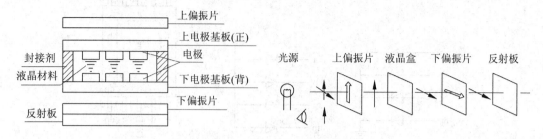

图 5-35 LCD 显示的基本结构和显示原理

由于液晶的四壁效应，在定向膜的作用下，液晶分子在正、背玻璃电极上呈水平排列，但排列方向互为正交，而玻璃间的分子呈连续扭转过渡。这样的构造能使液晶对光产生旋光作用，使光的偏振方向旋转 90°。当外部光线通过上偏振片后形成偏振光，偏振方向成垂直方向，当此偏振光通过液晶材料之后，被旋转 90°，偏振方向成水平方向。此方向与下偏振片的偏振方向一致，因此光线能完全穿过下偏振片而到达反射板，经反射后沿原路返回，从而呈现出透明状态。在液晶盒的上下电极加上一定的电压后，电极部分的液晶分子转成垂直排列，从而失去旋光性。因此，从上偏振片入射的偏振光不被旋转，当此偏振光到达下偏振片时，因其偏振方向与下偏振片的偏振方向垂直，因而被下偏振片吸收，无法到达反射板形成反射，所以呈现出黑色。根据需要，将电极做成各种文字、数字或点阵，就可获得所需的各种显示。

由于液晶在直流电场中会发生电化学分解反应，使液晶工作寿命大大缩短，因而现用的多为交流驱动（要求驱动信号直流分量小于 500 mV），目前广泛采用异或门驱动电路，其静态驱动回路及波形如图 5-36 所示。图中 LCD 表示某个液晶显示字段，当此字段上两个电极的电压相位相同时，两电极之间的电位差为零，该字段不显示；当此字段上两个电极的电压相位相反时，两电极之间的电位差不为零，为驱动方波电压幅值的两倍，该字段呈现出黑色显示。

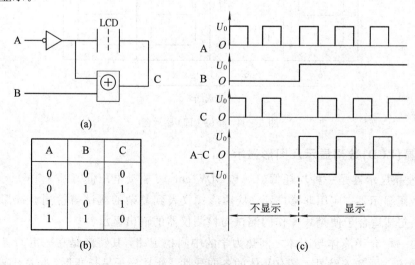

图 5-36 LCD 静态驱动回路及波形图

　　把显示电极做成点阵，就可以显示更复杂的信息，如曲线、图形等图像信息，点阵越密，即分辨率越高，图像品质就越高。点阵驱动是采用动态驱动技术，由于驱动电路很复杂，一般与显示屏集成在一起配套使用。屏幕式液晶显示器由于像素多，一般都采用矩阵寻址，并分别由行、列驱动。以 128×64 点阵单色图形液晶显示器 VGLS-19264 为例，它有 64 条行地址线、128 条列地址线，列驱动器采用 HD61202，行驱动器采用 HD61203。128×64 点阵液晶显示器驱动电路如图 5-37 所示。

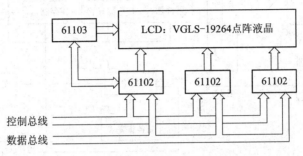

图 5-37　128×64 点阵液晶显示器驱动电路

5.4.3　示波器

　　示波器是使用广泛的显示记录仪器，以阴极射线管来显示信号，分为模拟式和数字式。示波器显示技术具有品质好、性能稳定可靠、寻址方式简单、制造成本低、价格便宜等特点。图 5-38 为 CRT 显示器的工作原理图，电子枪中灯丝被加热，发射出热电子，到达加速电极被加速形成很细的电子束。在没有外力的作用下，电子束将打在玻璃显示屏的中央（玻璃显示屏的内表面涂有荧光粉末材料），荧光粉在高速电子的轰击下，发出荧光，在显示屏的中央形成一个亮点，而荧光亮度的大小由栅极上的电压来控制。如果在电子束通过的路径上增加两组偏转线圈，一组使得电子束在水平方向上发生偏转，另一组使得电子束在垂直方向上发生偏转，并对这两组偏转线圈通以固定频率和特定波形的驱动电流，使得电子束在屏幕上按照从左到右、从上到下固定节拍的顺序扫描，就形成了单色图像显示器，而图像的灰度由栅极上的电压来控制。

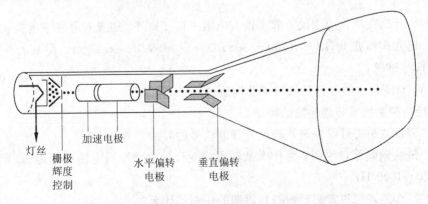

图 5-38　CRT 显示器工作原理

　　数字示波器是把一个时段的输入信号转换成数字形式，储存在存储器中。当数据记录结束，电路再把数据从数字形式转换为模拟形式，驱动常规的阴极射线管，其原理框图如

图 5-39 所示。

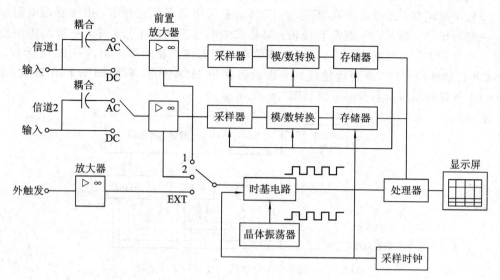

图 5-39　数字示波器框图

复习与思考

5.1　以阻值 $R = 120\ \Omega$，灵敏度 $S_g = 2$ 的电阻丝应变片与阻值为 $120\ \Omega$ 的固定电阻组成电桥，供桥电压为 3 V，并假定负载电阻为无穷大，当应变片的应变为 $2\mu\varepsilon$ 和 $2000\mu\varepsilon$ 时，分别求出单臂、双臂电桥的输出电压，并比较两种情况下的灵敏度。

5.2　有人在使用电阻应变仪时，发现灵敏度不够，于是试图在工作电桥上增加电阻应变片数以提高灵敏度。试问，在这种情况下，是否可提高灵敏度？说明为什么？

5.3　在一悬臂梁的自由端同时作用和梁长度方向一致的拉力 F 和垂直于梁长度方向的力 F_1。试在靠近梁固定端处贴两组应变片，一组仅测力 F，另一组仅测力 F_1，并且画出桥路。

5.4　为什么在动态应变仪上除了设有电阻平衡旋钮外，还设有电容平衡旋钮？

5.5　已知调幅波 $x_a(t) = (100 + 30\cos\Omega t + 20\cos3\Omega t)(\cos\omega_c t)$，其中 $f_c = 10\ \text{kHz}$，$f_\Omega = 500\ \text{Hz}$。试求：

(1) $X_a(t)$ 所包含的各分量的频率及幅值；

(2) 绘出调制信号与调幅波的频谱。

5.6　调幅波是否可以看做是载波与调制信号的叠加？为什么？

5.7　试从调幅原理说明，为什么某动态应变仪的电桥激励电压频率为 10 kHz，而工作频率为 0～1500 Hz？

5.8　什么是调制和解调？调制和解调的作用是什么？

5.9　常用的调幅电路有哪些？相应的解调电路是什么？

5.10　常用的调频电路有哪些？相应的解调电路是什么？

5.11　什么是滤波器的分辨力？与哪些因素有关？

5.12　已知 RC 低通滤波器(见图 5 - 40)，$R = 1\ \mathrm{k\Omega}$，$C = 1\ \mu\mathrm{F}$，试求：

(1) 确定各函数式 $H(s)$、$H(\omega)$、$A(\omega)$、$\varphi(\omega)$；

(2) 当输入信号 $u_i(t) = 10\sin 1000t$ 时，求输出信号 $u_o(t)$，并比较其幅值及相位关系。

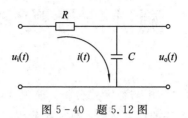

图 5 - 40　题 5.12 图

5.13　低通、高通、带通及带阻滤波器各有什么特点？它们的频率特性函数的关系是什么？

5.14　已知被测量为 $x(t) = \sin\omega t$，现采用动态应变仪，载波为 $y(t) = \sin 6\omega t$，试画出各环节信号的波形图。

5.15　试分析总结各类运算放大器的特点。

5.16　举例说明 LED 和 LCD 的应用。

第6章　测试信号数字化处理

　　测量信号的分析分为模拟式分析与数字式分析。模拟式分析有很多缺点，例如，精度低、速度低、适应性不强以及需要的设备多等。数字式分析不但具有精度高、工作稳定、速度快和动态范围宽等一系列优越性，而且还能完成很多模拟式分析方法无法实现的运算分析。特别是近20年来，随着数字信号分析理论和算法的不断创新与发展，高速、高精度、大容量微型计算机以及专用信号处理芯片的不断开发和完善，给信号数字分析提供了坚实的理论基础和强有力的装备手段，使信号数字分析技术得到了飞速的发展，并获得了极其广泛的应用，成为当今信号分析技术的主流。随着计算机技术的飞速发展，借助于计算机的测试技术获得了越来越广泛的应用，它已成为现代科学技术必不可少的工具。利用计算机对测试信号进行处理具有速度快、精度高、灵活、实用性强等优点，因而已成为一个专门的研究领域。

　　本章以计算机测试技术为背景，首先介绍了数字信号获取与处理系统简介以及模拟信号的数字化过程的采样与量化、采样定理、频率混淆现象等问题；然后介绍了数字信号的预处理中的零均值化、奇异点（野点）剔除、消除趋势项等技术；最后详细介绍了数字信号处理基础中的信号的时域截断与泄漏、离散傅里叶变换及快速傅里叶变换、细化 FFT 等相关问题。

6.1　数字信号获取与处理系统简介

　　数字信号获取与处理系统作为测试技术领域的基本组成，与模拟信号获取与处理系统相似之处是它们都由传感器、信号调理、信号处理及显示记录组成，所不同的是中间多了一个模拟信号数字化环节，且后两部分一般由计算机完成。从传感器出来的数字信号的获取与处理系统组成框图如图 6-1 所示。

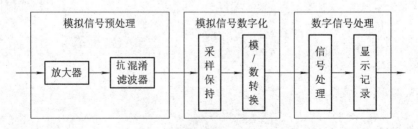

图 6-1　数字信号获取与处理框图

1. 模拟信号预处理

模拟信号经过放大器与抗频率混淆滤波器变为幅值适当（一般是±5 V）且有限带宽的

模拟信号，为模拟信号的数字化转换做好准备。这一预处理过程与前面介绍的模拟信号的调理基本相同，这里不再赘述。

2. 模拟信号数字化

模拟信号数字化部分完成模拟信号离散采样和幅值量化及编码，将模拟信号转化为数字信号。首先，采样保持器把预处理后的模拟信号按人为选定的采样间隔 Δt 采样为离散序列，这样的时间轴上离散而幅值连续的信号通常称为采样信号。然后，量化编码装置将每一个采样信号的幅值转换为数字码，最终把采样信号变为数字序列。通常在不引起频率混淆的情况下，也将量化及编码过程称为模/数(A/D)转换。

3. 数字信号处理

数字信号处理部分接收数字信号的数字序列，进行数字信号处理。数字信号处理首先要进行预处理，包括零均值化、剔除奇异点、消除趋势项等；然后进行正式处理，包括信号的时域截断、快速傅里叶变换、数字滤波等；最后完成各种显示、输出分析结果等。

6.2　模拟信号的数字化

数字信号的处理与分析，首先要对模拟信号数字化或离散化。因而本节主要介绍模拟测试信号的离散化及其相关的问题。将模拟信号通过模/数转换可变为离散的数字信号，在这一过程中涉及采样与量化误差、采样间隔与频率混淆等诸多方面。

6.2.1　采样与量化

模拟信号数字化过程是指将模拟信号转换为数字信号的过程，该过程是利用 A/D 转换器将模拟信号转换为数字信号，它包括了采样、量化、编码等，这是数字信号分析的必要过程，如图 6 - 2 所示。

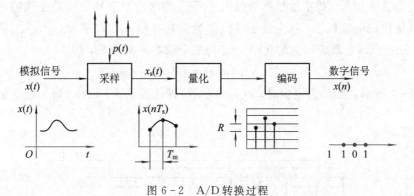

图 6 - 2　A/D 转换过程

1. 采样保持

采样，也称抽样，是利用采样脉冲序列 $p(t)$ 从模拟信号 $x(t)$ 中抽取一系列样值，使之成为离散信号的过程。如图 6 - 2 所示，$\Delta t = T_{\mathrm{m}}$ 称为采样间隔，$f_s = 1/\Delta t$ 称为采样频率。也就是说，采样实质上是将模拟信号 $x(t)$ 按一定的时间间隔 Δt 逐点取其瞬时值。

由于 A/D 转换器将模拟信号转换为数字信号的转换过程需要一定时间，因而采样值在 A/D 转换过程中要能够保持不变，否则，转换精度会受到影响，尤其是当被测信号变化较快时更是如此。有效的措施是在 A/D 转换器前级设置采样保持电路。

采样保持电路对模拟电压信号 $x(t)$ 以采样间隔 Δt 进行离散采样，得到采样信号 $x(n\Delta t)$。图 6 - 3 为一种常用的采样保持电路的原理，图中 A_1 及 A_2 为理想的同相跟随器，其输入阻抗趋于无穷大、输出阻抗趋于零。控制信号在采样时使开关 S 闭合，此时存储电容器 C 迅速充电达到输入电压 V_x 的幅值，同时充电电压 V_C 对 V_x 进行跟踪。控制信号在保持阶段时使开关 S 断开，此时在理想状态（电容 C 无电荷泄漏路径），输出跟踪器的输入电阻极大且增益等于 1，电容器 C 上的电压 V_C 可以维持不变，并通过 A_2 送至 A/D 转换器去进行模/数转换，以保证 A/D 转换器进行模/数转换期间其输入电压是稳定不变的。当脉冲 p 转为高电平时，开始下一次采样保持，采样脉冲 p 的频率就是采样频率。

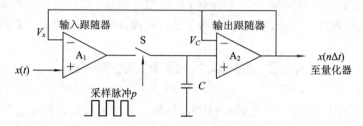

图 6 - 3　采样保持电路原理

采样保持电路实现了对一连续信号 $x(t)$ 以一定时间间隔快速取其瞬时值。该瞬时值是保持控制指令下达时刻 V_C 对 V_x 的最终跟踪值，该瞬时值保存在记忆元件——电容器 C 上，供模/数转换器再进一步进行量化。

2. 幅值量化

采样保持电路的输出是时域离散、幅值连续的信号，各采样点的电压值要经量化过程才能最终变为数字信号。数字信号的数值大小不可能像模拟信号那样是连续的，而只能是某个最小数量单位的整数倍，这个最小单位称为量化单位，用 R 表示。$x(t)$ 在某一时刻的采样值 $x(n\Delta t)$ 可以近似表示为量化单位 R 与某个整数 z 的乘积，即

$$x(n\Delta t) \approx zR \tag{6 - 1}$$

如图 6 - 4 所示，当 R 为定值时，z（正负整数）则代表了 $x(n\Delta t)$，模拟电压量转变成了数字量。

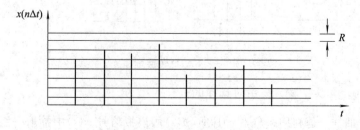

图 6 - 4　幅值量化示意图

因此，量化又称幅值量化，将采样信号 $x(n\Delta t)$ 经过舍入的方法变为只有有限个有效数

字的过程称为量化。例如，抽样信号的准确值为 1.7523，而这里只有 1.6、1.7、1.8、1.9 前后相差 0.1 的数字序列，因此就把上述准确值近似视为 1.8（四舍五入）。若采样信号 $x(n\Delta t)$，可能出现的最大值为 A，令其分为 D 个间隔，则每个间隔长度为 $R=A/D$，R 称为量化步长或量化单位。当采样信号 $x(n\Delta t)$ 落在某一小区间内，经过舍入方法而变为有限值时，则产生量化误差，其最大值应是 $\pm 0.5R$，其均方差与 R 成正比。量化的结果是整数 z 用二进制代码表示，这些代码就是量化器的输出。

量化误差的大小取决于计算机采样板的位数，其位数越高，量化单位越小，量化误差也越小。例如，若用 8 位的采样板，8 位二进制数为 $2^8=256$，则量化单位为所测信号最大幅值的 $1/256$，最大量化误差为所测信号最大幅值的 $\pm 1/512$。

6.2.2　采样定理

离散采样把连续信号 $x(t)(0 \leqslant t \leqslant T)$ 变为离散序列 $x(n\Delta t)$（$n=0,1,2,\cdots$），那么，如何选择采样间隔 Δt 就是一个十分重要的问题。也就是说，采样的基本问题是如何确定合理的采样间隔 Δt 以及采样长度 T，以保证采样所得的数字信号能真实的代表原来的连续信号 $x(t)$。一般来说，采样频率 f_s 越高，采样点越密，所获得的数字信号越逼近原信号。当采样长度 T 一定时，f_s 越高，数据量 $N=T/\Delta t$ 越大，所需的计算机存储量和计算量就越大；反之，当采样频率降低到一定程度，就会丢失或歪曲原来信号的信息。

$x(n\Delta t)$ 能否复原到连续信号 $x(t)$，与 $x(t)$ 波形的幅值变化剧烈程度和采样间隔 Δt 的大小有关，而 $x(t)$ 波形幅值变化的剧烈程度又取决于 $x(t)$ 的频率分量。

香农（Shannon）采样定理给出了带限信号不丢失信息的最低采样频率为

$$f_s \geqslant 2f_m \quad \text{或} \quad \omega_s \geqslant 2\omega_m \qquad (6-2)$$

式中，f_m 为原信号中的最高频率成分。若不满足此采样定理，则会产生频率混淆现象。

6.2.3　频率混叠现象

频率混叠是由于采样频率取值不当而出现高、低频成分发生混叠的一种现象，如图 6-5 所示。图 6-5(a) 给出的是信号 $x(t)$ 及其傅里叶变换 $X(\omega)$，该信号的频带范围为 $-\omega_m \sim \omega_m$。图 6-5(b) 给出的是采样信号 $x_s(t)$ 及其傅里叶变换，它的频谱是一个周期性谱图，周期为 ω_s，且 $\omega_s=2\pi/\Delta t$。图 6-5(b) 表明，当满足采样定理，即 $\omega_s > 2\omega_m$ 时，周期谱图是相互分离的。图 6-5(c) 给出的是当不满足采样定理，即 $\omega_s < 2\omega_m$ 时，周期谱图相互重叠，即谱图之间高频与低频部分发生重叠的情况，这使信号复原时产生混叠，即频率混叠现象。为了使计算的频率在 $[0,f]$ 范围内与原始信号的频谱一样，采样频率必须满足采样定理。但在实际中，f_m 可能很大，并不需要分析到这么高的频率，或多数情况下，由于噪声的干扰，使得 f_m 不能确定，故通常首先对信号进行低通滤波，低通滤波器的上限频率由分析的要求确定，采样频率由低通滤波器确定。由于不存在理想低通滤波器，而实际计算中又总是使用有限序列，所以在实际应用时选择的采样频率为

$$f_s = \frac{1}{\Delta t} \geqslant (3 \sim 5)f_c \qquad (6-3)$$

式中，f_c 为低通滤波器的上限截止频率。

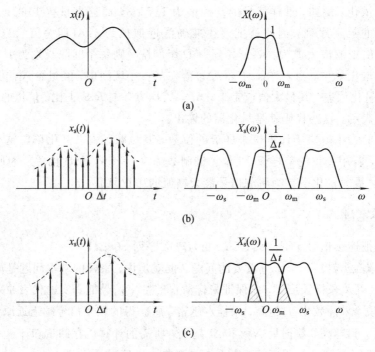

图 6-5 采样信号的频率混叠现象

6.3 数字信号的预处理

由于各种因素的影响，工程测试中获取的模拟信号常常混有噪声，有时噪声甚至可以把信号"淹没"；通过 A/D 转换后的离散时间信号除了含有原来的噪声外，又增加了 A/D 转换器的量化噪声。因此在对数字信号作数字处理之前，有必要对噪声作一些预处理，旨在尽可能地去除噪声，提高信号的信噪比。数字信号的预处理范围很广，此处介绍几个主要内容。

6.3.1 零均值化

信号的均值相当于一个直流分量，而直流信号的傅里叶变换是在 $\omega = 0$ 处的脉冲函数。因此，如果不去掉均值，在估计该信号的功率谱时，将在 $\omega = 0$ 处出现一个很大的谱峰，并会影响在 $\omega = 0$ 左右处的频谱曲线，使之产生较大的误差。因此，在信号的正式处理之前要进行信号的零均值化。

零均值化也叫中心化，即把被分析数据值转换为零均值的数据，这样可以减少信号处理与分析中的误差，且能简化以后分析中用的公式和计算。

6.3.2 奇异点(野点)剔除

数据中的奇异点往往是由于测量系统引入了较大的外部干扰或一些人为错误所造成的（如测量过程中严重的噪声干扰、信号丢失、传感器失灵等），其数值往往不符合一般客观事物的变化规律。这些奇异点如不及时剔除会对将来的信号处理带来严重的影响。例如，一个数字化后达到最大值的奇异点会使谱分析的整个噪声水平增大，而两个相距很近的奇异点将在谱分析中产生许多虚假的频率成分。通常可以通过对数据的物理分析和人工鉴别的方法剔除这些奇异点，或者将某一采集数据 x_i 与其相邻的数据点进行比较，即判别 x_i 数值为合理点(非奇异点)的条件是其值必须满足下面的不等式，即

$$x_{i-1}-KS<x_i<x_{i+1}+KS \tag{6-4}$$

式中：K 为常数，通常取 $3\sim5$，根据被测的对象而定；S 由下式确定：

$$\left.\begin{array}{l} S=\sqrt{\dfrac{1}{N}\displaystyle\sum_{i=1}^{N}(x_i-\overline{x})^2} \\[3mm] \overline{x}=\dfrac{1}{N}\displaystyle\sum_{i=1}^{N}x_i \end{array}\right\} \tag{6-5}$$

6.3.3　消除趋势项

趋势项是样本记录中周期大于记录长度的频率成分，这可能是测试系统中各种原因引起的在时间序列中线性的或慢变的趋势误差，如果不去掉，会在相关分析和功率谱分析中出现很大畸变，如图 6-6 所示。数据中的趋势项甚至可以使低频时的谱估计完全失去真实性。但是，在某些问题中，趋势项不是误差，而是原始数据中本来包含的成分，它本身就是一个需要知道的结果，这样的趋势项就不能消除，所以消除趋势项的工作要特别谨慎。只有物理上需要消除的和数据中明显的、确定误差的趋势项才能消除。趋势项可能随时间作线性增长，也可能按平方关系增长。为了消除趋势项，需要对数据作特殊处理，最常用而精度又高的一种方法就是最小二乘法，该方法算法简单，精度又高，不但能消除线性趋势项，还能消除高阶多项式趋势项。

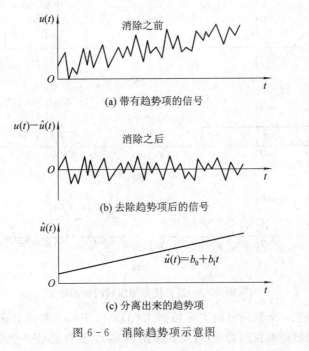

(a) 带有趋势项的信号

(b) 去除趋势项后的信号

(c) 分离出来的趋势项

图 6-6　消除趋势项示意图

6.4 数字信号处理基础

6.4.1 信号的时域截断与泄漏

数字信号的处理与分析与模拟信号不同，数字信号处理是针对数据块进行的。模/数转换输出的数字串 x_n 先要被分为一系列的点数相等的数据块，再一块一块地参与运算。设每个数据块的数据点数为 N，在采样频率一经确定后，每个数据块所表示的实际信号长度 $T=N\Delta t$ 是一个有限的确定值。截取有限长度段信号的过程称为对信号的时域截断，下面介绍由于该截断引起的相关问题。

1. 泄漏现象

正如上面所说，数字信号分析不可能对无限长的信号进行分析运算，而是需要选取合理的采样长度 T，即对信号进行截断。假定截断区间为 $(-T,T)$，由于对 $|t|>T$ 的 $x(t)$ 值为零，因而所得到的频谱为近似的，与实际有一定差异。截断实质上是对无限长的信号 $x(t)$ 加一个权函数 $w(t)$ 或称为窗函数，而将被分析信号变为

$$x_w(t)=x(t)w(t) \tag{6-6}$$

其傅里叶变换为

$$X_w(\omega)=\frac{1}{2\pi}X(\omega)\cdot W(\omega) \tag{6-7}$$

即截断后所得频谱 $X_w(\omega)$ 是真实频谱 $X(\omega)$ 与窗谱 $W(\omega)$ 的卷积。图 6-7 表示了余弦信号的真实频谱和截断后所得频谱之间的差异。

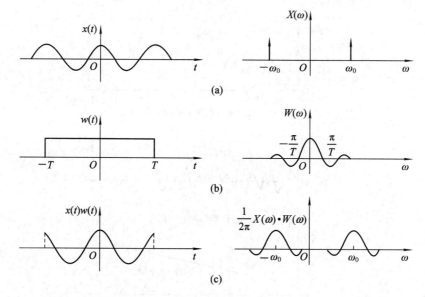

图 6-7 余弦信号加窗后的泄漏现象

图 6-7(a)表明，余弦信号的实际频谱 $X(\omega)$ 是位于 $|\omega_0|$ 处的 δ 函数，其频谱为两根谱线。图 6-7(b)给出矩形窗函数 $w(t)$ 及其频谱 $W(\omega)$，其窗谱是一个采样函数。而卷积的结果如图 6-7(c)所示，加窗后的频谱被分散为两个包含主瓣与旁瓣的采样型函数。显然，真

实频谱被歪曲了，这种现象称为泄漏。这种因时域被截断而在频域增加很多频率成分的泄漏是影响频谱分析精度的重要因素之一。

2. 窗函数及其选用

如上所述，截断是必然的，如果增大截断长度 T，即矩形窗口加宽，则窗谱 $W(\omega)$ 主瓣将变窄，主瓣以外的频率成分衰减较快，因而泄漏误差将减小。

可见，泄漏与窗函数频谱的两侧旁瓣有关，为此，可采用不同的时域窗函数来截断信号，以满足不同的分析需要。研究窗谱形状的基本思路是改善截断处的不连续状态，因为时域内的截断反映到频域必然产生振荡现象。加窗的作用除了减少泄漏以外，在某些场合，还可抑制噪声，提高频率分辨能力。

基于上述分析，对于窗函数的基本要求是：窗谱的主瓣要窄且高，以提高分辨率；旁瓣高度与主瓣高度之比尽可能小，旁瓣衰减快，正负交替接近相等，以减少泄漏或负谱现象。不过，对于实际的窗函数，这两个要求是互相矛盾的。主瓣窄的窗函数，旁瓣也较高；旁瓣矮、衰减快的窗函数，主瓣也较宽。实际分析时要根据不同类型信号和具体要求选择适当的窗函数。

常用窗函数及其特性如下：

1) 矩形窗

如前所述，矩形加窗相当于不加窗，信号截断后直接进行分析运算。矩形窗属于时间变量的零次幂窗，函数形式为

$$w(t) = \begin{cases} \dfrac{1}{T} & 0 \leqslant |t| \leqslant T \\ 0 & |t| > 1 \end{cases} \tag{6-8}$$

相应的窗谱为

$$W(\omega) = \frac{2\sin\omega T/2}{\omega T} \tag{6-9}$$

矩形窗的形状如图 6-7(b) 所示。它的优点是主瓣宽度窄；缺点是旁瓣较高，泄漏较为严重，第一旁瓣相对主瓣衰减 -13 dB，旁瓣衰减率 -6 dB/倍频程。矩形窗可用于脉冲信号的加窗，调节其窗宽，使之等于或稍大于脉冲的宽度，不仅不会产生泄漏，而且可以排除脉冲宽度外的噪声干扰，提高分析信噪比。在特定条件下，矩形窗也可用于周期信号的加窗，如果矩形窗的宽度能正好等于周期信号的整数个周期，则泄漏可以完全避免。

2) 汉宁窗

汉宁窗是由一个高度为 1/2 的矩形窗与一个幅值为 1/2 的余弦窗叠加而成的，它的时、频域表达式是

$$w(t) = \begin{cases} \dfrac{1}{2} + \dfrac{1}{2}\cos\dfrac{2\pi}{T}t & |t| < T/2 \\ 0 & |t| > T/2 \end{cases} \tag{6-10}$$

$$W(\omega) = \frac{\sin\omega T}{\omega T} + \frac{1}{2}\left[\frac{\sin(\omega T + \pi)}{\omega T + \pi} + \frac{\sin + (\omega T - \pi)}{\omega T - \pi}\right] \tag{6-11}$$

式 (6-11) 表明，汉宁窗的谱窗是由三个矩形谱叠加组成的。由于 $\pm\pi$ 的频移，使这三个谱窗的正负旁瓣相互抵消，合成的汉宁谱窗的旁瓣很小，衰减也较快。汉宁窗的第一旁

瓣相对主瓣衰减-32 dB，旁瓣衰减率-18 dB/倍频程，但它的主瓣宽度是矩形窗的 1.5倍。图 6-8 为汉宁窗的时域函数图形和经汉宁窗后的正弦信号。可见，正弦信号经汉宁窗后，在窗宽（也就是数据段的长度）内，其幅值被不等加权。

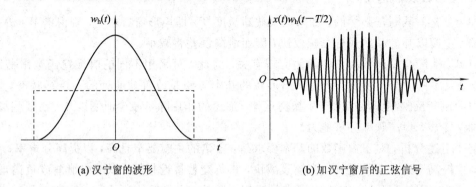

(a) 汉宁窗的波形　　　　　　　　　　(b) 加汉宁窗后的正弦信号

图 6-8　汉宁窗与经汉宁窗后的正弦信号

　　汉宁窗具有较好的综合特性，它的旁瓣小而且衰减快，适用于随机信号和周期信号的截断与加窗。这种两端为零的平滑窗函数可以消除截断时信号始末点的不连续性，大大减少截断对谱分析的干扰，但是这是以降低频率分辨率为代价而得到的。图 6-9 为同一正弦信号分别加汉宁窗和矩形窗后计算出的频谱（窗宽不是正弦信号周期的整数倍），该图清楚地显示汉宁窗减少泄漏误差的效果。

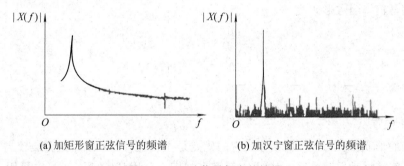

(a) 加矩形窗正弦信号的频谱　　　　　(b) 加汉宁窗正弦信号的频谱

图 6-9　正弦信号加窗的效果

3）指数窗

　　理论分析和实验表明，很多系统受到瞬态激励时，会产生一种确定性的，并最终衰减为零的振荡，衰减的快慢取决于系统的阻尼。

　　如果用矩形窗截取衰减振荡信号，由于窗宽 T 受各种因素影响不能太长，则信号末端代表小阻尼模态的信号段会被丢失。汉宁窗起始处为零或很小，破坏信号的始端数据。这种情况比较合适的是采用指数衰减窗 $\omega(t)=\mathrm{e}^{-\sigma t}$，将其与衰减振荡信号相乘，可以加快衰减。

　　选择适当的衰减因子 σ，使信号在截断末端的幅值相对于其最大值衰减约为-80 dB，可以满足各类工程测试的要求。加指数窗相当于使结构振动的衰减因子增加了一个 σ 值，在处理分析结果时要考虑这一因子。

　　信号数字分析中采用的窗函数还有三角窗、海明窗等，它们各有其特点，对泄漏误差都有一定的抑制作用，有兴趣的读者可查阅有关书籍。

6.4.2 离散傅里叶变换及快速傅里叶变换

1. 离散傅里叶变换（DFT）

1）基本公式

傅里叶变换建立了时间函数和频谱函数之间的关系，这种关系对信号分析带来了许多方便。对于离散的数字信号，可以参照连续信号的傅里叶变换，得到针对离散信号的离散傅里叶变换（DFT）。

对模拟信号采样后得到一个 N 个点的时间序列 $x(n)$，对其作离散傅里叶变换（DFT），得到 N 个点的频率序列 $X(k)$，即为 $x(n)$ 的傅里叶变换，$X(k)$ 和 $x(n)$ 为一离散傅里叶变换对，即有

$$X(k) = \sum_{n=0}^{N-1} x(n) e^{-j2\pi kn/N} \qquad k = 0, 1, 2, \cdots, N-1 \qquad (6-12)$$

$$X(n) = \frac{1}{N} \sum_{k=0}^{N-1} X(k) e^{j2\pi kn/N} \qquad n = 0, 1, 2, \cdots, N-1 \qquad (6-13)$$

上述的离散傅里叶变换对将 N 个时域采样点 $x(n)$ 与 N 个频率采样点 $X(k)$ 联系起来，建立了时域与频域的关系，提供了通过数字计算机作傅里叶变换运算的一种数学方法。

2）基本性质

在对离散数字信号进行分析时，掌握 DFT 的基本性质非常重要。其中最重要的基本性质是 DFT 的周期性和共轭性。

（1）周期性指的是离散信号在时间轴上按时间间隔 Δt 采样后得到离散信号 $x(n)$，其频谱为 $X(k)$，则离散时间信号 $x(n)$ 与离散频谱 $X(k)$ 分别是时域和频域内的以 N 为周期的周期序列。即时域离散采样导致频域周期化，频域离散采样将导致时域周期化。

（2）共轭性指的是对于时域信号 $x(n)$，由于其频谱 $X(k)$ 在 $1 \sim N-1$ 内，以 $N/2$ 为中点，是左右共轭的，如图 6-10 所示，所以 $X(k)$ 只有在 $k = 0, 1, 2, \cdots, N/2-1$ 处的值是独立的。在进行谱分析时，离散傅里叶变换的结果只需显示 $k = 0, 1, 2, \cdots, N/2-1$ 条谱线。但在数字信号分析系统中，为了傅里叶逆变换的需要，全部 N 点的 $X(k)$ 值仍然保留。

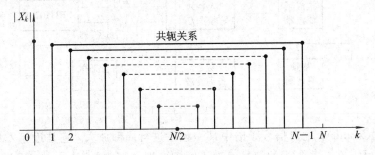

图 6-10 离散傅里叶变换的共轭特性

如果 $x(t)$ 是周期等于 T 的周期信号，它的离散频谱和功率谱可以分别由下面的公式计算，即

$$c_n\big|_{n=k} = \frac{1}{N} X(k) \qquad (6-14)$$

$$|c_n|^2\Big|_{n=k}=\frac{1}{N^2}|X(k)|^2 \tag{6-15}$$

2. 快速傅里叶变换(FFT)

虽然 DFT 为离散信号的分析提供了工具，但因计算时间很长很难实现。由上面可以看出，对 N 个数据点作 DFT 变换，需要 N^2 次复数相乘和 $N(N-1)$ 次复数相加，这个运算工作量是很大的，尤其是当 N 比较大时。如对于 $N=1024$ 点，需要一百多万次复数乘法运算，所需的运算时间太长，难以满足实时分析的需要。为了减少 DFT 很多重复的运算量，产生了快速傅里叶变换(FFT)算法。若以 FFT 算法对 N 个点的离散数据作傅里叶变换，则需要 $\frac{N}{2}\log_2 N$ 次复数相乘和 $N\log_2 N$ 次复数相加，显然，运算量大大减少。

FFT 算法在傅里叶变换近似运算、谐波分析、快速卷积运算、快速相关运算及功率谱计算等方面已大量应用，并广泛应用于各个领域，已成为科研人员和工程技术人员进行信号分析最主要的工具之一，它的重要性无与伦比。鉴于此算法已相当成熟，已由大量的计算机软件来实现，其原理和方法也有许多专著介绍，此处不再赘述。

6.4.3 细化 FFT

连续信号 $x(t)$ 在 $[0,T]$ 内以采样周期 T_s 作 N 点采样后，频谱被周期延拓，延拓周期为采样频率 $f_s=1/T_s$。若该频谱用 DFT 来逼近，即用 FFT 计算时，则只能观察到 $f=k\Delta f$（$k=0,1,2,\cdots,N-1$；$\Delta f=1/T$）频率点上的频谱，即存在栅栏效应。为了能观察到被遮挡的频率，必须增大信号的截断长度 T，即增加采样点数 N，这会导致 FFT 运算次数剧增。若要使分辨率提高 D 倍（D 为正整数），则要作 $M=DN$ 点的 FFT 运算，复数乘法次数由原来的 $N\log_2 N$ 次剧增到 $DN\log_2 DN$ 次，存储量也增加 D 倍，这对采样点数本来就已经较大且在计算机能力又有限的情况下是难以实现的。信号处理中，有时只需要仔细了解信号在某频段内的谱，而对其余频段的谱只需要一般了解即可，此时若用 DN 点计算 FFT，使整个频段具有相同的分辨率，这对无需高分辨率的频段来说是一种浪费。细化 FFT 算法(Zoom-FFT)能解决上述矛盾，如图 6-11 所示。

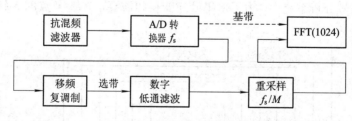

图 6-11 Zoom-FFT

所谓细化(Zoom)，是对信号频谱中某一频段进行局部放大，它是近年发展起来的一项信号处理新技术，在一些先进的信号处理机上配有硬件细化单元。标准 FFT 分析结果也称基带 FFT 的频率谱线，是从零频率到截止频率 $f_s/2$ 的范围内均匀分布的。例如，要使分析频率范围到 1 kHz，采样频率必须大于 2 kHz，若 FFT 块大小(采样点数) $N=1024$，则可以获得的频率分辨率为 $1000/512\approx 2$ Hz。如果要使分辨率提高，正常情况下有两种途径：一是缩小分析频率范围，二是增加 FFT 块大小。前者使得分析范围减小，后者增加了计算时间及内存空间。

　　Zoom 是在分析频 f_c($f_c = f_s/2$)内某一中心频率 f_0 附近局部增加谱线的密度。经过 Zoom 分析后，总的谱线没有变化，但频率范围已不是 $0 \sim f_c$，而是在 f_0 左右的一个范围，因此可以增加 f_0 附近的分辨率。细化的方法有 Chip-Z 变换、Yip-Zoom 变换及相位补偿 Zoom-FFT 等。

复 习 与 思 考

　　6.1　试叙述数字信号获取的方法和应该注意的要点。

　　6.2　简述模拟信号数字化的过程以及出现的主要误差和处理方法。

　　6.3　为什么要在数据采集系统中使用采样电路？

　　6.4　简述细化 FFT 的作用和特点。

　　6.5　对三个正弦信号 $x_1(t) = \cos 2\pi t$、$x_2(t) = \cos 6\pi t$、$x_3(t) = \cos 10\pi t$ 进行采样，采样频率 $f_s = 4$ Hz，求三个采样输出序列，比较这三个结果，画出 $x_1(t)$、$x_2(t)$、$x_3(t)$ 的波形及采样点位置，并解释频率混叠现象。

第7章　测试信号分析与处理

　　测试工作的目的是获取反映被测对象的状态和特征的信息，测试中所获得的各种动态信号包含着丰富的有用信息。同时，由于测试系统内部和外部各种因素的影响，必然在输出信号中混有噪声，有用的信号总是和各种噪声混杂在一起，有时本身也不明显，难以直接识别和利用，必须对所测量的信号进行必要的分析与处理，才能比较准确地提取测得信号中所包含的有用信息。因此，测试信号分析与处理的目的如下：

　　(1) 剔除信号中的噪声和干扰，提高信噪比；

　　(2) 消除测量系统误差，修正畸变的波形；

　　(3) 强化、突出有用信息，削弱信号中的无用部分；

　　(4) 将信号加工、处理、变换，以便更容易地识别和分析信号的特征，解释被测对象所表现的各种物理现象。

　　信号分析和信号处理是密切相关的，二者没有明确的界限。通常，把能够简单、直观、迅速地研究信号构成和特征值分析的过程称为信号分析，如信号的时域分析、幅值域分析、相关分析等；把经过必要的变换、处理、加工才能获得有用信息的过程称为信号处理，如对信号的功率谱分析、系统响应分析、相干分析等。信号分析和处理的内容主要包括时域和频域分析等，本章重点讨论频域分析。信号分析和处理的方法主要有模拟分析方法和数字处理分析方法。

7.1　信号的时域分析

7.1.1　波形分析

　　时域波形分析是时域分析的基本方法，它能提供信号随时间变化的最基本信息。因此，波形分析在大型回转机械监测和故障诊断中普遍受到重视和广泛的应用。

　　时域波形是描述信号的时间历程，以周期振动信号为例，其数学表达式为

$$x(t) = x(t + kT) \tag{7-1}$$

它反应振动信号随时间变化的情况，如是否稳定、是否叠加有高频或低频分量及通频振动的大小情况。

　　在机械系统中，回转体不平衡引起的振动往往也是一种周期性运动。例如，如图 7-1 所示是某钢厂减速机振动测点布置图，如图 7-2 所示是减速机测得的振动信号波形（测点3），可以近似地看做是周期信号。

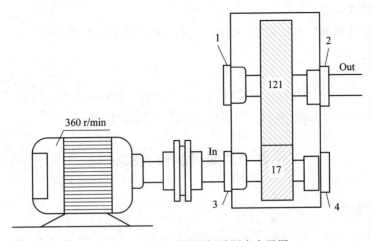

图 7 - 1　某钢厂减速机振动测点布置图

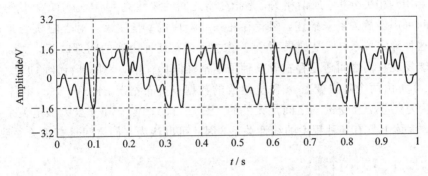

图 7 - 2　某钢厂减速机(测点 3)振动信号波形

对于式(7 - 1)所表示的周期振动,可用以下时域特征值来描述其振动波形特征:

(1) 峰-峰值:指最大波峰到最小波谷之间的距离。

(2) 幅值 X_p:指波形上相对于零线的最大偏离值。

(3) 波形系数 F_t:

$$F_t = \frac{X_{max}}{X_{av}} \tag{7 - 2}$$

(4) 波峰系数 F_c:

$$F_c = \frac{X_p}{X_{rms}} \tag{7 - 3}$$

式中,X_{rms}、X_{av} 分别代表信号的有效值和平均绝对值。F_t、F_c 反映了时域波形的形状特征。

7.1.2　包络分析

有些合成波比简单波复杂,但其波形变化有一定的规律,它的包络线有一定的趋向,这时可用包络线法进行分析处理。分析方法与步骤如下:

(1) 若上下包络线形状相同,相位一致,则属于简单情况,包络线内只有一个高频分量。

(2) 上或下包络线代表低频分量,包络线内的波形为高频分量。

(3) 包络线本身的峰谷在 1 s 内交替变化的次数为低频分量的频率数,其峰-峰值即为低频分量的参量幅值。1 s 内高频分量的振动次数为高频分量的频率值,由包络线宽度可计算高频分量的参量幅值。

（4）若两包络线近似为正弦波，但反相，则其间高频分量呈拍形。

7.1.3 统计分析

根据输入的原始数据及给定的概率区间求出代表信号特征的概率密度，以直方图的形式给出，同时求出信号的峰-峰值、均方值、均值、峭度指标等。

7.2 信号的相关分析

7.2.1 相关系数

在测试信号分析中，相关是一个非常重要的概念，在振动测试分析、雷达测距、声发射探伤等都要用到相关分析。所谓相关，是指变量之间的线性关系，对于确定性信号而言，两个变量之间可用函数关系来描述，两者存在一一对应的确定关系。对于随机变量而言，两者不存在这种确定关系，但是如果两个变量之间具有某种内涵的物理联系，那么，通过大量统计就能发现它们之间还是存在着某种虽不精确但具有相应表征其特性的近似关系。

图 7 - 3 是由两个随机变量 x 和 y 组成的数据点分布情况。图 7 - 3(a)中各点分布很散，可以认为变量 x 和变量 y 之间是无关的。图 7 - 3(b)中，x 和 y 虽无确定关系，但从统计结果看，大体上具有某种程度的线性关系，因此可以认为它们之间具有相关关系。

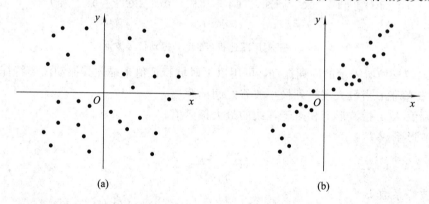

图 7 - 3 两随机变量的相关性

变量 x 和 y 之间的相关程度用相关系数 ρ_{xy} 表示为

$$\rho_{xy}=\frac{\sigma_{xy}}{\sigma_x\sigma_y}=\frac{E[(x-\mu_x)(y-\mu_y)]}{\sqrt{E[(x-\mu_x)]^2 E[(y-\mu_y)]^2}} \tag{7-4}$$

式中：σ_{xy} 为随机变量 x、y 的协方差；μ_x、μ_y 分别为随机变量 x、y 的均值；σ_x、σ_y 分别为随机变量 x、y 的标准差；$E(\cdot)$ 为求随机变量的数学期望。

利用柯西-许瓦兹不等式

$$E[(x-\mu_x)(y-\mu_y)]^2 \leqslant E[(x-\mu_x)]^2 E[(y-\mu_y)]^2 \tag{7-5}$$

可知 $|\rho_{xy}|\leqslant1$。当 $\rho_{xy}=1$ 时，说明 x、y 两变量是理想的线性相关；当 $\rho_{xy}=-1$ 时，也是理想的线性相关，只是直线的斜率为负；当 $\rho_{xy}=0$ 时，表示 x、y 两变量之间完全无关。

7.2.2　信号的自相关分析

1. 自相关函数的概念

$x(t)$ 是某各态历经随机过程的一个样本记录，$x(t+\tau)$ 是 $x(t)$ 时移 τ 后的样本，如图 7-4 所示。

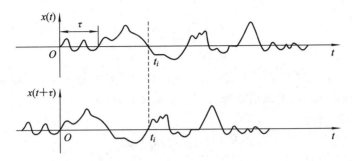

图 7-4　各态历经随机过程的样本记录

两个样本的相关程度可以用相关系数来分析。若将 $\rho_{x(t)x(t+\tau)}$ 简写成 $\rho_x(\tau)$，则有

$$\rho_x(\tau) = \frac{\lim\limits_{T\to\infty}\dfrac{1}{T}\int_0^T \big[x(t)-\mu_{x(t)}\big]\big[x(t+\tau)-\mu_{x(t+\tau)}\big]\mathrm{d}t}{\sigma_{x(t)}\sigma_{x(t+\tau)}}$$

将上式分子展开，并利用 $x(t)$ 和 $x(t+\tau)$ 具有相同的均值和方差，即

$$\lim_{T\to\infty}\frac{1}{T}\int_0^T x(t)\mathrm{d}t = \mu_x$$

$$\lim_{T\to\infty}\frac{1}{T}\int_0^T x(t+\tau)\mathrm{d}t = \mu_x$$

$$\mu_{x(t)} = \mu_{x(t+\tau)} = \mu_x$$

$$\sigma_{x(t)} = \sigma_{x(t+\tau)} = \sigma_x$$

从而得

$$\rho_x(\tau) = \frac{\lim\limits_{T\to\infty}\dfrac{1}{T}\int_0^T x(t)x(t+\tau)\mathrm{d}t - \mu_x^2}{\sigma_x^2} \tag{7-6}$$

对各态历经随机信号定义自相关函数 $R_x(\tau)$ 为

$$R_x(\tau) = \lim_{T\to\infty}\frac{1}{T}\int_0^T x(t)x(t+\tau)\mathrm{d}t \tag{7-7}$$

则

$$\rho_x(\tau) = \frac{R_x(\tau)-\mu_x^2}{\sigma_x^2} \tag{7-8}$$

应当指出的是，信号的性质不同，自相关函数具有不同的形式。对于周期信号（功率信号）和非周期信号（能量信号），自相关函数的定义分别如下：

周期信号为

$$R_x(\tau) = \frac{1}{T}\int_0^T x(t)x(t+\tau)\mathrm{d}t \tag{7-9}$$

非周期信号为

$$R_x(\tau) = \int_{-\infty}^{\infty} x(t)x(t+\tau)\mathrm{d}t \qquad (7-10)$$

2. 自相关函数的性质

(1) 自相关函数为实偶函数,即 $R_x(\tau) = R_x(-\tau)$。

证明
$$\begin{aligned}
R_x(-\tau) &= \lim_{T\to\infty} \frac{1}{T}\int_0^T x(t)x(t-\tau)\mathrm{d}t \\
&= \lim_{T\to\infty} \frac{1}{T}\int_0^T x(t+\tau)x(t+\tau-\tau)\mathrm{d}(t+\tau) \\
&= R_x(\tau)
\end{aligned}$$

即 $R_x(\tau) = R_x(-\tau)$,又因为 $x(t)$ 是实函数,所以自相关函数是 τ 的实偶函数。

(2) 自相关函数 $R_x(\tau)$ 的取值范围为 $\mu_x^2 - \sigma_x^2 \leqslant R_x(\tau) \leqslant \mu_x^2 + \sigma_x^2$。

证明 由式(7-8)得
$$R_x(\tau) = \rho_x(\tau)\sigma_x^2 + \mu_x^2$$

又因为 $|\rho_{xy}(\tau)| \leqslant 1$,所以

$$\mu_x^2 - \sigma_x^2 \leqslant R_x(\tau) \leqslant \mu_x^2 + \sigma_x^2 \qquad (7-11)$$

(3) 自相关函数 $R_x(\tau)$ 在 $\tau=0$ 时取最大值,并等于该随机信号的均方值 ψ_x^2。根据自相关函数定义可知

$$R_x(0) = \lim_{T\to\infty} \frac{1}{T}\int_0^T x^2(t)\mathrm{d}t = \psi_x^2 = \sigma_x^2 + \mu_x^2 \qquad (7-12)$$

(4) 当 $\tau\to\infty$ 时,$x(t)$ 和 $x(t+\tau)$ 之间不存在内在联系,彼此无关,即

$$\rho_x(\tau) \underset{\tau\to\infty}{\to} 0 \quad , \quad R_x(\tau) \underset{\tau\to\infty}{\to} \mu_x^2$$

自相关函数的上述 4 个性质可以用图 7-5 来表示。

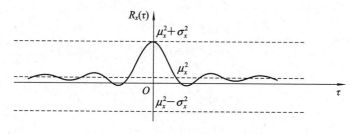

图 7-5 自相关函数的性质

(5) 周期函数的自相关函数为同频率的周期函数。

例 7-1 求正弦函数 $x(t) = x_0\sin(\omega t + \varphi)$ 的自相关函数。

解 根据式(7-9)得

$$R_x(\tau) = \frac{1}{T}\int_0^T x(t)x(t+\tau)\mathrm{d}t = \frac{1}{T}\int_0^T x_0^2\sin(\omega t+\varphi)\sin[\omega(t+\tau)+\varphi]\mathrm{d}t$$

式中,T 是正弦函数的周期,$T = 2\pi/\omega$。

作变量替换,令 $\omega t + \varphi = \theta$,则 $\mathrm{d}t = \mathrm{d}\theta/\omega$,有

$$R_x(\tau) = \frac{x_0^2}{2\pi}\int_0^{2\pi}\sin\theta\sin(\omega\tau+\theta)\mathrm{d}\theta = \frac{x_0^2}{2}\cos\omega\tau$$

可见正弦函数的自相关函数是同频率的余弦函数,在 $\tau=0$ 时取最大值。正弦函数的自相关

函数保留了原信号的幅值信息和频率信息，但丢失了初始相位信息。

几种典型信号的自相关函数如表 7-1 所示。稍加对比就可以看出自相关函数是区别信号类型的一个非常有效的手段。只有信号中含有周期成分，其自相关函数在 τ 很大时都不衰减，并具有明显的周期性。不包含周期成分的随机信号，当 τ 稍大时自相关函数就趋近于零。宽带随机噪声的自相关函数很快衰减到零，窄带随机噪声的自相关函数则具有较慢的衰减特性。

表 7-1　典型信号的自相关函数

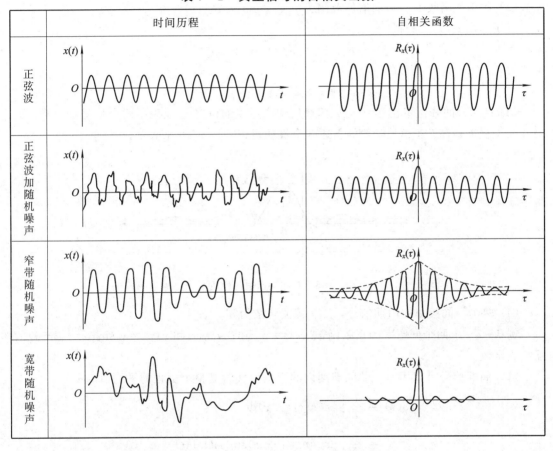

7.2.3　信号的互相关分析

1. 互相关函数的概念

对于各态历经随机过程，两个随机信号 $x(t)$ 和 $y(t)$ 的互相关函数 $R_{xy}(\tau)$ 定义为

$$R_{xy}(\tau) = \lim_{T \to \infty} \frac{1}{T} \int_0^T x(t) y(t+\tau) \mathrm{d}t \tag{7-13}$$

时移为 τ 的两信号 $x(t)$ 和 $y(t)$ 的相关系数为

$$\rho_{xy}(\tau) = \frac{R_{xy}(\tau) - \mu_x \mu_y}{\sigma_x \sigma_y} \tag{7-14}$$

2. 互相关函数的性质

（1）互相关函数是非奇非偶函数，且两信号的互相关函数与顺序有关，即 $R_{xy}(\tau)$ 和

$R_{yx}(\tau)$ 一般是不相等的，而满足 $R_{xy}(\tau)=R_{yx}(-\tau)$。

因为所讨论的随机过程是平稳的，在时刻 t 从样本采样计算的互相关函数和 $t-\tau$ 时刻从样本采样计算的互相关函数是一致的，即

$$R_{xy}(\tau)=\lim_{T\to\infty}\frac{1}{T}\int_0^T x(t)y(t+\tau)\mathrm{d}t=\lim_{T\to\infty}\frac{1}{T}\int_0^T x(t-\tau)y(t)\mathrm{d}t$$

$$=\lim_{T\to\infty}\frac{1}{T}\int_0^T y(t)x(t-\tau)\mathrm{d}t=R_{yx}(-\tau)$$

（2）互相关函数 $R_{xy}(\tau)$ 的取值范围为 $\mu_x\mu_y-\sigma_x\sigma_y\leqslant R_{xy}(\tau)\leqslant\mu_x\mu_y+\sigma_x\sigma_y$。

证明 由式（7-14）得

$$R_{xy}(\tau)=\rho_{xy}(\tau)\sigma_x\sigma_y+\mu_x\mu_y$$

又因为 $|\rho_{xy}(\tau)|\leqslant 1$，所以

$$\mu_x\mu_y-\sigma_x\sigma_y\leqslant R_{xy}(\tau)\leqslant\mu_x\mu_y+\sigma_x\sigma_y \tag{7-15}$$

（3）$R_{xy}(\tau)$ 的峰值不在 $\tau=0$ 处，其峰值偏离原点的位置 τ_0 反映了两个信号的时移，此时互相关程度最高。互相关函数的上述 3 个性质可以用图 7-6 来表示。

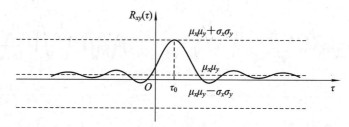

图 7-6 互相关函数的性质

（4）两个不同频率的周期信号，其互相关函数为零。

例 7-2 求两个同频率的正弦函数 $x(t)=x_0\sin(\omega t+\varphi)$ 和 $y(t)=y_0\sin(\omega t+\varphi-\theta)$ 的互相关函数。

解 周期信号可以用一个共同周期内的平均值代替其整个历程的平均值，故

$$R_{xy}(\tau)=\frac{1}{T}\int_0^T x(t)y(t+\tau)\mathrm{d}t$$

$$=\frac{1}{T}\int_0^T x_0\sin(\omega t+\varphi)\sin[\omega(t+\tau)+\varphi-\theta]\mathrm{d}t$$

$$=\frac{1}{2}x_0y_0\cos(\omega\tau-\theta)$$

由此可见，两个均值为零且具有相同频率的周期信号，其互相关函数中保留了两个信号的角频率、幅值和相位差的信息。

例 7-3 求两个不同频率的正弦函数 $x(t)=x_0\sin(\omega_1 t+\varphi)$ 和 $y(t)=y_0\sin(\omega_2 t+\varphi-\theta)$ 的互相关函数。

解
$$R_{xy}(\tau)=\frac{1}{T}\int_0^T x(t)y(t+\tau)\mathrm{d}t$$

$$=\frac{1}{T}\int_0^T x_0 y_0\sin(\omega_1 t+\varphi)\sin[\omega_2(t+\tau)+\varphi-\theta]\mathrm{d}t$$

根据三角函数系的正交性，可知

$$R_{xy}(\tau)=0$$

可见，两个不同频率的周期信号是不相关的。

3. 互相关分析的工程应用案例

在测试技术中，互相关技术得到了广泛的应用，下面介绍一些典型工程应用案例。

（1）相关滤波。互相关函数是在噪声背景下提取有用信息的一个非常有效的手段。对一个线性系统激振，所测得的振动信号中常常含有大量的噪声干扰。根据线性系统的频率保持性，只有和激振频率相同的成分才可能是由激振而引起的响应，其他成分均是干扰。因此，只要将激振信号和所测得的响应信号进行互相关就可以得到由激振而引起的响应，从而消除了噪声的干扰。这种应用相关分析来消除信号噪声干扰、提取有用信息的处理方法称为相关滤波。

（2）相关测速。工程中常用两个间隔一定距离的传感器进行非接触测量运动物体的速度。图 7-7 是非接触测量热轧钢带运动速度的示意图，测速系统由性能相同的两组光电池、透镜、可调延时器和相关器组成。当运动的热轧钢带表面的反射光经透镜聚焦在相距为 d 的两个光电池上时，反射光通过光电池转换为电信号，经可调延时器，再经过互相关处理。当可调延时 τ 等于钢带上某点在两个测点之间经过所需的时间 τ_d 时，互相关函数为最大。所测钢带的运动速度为 $v=d/\tau_d$。

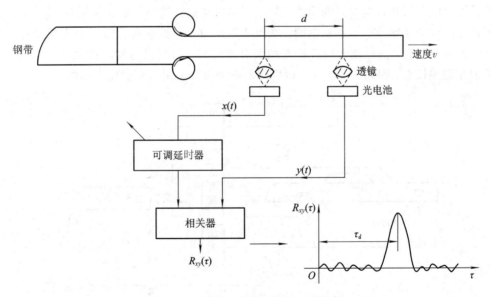

图 7-7　钢带运动速度的非接触测量

利用相关测速的原理，在汽车前后轴上安装传感器，可以测量汽车在冰面上行驶时，车轮滑动加滚动的车速；在船体底部前后一定距离安装两套向水底发射、接收声呐的装置，可以测量航船的速度。

（3）故障诊断。常用互相关函数的性质来诊断容器的裂痕位置，确定深埋于地下的输油管道裂损位置的实例如图 7-8 所示。沿着输油管轴向两侧分别安装传感器（拾声器）1 和 2，漏损处 K 视为向两侧传播声波的声源，因传感器安装位置距离漏损处不等距，漏油的声波传至两传感器有时差，利用互相关分析确定出互相关峰值对应的时间 τ_m，由 τ_m 可以确定

输油管道漏损位置，即

$$s = \frac{v\tau_m}{2}$$

式中：s 为两传感器中心点至漏损处的距离；v 为声波在管道内的传播速度。

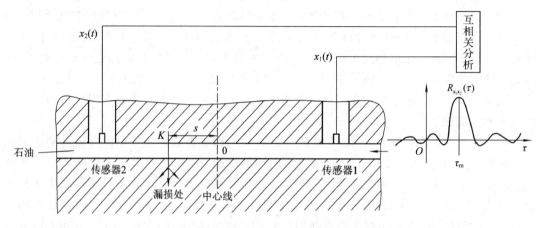

图 7-8　确定输油管裂损位置

（4）传递通道的确定。相关分析可以应用于工业噪声传递通道的分析和隔离、剧场音响传递通道的分析和音响效果的完善、复杂管路振动的传递和振源的判别等。图 7-9 是汽车司机座振动传递途径的识别示意图。在汽车发动机、司机座和后桥三个不同位置放置加速度传感器，将输出信号放大后进行互相关分析可知，司机座与发动机振动相关性小，与后桥的互相关较大，因此，可以认为司机座的振动主要是由汽车后轮引起的。

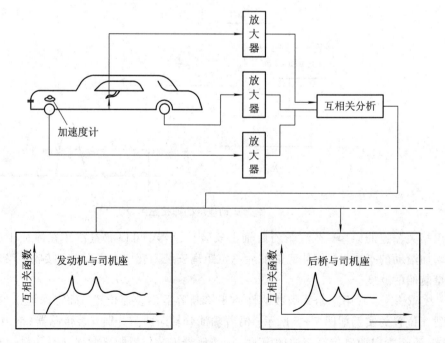

图 7-9　车辆振动传递途径的识别

图 7-10 是复杂管路系统振动传递途径识别的示意图。图中，主管路上测点 A 的压力正常，分支管路的输出点 B 的压力异常，将传感器的输出信号进行互相关分析，便可以确定哪条途径对 B 点的压力变化影响最大。

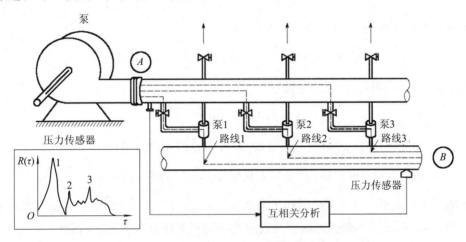

图 7-10　复杂管路系统振动传递途径的识别

7.3　信号的频域分析

信号的时域分析描述了信号幅值随时间变化的特征，而频域分析描述了信号的频率结构和各种频率成分的幅值、相位大小。相关分析从时域角度为在噪声背景下提取有用信息提供了手段，功率谱分析则从频域角度为研究平稳随机过程提供了重要方法。

7.3.1　自功率谱密度函数

1. 定义及物理意义

设 $x(t)$ 是零均值的随机过程，且不含周期成分，则自相关函数 $R_x(\tau)$ 可满足傅里叶变换绝对可积的条件，即 $\int_{-\infty}^{\infty} |R_x(\tau)| \mathrm{d}\tau < \infty$，定义信号 $x(t)$ 的自功率谱密度函数为

$$S_x(f) = \int_{-\infty}^{\infty} R_x(\tau) \mathrm{e}^{-\mathrm{j}2\pi f\tau} \mathrm{d}\tau \tag{7-16}$$

即为自相关函数 $R_x(\tau)$ 的傅里叶变换，简称为自功率谱或自谱。$S_x(f)$ 的逆变换为

$$R_x(\tau) = \int_{-\infty}^{\infty} S_x(f) \mathrm{e}^{\mathrm{j}2\pi f\tau} \mathrm{d}f \tag{7-17}$$

由于 $S_x(f)$ 和 $R_x(\tau)$ 是一组傅里叶变换对，两者是唯一对应的，$S_x(f)$ 中包含了 $R_x(\tau)$ 的全部信息。因为 $R_x(\tau)$ 是实偶函数，可证明 $S_x(f)$ 亦为实偶函数，即 $S_x(f) = S_x(-f)$，为双边自功率谱。因此，习惯上常用正频率范围 $f \geqslant 0$ 来定义自功率谱，即

$$G_x(f) = 2S_x(f) \qquad f \geqslant 0 \tag{7-18}$$

$G_x(f)$ 称为信号 $x(t)$ 的单边自功率谱密度函数，如

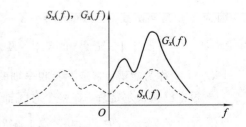

图 7-11　单边和双边自功率谱

图 7-11 所示。

对于式(7-17)，当 $\tau=0$ 时，有

$$R_x(0) = \int_{-\infty}^{\infty} S_x(f)\mathrm{d}f \qquad (7-19)$$

由自相关函数的性质(3)可知，当 $\tau=0$ 时，有

$$R_x(0) = \lim_{T\to\infty} \frac{1}{T} \int_0^T x^2(t)\mathrm{d}t = \lim_{T\to\infty} \int_0^T \frac{x^2(t)}{T}\mathrm{d}t \qquad (7-20)$$

比较以上式(7-19)和式(7-20)可得

$$\int_{-\infty}^{\infty} S_x(f)\mathrm{d}f = \lim_{T\to\infty} \int_0^T \frac{x^2(t)}{T}\mathrm{d}t \qquad (7-21)$$

式(7-21)表明，$S_x(f)$ 曲线下的总面积与 $x^2(t)/T$ 曲线下的总面积相等。从物理意义上讲，$x^2(t)$ 是信号 $x(t)$ 的能量，$x^2(t)/T$ 是信号 $x(t)$ 的功率，而 $\lim\limits_{T\to\infty} \int_0^T \frac{x^2(t)}{T}\mathrm{d}t$ 是信号 $x(t)$ 的总功率。这一总功率与 $S_x(f)$ 曲线下的总面积相等，故 $S_x(f)$ 曲线下的总面积就表示信号 $x(t)$ 的总功率。$S_x(f)$ 的大小表明总功率在不同频率处的功率分布，因此，$S_x(f)$ 表示信号的功率密度沿频率轴的分布，故称为功率谱密度函数。

2. 巴塞伐尔定理

巴塞伐尔定理指出：在时域计算的信号总能量等于在频域计算的信号总能量，即

$$\int_{-\infty}^{\infty} x^2(t)\mathrm{d}t = \int_{-\infty}^{\infty} |X(f)|^2\mathrm{d}f \qquad (7-22)$$

证明 设有下列傅里叶变换对：

$$x_1(t) \Leftrightarrow X_1(f), \ x_2(t) \Leftrightarrow X_2(f)$$

根据傅里叶变换的卷积特性有

$$x_1(t) \cdot x_2(t) \Leftrightarrow X_1(f) * X_2(f)$$

即

$$\int_{-\infty}^{\infty} x_1(t)x_2(t)\mathrm{e}^{-\mathrm{j}2\pi f_0 t}\mathrm{d}t = \int_{-\infty}^{\infty} X_1(f)X_2(f_0-f)\mathrm{d}f$$

令 $f_0=0$，得

$$\int_{-\infty}^{\infty} x_1(t)x_2(t)\mathrm{d}t = \int_{-\infty}^{\infty} X_1(f)X_2(-f)\mathrm{d}f$$

又令 $x_1(t)=x_2(t)=x(t)$，得

$$\int_{-\infty}^{\infty} x^2(t)\mathrm{d}t = \int_{-\infty}^{\infty} X(f)X(-f)\mathrm{d}f$$

因为 $x(t)$ 是实函数，有 $X(-f)=X^*(f)$，所以

$$\int_{-\infty}^{\infty} x^2(t)\mathrm{d}t = \int_{-\infty}^{\infty} X(f)X^*(f)\mathrm{d}f = \int_{-\infty}^{\infty} |X(f)|^2\mathrm{d}f$$

$|X(f)|^2$ 称为能谱，它是沿着频率轴的能量分布密度。

根据巴塞伐尔定理，在整个时间轴上信号平均功率为

$$P_{\mathrm{av}} = \lim_{T\to\infty} \frac{1}{T} \int_0^T x^2(t)\mathrm{d}t = \int_{-\infty}^{\infty} \lim_{T\to\infty} \frac{1}{T} |X(f)|^2\mathrm{d}f \qquad (7-23)$$

比较式(7-23)与式(7-19)、式(7-20)，可得

$$S_x(f) = \lim_{T \to \infty} \frac{1}{T} |X(f)|^2 \tag{7-24}$$

例 7-4　应用巴塞伐尔定理求积分 $\int_{-\infty}^{\infty} \text{sinc}^2(t)\mathrm{d}t$。

解　令 $x(t) = \text{sinc}(t)$，其傅里叶变换为

$$X(f) = \begin{cases} \pi & -\dfrac{1}{2\pi} \leqslant f \leqslant -\dfrac{1}{2\pi} \\ 0 & \text{其他} \end{cases}$$

根据巴塞伐尔定理得

$$\int_{-\infty}^{\infty} \text{sinc}^2(t)\mathrm{d}t = \int_{-\infty}^{\infty} x^2(t)\mathrm{d}t = \int_{-\infty}^{\infty} |X(f)|^2 \mathrm{d}f = \int_{-1/2\pi}^{1/2\pi} \pi^2 \mathrm{d}f = \pi^2 \left(\frac{1}{2\pi} + \frac{1}{2\pi} \right) = \pi$$

7.3.2　互功率谱密度函数

设互相关函数 $R_{xy}(\tau)$ 满足傅里叶变换绝对可积的条件，则定义信号 $x(t)$ 和 $y(t)$ 的互功率谱密度函数为

$$S_{xy}(f) = \int_{-\infty}^{\infty} R_{xy}(\tau) \mathrm{e}^{-\mathrm{j}2\pi f\tau} \mathrm{d}\tau \tag{7-25}$$

即为互相关函数 $R_{xy}(\tau)$ 的傅里叶变换，简称互功率谱或互谱。$S_{xy}(f)$ 的逆变换为

$$R_{xy}(\tau) = \int_{-\infty}^{\infty} S_{xy}(f) \mathrm{e}^{\mathrm{j}2\pi f\tau} \mathrm{d}f \tag{7-26}$$

互相关函数 $R_{xy}(\tau)$ 并非偶函数，因此 $S_{xy}(f)$ 具有虚部、实部两部分。同样，$S_{xy}(f)$ 保留了 $R_{xy}(\tau)$ 中的全部信息。

7.3.3　功率谱的应用

1. 功率谱与幅值谱、系统频率特性的关系

自功率谱 $S_x(f)$ 反映信号的频域结构，与幅值谱 $|X(f)|$ 相似，但是自功率谱所反映的是信号幅值的平方，因此其频域结构更为明显，如图 7-12 所示。

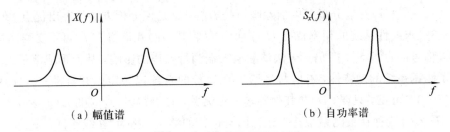

（a）幅值谱　　　　　　　　　　　　（b）自功率谱

图 7-12　幅值谱和自功率谱

对于如图 7-13 所示的线性系统，若输入为 $x(t)$，输出为 $y(t)$，系统的频率特性为 $H(f)$，且 $x(t) \Leftrightarrow X(f)$，$y(t) \Leftrightarrow Y(f)$，则

$$Y(f) = H(f)X(f) \tag{7-27}$$

可以证明，输入、输出的自功率谱与系统频率特性存在如下关系：

$$S_y(f) = |H(f)|^2 S_x(f) \tag{7-28}$$

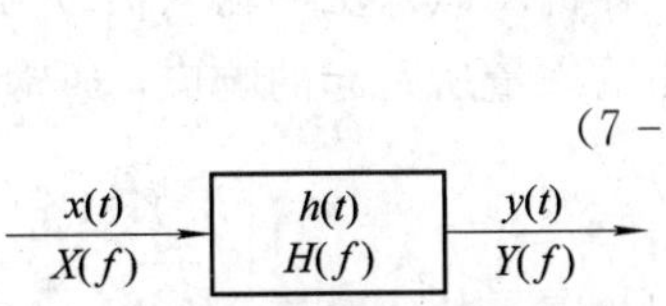

图 7-13　理想的单输入、单输出系统

通过对输入、输出自谱的分析，就可以得出系统的幅频特性，但是由于自谱丢失了相位信息，不能得出系统的相频特性。

对于如图 7-13 所示的单输入、单输出理想线性系统，可得

$$S_{xy}(f) = H(f)S_x(f) \tag{7-29}$$

根据输入信号的自谱、输入和输出信号的互谱就可以直接得到系统的频率特性。式(7-29)与式(7-28)不同，所得到的 $H(f)$ 不仅包含幅频特性而且包含相频特性，这是因为互相关函数中就包含相位信息。

2. 互功率谱消噪

图 7-14 为一个受到外界干扰的测试系统，$n_1(t)$ 为输入噪声，$n_2(t)$ 为加在系统中间环节的噪声，$n_3(t)$ 为加在输出端的噪声。该系统的输出 $y(t)$ 为

$$y(t) = x'(t) + n_1'(t) + n_2'(t) + n_3'(t) \tag{7-30}$$

式中，$x'(t)$、$n_1'(t)$、$n_2'(t)$ 和 $n_3'(t)$ 分别为系统对 $x(t)$、$n_1(t)$、$n_2(t)$ 和 $n_3(t)$ 的响应。

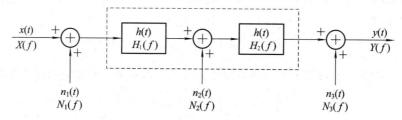

图 7-14 受外界干扰的系统

输入 $x(t)$ 与输出 $y(t)$ 的互相关函数为

$$R_{xy}(\tau) = R_{xx'}(\tau) + R_{xn_1'}(\tau) + R_{xn_2'}(\tau) + R_{xn_3'}(\tau) \tag{7-31}$$

由于输入 $x(t)$ 和噪声 $n_1(t)$、$n_2(t)$ 和 $n_3(t)$ 是独立无关的，故互相关函数 $R_{xn_1'}$、$R_{xn_2'}$ 和 $R_{xn_3'}$ 均为零，所以

$$R_{xy}(\tau) = R_{xx'}(\tau)$$

故

$$S_{xy}(f) = S_{xx'}(f) = H_1(f)H_2(f)S_x(f) = H(f)S_x(f) \tag{7-32}$$

因此可见，利用互谱分析可以消除噪声的影响，这是该分析方法的突出优点。但是，利用式(7-32)求线性系统的频率特性 $H(f)$ 时，尽管其中的互谱 $S_{xy}(f)$ 可不受噪声的影响，但是输入信号的自谱 $S_x(f)$ 仍然无法消除输入端测量噪声的影响，从而形成测量误差。

为了测试系统的动特性，有时故意给正在运行的系统以特定已知扰动——输入 $n(t)$，根据式(7-32)可见，只要 $n(t)$ 和其他各输入量无关，在测得 $S_{xy}(f)$ 和 $S_n(f)$ 后，就可以计算得到 $H(f)$。这种在被测系统正常运行同时进行的测试，称为"在线测试"。

3. 相干分析

评价测试系统的输入信号与输出信号之间的因果关系，即输出信号的功率谱中有多少是由输入量所引起的响应，通常用相干函数 $\gamma_{xy}^2(f)$ 来表示，其定义为

$$\gamma_{xy}^2(f) = \frac{|S_{xy}(f)|^2}{S_x(f)S_y(f)} \qquad 0 \leqslant \gamma_{xy}^2(f) \leqslant 1 \tag{7-33}$$

根据相干函数的取值，输出 $y(t)$ 和输入 $x(t)$ 有如下几种因果性：

（1）相干函数为 0，表明输出信号与输入信号不相干；

（2）相干函数为 1，表明输出信号与输入信号完全相干；

（3）相干函数为 0～1，表明有以下三种可能：

① 测试中有外界噪声干扰；

② 输出 $y(t)$ 是输入 $x(t)$ 和其他输入的综合响应；

③ 联系 $x(t)$ 和 $y(t)$ 的系统是非线性的。

若系统为线性系统，根据式(7-28)、式(7-32)和式(7-33)可得

$$\gamma_{xy}^2(f)=\frac{|S_{xy}(f)|^2}{S_x(f)S_y(f)}=\frac{|H(f)S_x(f)|^2}{S_x(f)S_y(f)}=\frac{S_y(f)S_x(f)}{S_x(f)S_y(f)}=1$$

上式表明，对于线性系统，输出完全是由输入引起的响应。

图 7-15 是船用柴油机润滑油泵压油管振动和油压脉动间的相干分析。润滑油泵转速为 $n=781$ r/min，油泵齿轮的齿数为 $z=14$，测得油压脉动信号 $x(t)$ 和压油管振动信号 $y(t)$。已知压油管油压脉动的基频为 $f_0=nz/60=182.24$ Hz。

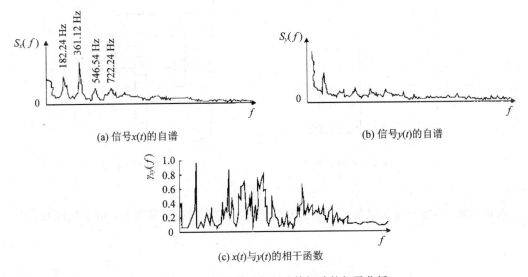

（a）信号 $x(t)$ 的自谱　　　　　　（b）信号 $y(t)$ 的自谱

（c）$x(t)$ 与 $y(t)$ 的相干函数

图 7-15　油压脉动与压油管振动的相干分析

由图 7-15 可见，当 $f=f_0=182.24$ Hz 时，$\gamma_{xy}^2(f)\approx0.9$；当 $f=2f_0=361.12$ Hz 时，$\gamma_{xy}^2(f)\approx0.37$；当 $f=3f_0=361.12$ Hz 时，$\gamma_{xy}^2(f)\approx0.8$；当 $f=4f_0=722.24$ Hz 时，$\gamma_{xy}^2(f)\approx0.75$…齿轮引起的各次谐波频率对应的相干函数都较大，而其他频率对应的相干函数值很小，由此可知，压油管的振动主要是由油压脉动所引起的。

复 习 与 思 考

7.1　求信号 $x(t)$ 的自相关函数

$$x(t)=\begin{cases}Ae^{-\alpha t} & t\geqslant0,\alpha>0\\0 & t<0\end{cases}$$

7.2　假设有一个信号 $x(t)$，它由两个频率、相位角均不等的余弦函数叠加而成，其数学表达式为

$$x(t)=A_1\cos(\omega_1 t+\varphi_1)+A_2\cos(\omega_2 t+\varphi_2)$$

求该信号的自相关函数。

7.3 某线性系统其传递函数为 $H(s) = \dfrac{1}{Ts+1}$，当输入信号为 $x(t) = x_0\sin 2\pi f_0 t$ 时，求：

(1) $S_y(f)$；(2) $R_y(\tau)$；(3) $S_{xy}(f)$；(4) $R_{xy}(\tau)$。

7.4 已知信号的自相关函数 $R_x(\tau) = x_0\cos 2\pi f_0\tau$，试确定该信号的均方值 ψ_x^2、均方根值 x_{rms} 和自功率谱 $S_x(f)$。

7.5 车床加工零件外圆表面时常产生振纹，表面振纹主要是由传动轴上齿轮的不平衡惯性力使主轴箱振动而引起的。振纹的幅值谱如图 7-16(a)所示，主轴箱传动示意图如图 7-16(b)所示。传动轴 1、2、3 上的齿轮齿数分别为 $z_1 = 30$、$z_2 = 40$、$z_3 = 20$、$z_4 = 50$，传动轴转速为 $n_1 = 2000$ r/min，试分析哪一根轴上的齿轮不平衡量对加工表面的振纹影响大？为什么？

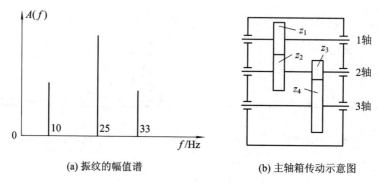

(a) 振纹的幅值谱　　　　　　(b) 主轴箱传动示意图

图 7-16　题 7.5 图

7.6 相关函数与相关系数有什么区别？相关分析有什么主要用途，请举例说明。

第 8 章　计算机测试系统

8.1　计算机测试系统的基本组成

计算机测试系统将工程测试技术与计算机技术相结合，既能实现对信号的检测，又能利用计算机作为微处理器，方便地对测得的信号进行计算、分析和处理等。与传统的测试系统相比，计算机测试系统能大大地降低成本、简化电路设计、增强测试功能，它具有自校准和自诊断、可扩展性强、多种形式地输出和存储数据等特点。在现代测试系统中，尤其是高精度、高性能和多功能的测试系统大都采用计算机测试系统。

计算机测试系统的基本组成如图 8-1 所示。与传统的测试系统相比，计算机测试系统将传感器采集的模拟信号转换为数字信号，利用计算机丰富的资源和高效的处理能力，使测试达到自动化、智能化和网络化。

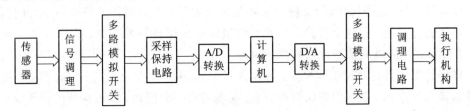

图 8-1　计算机测试系统的基本组成

构建一个计算机测试系统，要考虑的方面很多，如被测信号的特征、传感器的选择、信号的调理、数据的采集与处理以及测试系统的性能指标要求等，以获得最大的性价比。根据图 8-1 可知，计算机测试系统的硬件设计主要包括测量电路和接口电路的设计，如多路模拟开关、采样保持电路、模/数和数/模转换器等。

1. 多路模拟开关

由于测试系统需要采集多路模拟信号，而通用计算机某一时刻只能接收一路模拟量信号的采集，所以多路模拟开关主要是把多个模拟信号逐个、分时地送入 A/D 转换器，完成多到一的转换，或者把 D/A 转换器生成的模拟信号按一定的顺序输出到不同的控制回路中去，完成一到多的转换。多路模拟开关的结构特点是多路信号同时使用一个采样保持电路和模/数、数/模转换器，简化了电路结构，降低了成本。当然，这种结构无法用于信号的"同步"采集。

目前，大都采用将多路模拟开关以及控制开关所需要的计数器、译码器和控制电路全部集成的芯片，其切换速度快、灵活性好。如常用的 8 路模拟开关 CD4051、CD4052，既能用于多对一转换(用于 A/D 转换)，又能用于一对多转换(用于 D/A 转换)。其中 CD4051 芯片的内部结构如图 8-2 所示，如信号较多，可使用两片 CD4051 构成 16 路模拟开关。

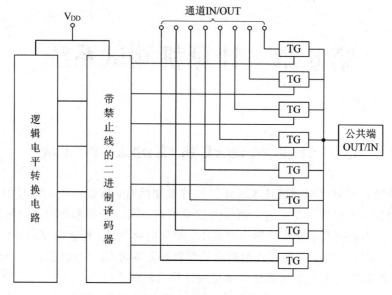

图 8-2　CD4051 内部结构图

2. 采样保持电路

采样保持电路（采样保持器）又称为采样保持放大器。当对模拟信号进行 A/D 转换时，需要一定的转换时间，在这个转换时间内，模拟信号要保持基本不变，这样才能保证转换精度，采样保持电路就是实现这种功能的电路。

采样保持电路具有两种工作模式：一是采样（sample，也称为跟踪 track）模式，输出精确地跟踪输入的变化，直到出现保持命令；二是保持（hold）模式，输出保持控制命令出现时刻输入信号的最终值。

图 8-3 是采样保持电路基本模型。当电路处于采样模式时开关 S 导通，这时电容 C_h 充电，如果电容值很小，电容可以在很短的时间内完成充放电，这时，输出端输出信号跟随输入信号的变化而变化；当电路处于保持模式时开关 S 断开，由于开关断开，电容放电缓慢，由集成运放构成的信号跟随电路使得输出信号基本保持为断开瞬间的信号电平值。

目前，可选择的采样保持电路芯片有 AD783，集成电路 LF398 等。其中，AD783 是 ADI 公司生产的一个高速单片采样保持放大器电路，其采样时间为 250 ns（0.01%），不需要连接外部元件，电源电压为 ±5 V，功率消耗为 95 mW，温度范围为 -40～+85℃。

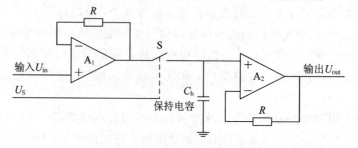

图 8-3　采样保持电路基本模型

3. 模/数和数/模转换器

转换精度和转换速率是模/数和数/模转换器非常重要的两个技术指标，具体将根据测试系统的指标进行选择。根据 A/D 转换的基本原理及特点分类，常见的 A/D 转换芯片有：积分型（如 TLC7135）、逐次逼近型（如 TLC0831）、并行比较型/串并行比较型（如 TLC5510）、$\Sigma - \Delta$ 调制型（如 AD7705）、电容阵列逐次比较型及压频变换型（如 AD650）。A/D 转换器的技术指标如下：

（1）分辨率（resolution），指当数字量变化一个最小量时模拟信号的变化量，定义为满刻度与 2^n 的比值。分辨率又称精度，通常以数字信号的位数来表示。

（2）转换速率（conversion rate），是指完成一次从模拟到数字的 A/D 转换所需时间的倒数。

（3）量化误差（quantizing error），由于 A/D 转换器的有限分辨率而引起的误差，即有限分辨率 A/D 转换器的阶梯状转移特性曲线与无限分辨率 A/D 转换器（理想 A/D 转换器）的转移特性曲线（直线）之间的最大偏差。通常量化误差是 1 个或半个最小数字量的模拟变化量，表示为 1 LSB、1/2 LSB。

（4）偏移误差（offset error），当输入信号为零时输出信号不为零的值，可外接电位器调至最小。

（5）满刻度误差（full scale error），当满刻度输出时对应的输入信号与理想输入信号值之差。

D/A 转换器的内部电路构成与 A/D 转换器的无太大差异，一般按输出是电流还是电压、能否作乘法运算等进行分类。大多数 D/A 转换器由电阻阵列和 n 个电流开关（或电压开关）构成。按数字输入值切换开关，产生比例于输入的电流（或电压）。此外，也有为了改善精度而把恒流源放入器件内部。一般说来，由于电流开关的切换误差小，大多采用电流开关型电路，电流开关型电路如果直接输出生成电流，则为电流输出型 D/A 转换器。此外，电压开关型电路构成电压输出型 D/A 转换器。

电压输出型 D/A 转换器芯片如 TLC5620，电流输出型 D/A 转换器芯片如 THS5661A，乘算型 D/A 转换器芯片如 AD7533，D/A 转换器的主要技术指标与 A/D 转换器的类似，不再介绍。

8.2　计算机测试系统总线技术

8.2.1　总线的分类与标准化

计算机系统通常采用总线结构，即构成计算机系统的 CPU、存储器和 I/O 接口等部件之间都通过总线互联。总线的使用使得计算机系统的设计有了统一的标准可循，不同的开发厂商或开发人员只要依据相应的总线标准即可开发出通用的扩展模块，使得系统的模块化、积木化成为可能。本节主要介绍测控系统中常用几种总线的发展概况及其基本特点。

按照总线传送信息的类别，总线可分为地址总线、数据总线和控制总线三类；根据信息传送方式不同，总线可分为并行总线和串行总线。

并行总线速度快，但成本高、不易远距离通信，通常用作计算机测试仪器内部总线，如STD总线、ISA总线、Compact PCI总线、VXI总线等。串行总线速度较慢，但所需信号线少、成本低，特别适合远距离通信或系统间通信，构成分布式或远程测控网络，如RS－232C、RS－422/485以及近年来广泛采用的现场总线。

目前，计算机系统中广泛采用的都是标准化的总线，它具有很强的兼容性和扩展能力，有利于灵活组建系统。同时，总线的标准化，也促使总线接口电路的集成化，既简化硬件设计，又提高了系统的可靠性。

接口总线的标准化，按不同等级的兼容水平，主要分为以下三种：

（1）信号级兼容水平的标准化：对接口的输入、输出信号建立统一规范，包括输入和输出信号线数量，各信号的定义、传递方式和传递速度，信号逻辑电平和波形，信号线的输入阻抗和驱动能力等。

（2）命令级兼容的标准化：除了对接口的输入、输出信号建立统一规范外，还对接口的命令也建立统一规范，包括命令的定义和功能、命令的编码格式等。

（3）程序级兼容的标准化：不仅命令级兼容，而且对输入、输出数据的定义和编码也建立统一的规定。

无论实现何种等级的兼容，接口的机械结构都应建立统一规范，包括接插件的结构和几何尺寸、各引脚的定义和数量、插件板的结构和几何尺寸等。

8.2.2　总线的通信方式

为了准确可靠地传递数据和系统之间能够协调工作，总线通信通常采用应答方式。应答通信要求通信双方在传递每一个(组)数据的过程中，通过接口的应答信号线彼此确认，在时间和控制方法上相互协调。图8－4给出了计算机测试系统中CPU与外设应答通信的原理框图。

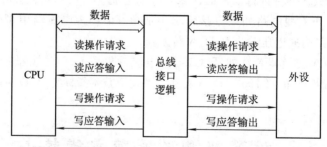

图8－4　CPU与外设应答通信原理

图8－4中，CPU作为主控模块请求与外设通信，它首先发出"读或写操作请求"信号，外设接收到CPU发出的请求信号后，根据CPU请求的操作，作好相应准备后发出相应应答信息给CPU。如当CPU请求读取数据时，外设将数据送入数据总线，然后发出"数据准备好"信息至"读应答输出"信号线；当CPU请求输出(写入)数据给外设时，外设作好接收数据的准备后，发出"准备好接收"应答信息至"写应答输出"信号线，CPU得到相应应答后，即可读入由外设输入的数据或将数据送出给外设。

上述这种由硬件连线实现的应答通信方式通常应用于并行总线，对于串行总线，硬件应答线不存在，此时就必须由软件根据规定的通信协议来实现应答信息的交互。

8.2.3　测试系统内部总线和外部总线

1. 内部总线

1) STD 总线

1987 年，STD 总线被批准为国际标准 IEEE-961。STD-80/MPX 作为 STD-80 追加标准，支持多主(Multi Master)系统。STD 总线主要用于工业型计算机(工控机)。STD 总线的 16 位总线性能满足嵌入式和实时性应用要求，特别是它的小板尺寸、垂直放置无源背板的直插式结构、丰富的工业 I/O OEM 模板、低成本、低功耗、可扩展的温度范围、可靠性和良好的可维护性设计，使其在空间和功耗受到严格限制的、可靠性要求较高的工业自动化领域得到了广泛应用。STD 总线产品其实就是一种板卡(包括 CPU 卡)和无源母板结构。现在的工业 PC 其实也和 STD 有十分近似的结构，只不过两者的金手指定义不同。STD 在八十年代前后风行一时，是因为它对 8 位机(如 Z80 和它的变种系列)支持较好。随着 32 位微处理器的出现，通过附加系统总线与局部总线的转换技术，1989 年美国的 EAITECH 公司又开发出对 32 位微处理器兼容的 STD 32 总线。

在 STD 的 56 根总线中，有 6 根逻辑电源线、4 根辅助电源线、8 根数据总线、16 根地址总线和 22 根控制总线，具有 32 位数据宽度、32 位寻址能力，支持热插拔和多主系统，满足工业测控冗余设计要求。

2) ISA 和 PC/104 及 AT96 总线

(1) ISA(Industrial Standard Architecture)总线是 IBM 公司 1984 年为推出 PC/AT 机而建立的系统总线标准，也叫 AT 总线。ISA 是对 IBM PC/AT 总线的扩展，以适应 8/16 位数据总线要求。ISA 总线面向特定 CPU，应用于 80X86 以及 Pentium CPU 的商用和个人计算机。

(2) PC/104 总线电气规范与 ISA 总线兼容。1992 年 PC/104 总线联合会发布 PC/104 规范 1.0 版，几经修改，于 1996 年公布 PC/104 规范 2.3 版。PC/104 总线采用自层叠互连方式和 3.6 inch×3.8 inch 的小板结构，抛弃了 PC 的大母板，使其更适合在尺寸和空间受到限制的嵌入式环境中使用。PC/104 总线工控机的功耗低，但其驱动能力差(4 mA)，其扩展能力和维护件也受到限制，使其在工业过程控制和自动化领域的应用范围受到局限。为了兼容 PCI 总线技术，1997 年 PC/104 总线联合会推出了 PC/104-Plus 规范 1.0 版，在 PC/104 规范 2.3 版的基础上，通过增加另外的连接器，支持 PCI 局部总线规范 2.1 版。许多单板计算机都设计有 PC/104 总线接口，以便通过 PC/104 总线丰富的 I/O 模块扩展功能，满足不同的嵌入式应用要求。

(3) AT96 总线欧洲卡标准(IEEE-996)由德国 SIEMENS 公司于 1994 年发起制定，并在欧洲得到了推广应用。AT96 总线＝ISA 总线电气规范＋96 芯针孔连接器(DIN IEC 41612 C)＋欧洲卡规范(IEC 297/IEEE 1011.1)。AT96 总线工控机消除了模板之间的边缘金手指连接，具有抗强振动和抗冲击能力，其 16 位数据总线、24 位寻址能力、高可靠性和良好的可维护性，使其更适合在恶劣工业环境中应用。

3) PCI 总线

PCI 即 Peripheral Component Interconnect，中文意思是"外围器件互连"，是由 PCISIG

(PCI Special Interest Group)推出的一种局部并行总线标准。PCI 总线是由 ISA 总线发展而来的，PCI 并行总线有 8 位和 16 位两种模式，时钟频率为 8 MHz，工作频率为 33 MHz/66 MHz，是一种同步的独立于处理器的 32 位或 64 位局部总线。从结构上看，PCI 是在供应商的 CPU 和原来的系统总线之间插入的一级总线，具体由一个桥接电路实现对这一层的管理，并实现上下之间的接口以协调数据的传送。从 1992 年创立规范到如今，PCI 总线已成为计算机的一种标准总线，成为局部总线的新标准，广泛用于当前高档微机、工作站，以及便携式微机。PCI 总线主要用于连接显示卡、网卡、声卡，是 32 位同步复用总线，其地址和数据线引脚是 AD0～AD31，工作频率为 33 MHz。

PCI 总线的主要特点如下：

(1) 高速性。PCI 局部总线以 33 MHz 的时钟频率操作，采用 32 位数据总线，数据传输速率可高达 132 MB/s，远超过以往各种总线。而早在 1995 年 6 月推出的 PCI 总线规范 2.1 已定义了 64 位、66 MHz 的 PCI 总线标准，因此 PCI 总线完全可为未来的计算机提供更高的数据传输速率。另外，PCI 总线的主设备(master)可与微机内存直接交换数据，而不必经过微机 CPU 中转，也提高了数据传送的效率。

(2) 即插即用性。目前随着计算机技术的发展，微机中留给用户使用的硬件资源越来越少，也越来越含糊不清。在使用 ISA 板卡时，有两个问题需要解决：一是在同一台微机上使用多个不同厂家、不同型号的板卡时，板卡之间可能会有硬件资源上的冲突；二是板卡所占用的硬件资源可能会与系统硬件资源(如声卡、网卡等)相冲突。而 PCI 板卡的硬件资源则是由微机根据其各自的要求统一分配的，绝不会有任何的冲突问题。因此，作为 PCI 板卡的设计者，不必关心微机的哪些资源可用，哪些资源不可用，也不必关心板卡之间是否会有冲突。即使不考虑 PCI 总线的高速性，单凭其即插即用性，就比 ISA 总线优越了许多。

(3) 可靠性。PCI 总线是独立于处理器的结构，形成一种独特的中间缓冲器设计方式，将中央处理器子系统与外围设备分开。这样用户可以随意增添外围设备，以扩充电脑系统而不必担心在不同时钟频率下会导致性能的下降。与原先微机常用的 ISA 总线相比，PCI 总线增加了奇偶校验错(PERR)、系统错(SERR)、从设备结束(STOP)等控制信号及超时处理等可靠性措施，使数据传输的可靠性大为增加。

(4) 复杂性。PCI 总线强大的功能大大增加了硬件设计和软件开发的实现难度。硬件上要采用大容量、高速度的 CPLD 或 FPGA 芯片来实现 PCI 总线复杂的功能，软件上则要根据所用的操作系统，用软件工具编制支持即插即用功能的设备驱动程序。

(5) 自动配置。PCI 总线规范规定 PCI 插卡可以自动配置。PCI 定义了三种地址空间：存储器空间、输入输出空间和配置空间，每个 PCI 设备中都有 256 字节的配置空间用来存放自动配置信息。当 PCI 插卡插入系统时，BIOS 将根据读到的有关该卡的信息，结合系统的实际情况为插卡分配存储地址、中断和某些定时信息。

(6) 共享中断。PCI 总线采用低电平有效方式，多个中断可以共享一条中断线，而 ISA 总线是边沿触发方式。

(7) 扩展性好。如果需要把许多设备连接到 PCI 总线上，而当总线驱动能力不足时，可以采用多级 PCI 总线，这些总线均可以并发工作，每个总线上均可挂接若干设备。因此 PCI 总线结构的扩展性是非常好的。由于 PCI 的设计是要辅助现有的扩展总线标准，因此与 ISA、EISA 及 MCA 总线完全兼容。

（8）多路复用。在 PCI 总线中为了优化设计采用了地址线和数据线共用一组物理线路，即多路复用。PCI 接插件尺寸小，又采用了多路复用技术，减少了元件和管脚个数，提高了效率。

（9）严格规范。PCI 总线对协议、时序、电气性能、机械性能等指标都有严格的规定，保证了 PCI 的可靠性和兼容性。由于 PCI 总线规范十分复杂，其接口的实现就有较高的技术难度。

4）PXI 总线

PXI（PCI Extensions for Instrumentation，面向仪器系统的 PCI 扩展）是一种由 NI 公司发布的坚固的基于 PC 测量的自动化平台。PXI 结合了 PCI 的电气总线特性与 Compact PCI（紧凑 PCI）的坚固性、模块化及 Eurocard 机械封装的特性发展成适合于试验、测量与数据采集场合应用的机械、电气和软件规范。制定 PXI 规范的目的是为了将台式 PC 的性能价格比优势与 PCI 总线面向仪器领域的必要扩展完美地结合起来，形成一种主流的虚拟仪器测试平台。这使 PXI 成为测量和自动化系统的高性能、低成本运载平台。

2. 外部总线

1）RS-232C 和 RS-485 总线

RS-232C 是美国电子工业协会 EIA（Electronic Industry Association）制定的一种串行物理接口标准。RS 是英文"推荐标准"的缩写，232 为标识号，C 表示修改次数。RS-232C 总线标准设有 25 条信号线，包括一个主通道和一个辅助通道，在多数情况下主要使用主通道，对于一般双工通信，仅需几条信号线就可实现，如一条发送线、一条接收线及一条地线。RS-232C 标准规定的数据传输速率为每秒 50、75、100、150、300、600、1200、2400、4800、9600、19200 波特。RS-232C 标准规定，驱动器允许有 2500 pF 的电容负载，通信距离将受此电容限制，例如，当采用 150 pF/m 的通信电缆时，最大通信距离为 15 m；若每米电缆的电容量减小，则通信距离可以增加。传输距离短的另一原因是 RS-232C 属单端信号传送，存在共地噪声和不能抑制共模干扰等问题，因此一般用于 20 m 以内的通信。

RS-232C 传输的信号电平对地对称，与 TTL、CMOS 逻辑电平完全不同，其逻辑 0 电平规定为 +5～+15 V，逻辑 1 电平规定为 -5～-15 V，因此，计算机系统采用 RS-232C 通信时需经过电平转换接口（如 MAX232）。此外，RS-232C 未规定标准的连接器，因而同样的 RS-232C 接口却可能互不兼容。

1977 年 EIA 制定了电子工业标准接口 RS-449 并于 1980 年成为美国标准。RS-449 是一种物理接口功能标准，其电气标准依据 RS-423A 或 RS-422A 以及 RS-485。RS-449 除了与 RS-232C 兼容外，还在提高传输速率、增加传输距离、改进电气性能方面作了很大努力，并增加了 RS-232C 未用的测试功能，明确规定了标准连接器，解决了机械接口问题。

RS-423A 和 RS-422A 分别给出在 RS-449 应用中对电缆、驱动器和接收器的要求。RS-423A 给出非平衡信号差的规定，采用非平衡（单端）发送、差分接收接口；R5-422A 给出平衡信号差的规定，采用平衡（双端）发送、差分接收接口，如图 8-5 所示。

RS-423A 和 RS-422A 比 RS-232C 传输信号距离长、速度快，最大传输率可达 10 Mb/s（RS-422A 电缆长度 120 m，RS-423A 电缆长度 15 m）如果采用较低的传输速率，如 90000 b/s，最大传输距离可达 1200 m。

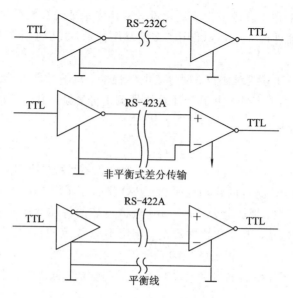

图 8-5 RS-232C、RS-423A、RS-422A 电气连接图

RS-485 是 RS-422A 的变型。RS-422A 为全双工通信方式,可同时发送与接收;RS-485 则为半双工通信,在某一时刻,只能有一个发送器工作。RS-485 是一种多发送器的电路标准,它扩展了 RS-422A 的性能,允许双导线上一个发送器驱动多达 32 个负载设备。负载设备可以是被动发送器、接收器或收发器(发送器和接收器的组合)。RS-485 用于多点互连时非常方便,可以省掉许多信号线。应用 RS-485 可以非常方便地联网构成分布式测控系统。

2) GPIB 总线

GPIB 即通用接口总线(General Purpose Interface Bus) 是国际通用的仪器接口标准。目前生产的智能仪器都配有 GPIB 标准接口。国际通用的仪器接口标准最初由美国 HP 公司研制,称为 HP-IB 标准。1975 年 IEEE 在此基础上加以改进,将其规范化为 IEEE-488 标准予以推荐。1977 年 IEC 又通过国际合作命名为 IEC-625 国际标准。此后,这同一标准便在文献资料中使用了 HP-IB、IEEE-488、GPIB、IEC-IB 等多种称谓,但日渐普遍使用的名称是 GPIB。

典型的 GPIB 测试系统包括一台计算机、一块 GPIB 接口卡和若干台 GPIB 仪器。每台 GPIB 仪器有单独的地址,由计算机控制操作。系统中的仪器可以增加、减少或更换,只需对计算机的控制软件作相应改动。

GPIB 按照位并行、字节串行双向异步方式传输信号,连接方式为总线方式,仪器设备直接并联于总线上而不需中介单元。在价格上,GPIB 仪器覆盖了从比较便宜的到异常昂贵的仪器。GPIB 总线上最多可连接 25 台设备,最大传输距离为 20 m,信号传输速度一般为 500 KB/s,最大传输速度为 1 MB/s,不适合于对系统速度要求较高的应用。为解决这个缺陷,NI 公司于 1993 年提出了 HS-488 高速接口标准,将传输速度提高到 8 MB/s,该标准与 IEEE-488.1 和 IEEE-488.2 兼容,具有 HS-488 接口的仪器可以与具有 IEEE-488.1/2 接口的仪器共同使用。

3）USB 总线

通用串行总线 USB（Universal Serial Bus）是由 Intel、Compaq、Digital、IBM、Microsoft、NEC、Northern Telecom 等 7 家世界著名的计算机和通信公司共同推出的一种新型接口标准。USB 基于通用连接技术，实现外设的简单快速连接，达到方便用户、降低成本、扩展 PC 连接外设范围的目的。USB 可以为外设提供电源，而不像普通串、并口的设备需要单独的供电系统。另外，快速是 USB 技术的突出特点之一，2008 年 USB - IF 组织正式发布了 USB 3.0，全面取代已有的 USB 2.0 规范，理论传输速度达到了 5 GB/s。

使用 USB 接口可以连接多个不同的设备，支持热插拔。在软件方面，为 USB 设计的驱动程序和应用软件可以自动启动，无需用户干预。USB 设备也不涉及中断冲突等问题，它单独使用自己的保留中断，不会同其他设备争用计算机有限的资源，为用户省去了硬件配置的烦恼。

USB 接口连接的方式也十分灵活，既可以使用串行连接，也可以使用 Hub，把多个设备连接在一起，再同 PC 的 USB 口相接。在 USB 方式下，所有的外设都在机箱外连接，不必打开机箱，不必关闭主机电源。USB 采用"级联"方式，即每个 USB 设备用一个 USB 插头连接到一个外设的 USB 插座上，而其本身又提供一个 USB 插座供下一个 USB 外设连接用。通过这种类似菊花链式的连接，一个 USB 控制器理论上可以连接多达 127 个外设，而每个外设间距离（线缆长度）可达 5 m。USB 还能智能识别 USB 链上外围设备的接入或拆卸，真正做到"即插即用"。而且 USB 接口提供了内置电源，能向低压设备提供 5 V 的电源，从而降低了这些设备的成本并提高了性价比。

8.2.4　现场总线

为了适应多点、多参数大型测试系统的需要，基于现场总线的开放型控制系统（FCS，Fieldbus Control System）正日趋成熟。把位于生产现场、运行区域的众多智能设备及智能传感器/变送器通过总线接口接到 FCS 的环形现场总线上，形成工业现场分布测控系统。通过现场总线实现现场智能化设备之间的数字通信以及现场设备和上级控制中心（上位机）之间的信息传递。

一个智能化设备或智能传感器/变送器若想方便地安装、挂接到现场总线上，实现与其他设备及上位机的正常通信，必须遵守统一的网络协议。由于现场总线技术正处于一个快速发展时期，目前尚无具有权威性的、公认的统一标准协议，本节只能简单介绍几种现在常用的现场总线标准。

国内一些厂家也在进行现场总线的设计开发研究；开展智能传感器/变送器的开发研究，即按某种现场总线标准对现有用于工业自动化中的传感器/变送器加装微处理器与数字总线接口后成为智能化传感器/变送器。

1. 现场总线测试系统中的智能传感器与现场总线

随着工业生产的发展，需要的测控点和测控参量越来越多，使得一个自动控制系统日益庞大而复杂。如，一个电站可能需要 5000 台传感器和仪表，而一个钢铁厂需要 2 万台传感器和仪表，甚至一架飞机也需要 3600 台传感器和仪表。原有的分散型控制系统（DCS，Distributed Control System）已不能适应需要，要求采用新一代的现场总线测控系统

（FCS）。现场总线测控系统的典型结构如图 8-6 所示。图中现场总线的结点是现场设备或现场仪表，如传感器、变送器、调节器、调节阀、步进电动机、记录仪、条形阅读器等。这些结点都是具有综合功能的智能仪表。

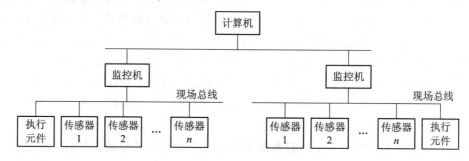

图 8-6　现场总线测控系统框图

1）现场总线测试系统中的传感器与仪表

现场总线测控系统的工作特点要求各结点具有自行测量、自行数据处理、决策等功能，这样要求现场总现测试系统中的传感器/变送器、仪表、执行器等现场设备必须配备"大脑"——微计算机/微处理器，传统的传感器/变送器与微计算机/微处理器相结合成为智能传感器/变送器。

现场总线测控系统的传感器/变送器带有标准数字总线接口，它们被称为现场总线仪表。

2）现场总线测试系统中的现场总线

现场总线是现场总线测试系统的基础，是用于现场总线仪表与控制室系统之间的全数字化、串行、双向、多站的通信网络。这个网络使用一根简单的双绞线传输现场总线仪表与控制室之间的通信信号，而且还对现场总线仪表供电。

现场总线技术的特点如下：

（1）全数字化通信。现场总线系统是一个"纯数字"系统。数字信号有很强的抗干扰能力，这就使得更复杂、更精确的信号处理得以实现。另外，利用数字通信的检错功能可检出传输中的误码。

（2）通信线供电。通信线供电方式允许现场仪表直接从通信线上摄取能量，这种方式适用于本质安全环境的低功耗现场仪表，与其配套的还有安全栅。在化工、炼油等企业的生产现场有可燃性物质，现场总线设备必须严格遵循安全防爆的标准。

（3）开放式互联网络。现场总线为开放式互联网络，它既可与同层网络相连，又可与不同层网络相连。挂接在现场总线上的现场总线仪表、设备都必须是统一的标准数字化总线接口，遵守统一的通信协议。开放式互联网络使不同制造厂家的产品具有互操作性，实现"即接即用"，不必在硬件与软件上做任何修改，就可以构成所需的控制回路，形成开放式控制系统。

（4）专门为过程控制而设计。因为过程控制及自动化所涉及的环境恶劣，比如电磁干扰、机械振动等多种干扰因素。所以，只有针对工业过程控制而设计的现场总线才能更好地满足工业过程控制及自动化系统的各种苛刻要求。

现场总线的优势，采用现场总线技术带来的好处很多，有如下几个方面：

（1）成本降低。现场装置可直接与操作台相连，不再需要用于连接各控制板的"数据高速公路"（data highway），操作站可以用普通 PC 或工控机。现场总线通常使用一根双绞线、光缆或同轴电缆，极大地简化了系统布线，节省了大量昂贵的电缆与施工设计费用。

（2）组态简单使用方便。由于现场总线的开放性，因此用户组态十分简单方便。以用户自定义的标识符和标准参数为基础，用户可以根据标识符来指定某一设备，不需要考虑设备地址、存储记忆地址和比特编号等。

（3）查索更多的信息及诊断状况。数字通信可使用户从控制室中查索所有设备的数据、组态、运行和诊断信息。诊断功能可以及时帮助用户分析问题，无需亲临现场观察后才得出结论。

（4）安装、运行、维护简便。由于现场仪表为并行连接，一条电缆通常可连接 20 个设备，在槽盒中一对一的布线大大简化，端子接头核对的工作量也大大减少，所以接线非常简单。供电并用笔记本电脑查索仪表的标识符便可完成必要的核对工作。现场总线设备具有存储功能，有利于维修。

（5）自由选择不同品牌设备。现场总线的另一优点就是用户可以自由选择不同制造商所提供的设备，并毫不费力地将它们集成于一体，因为所有现场总线产品都符合统一的标准。

（6）数据库的一致性。现场总线只使用一个数据库，也就是分散于现场仪表中的数据库，人机界面就是从此数据库中获取"定标数据"的，手持终端所查索的也是同一个数据库。

2. 现场总线网络协议模式

现场总线是近年来出现的面向未来工业控制网络的通信标准。与计算机和通信技术发展起来的适用于各种领域的工业局部网络协议相对应，现场总线网络也有自己的协议模式。

现场总线网络协议是按照国际标准化组织（ISO，International Standardization Organization）制定的开放系统互连（OSI，Open System Interconnection）参考模型（如图 8 - 7 所示）建立的。现场总线网络协议规定了现场应用进程之间的相互可操作性、通信方式、层次化的通信服务功能划分、信息的流向及传递规则。

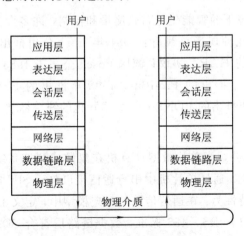

图 8 - 7　ISO/OSI 参考模型

一个典型的 IEC/ISA 现场总线通信结构模型如图 8 - 8 所示。为满足过程控制实时性的要求，IEC/ISA 现场总线通信结构模型将 ISO/OSI 参考模型简化为三层体系结构：应用层、数据链路层、物理层。

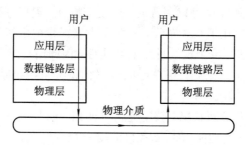

图 8-8 IEC/ISA 现场总线参考模型

1）应用层

现场总线应用层（FAL）为过程控制，为用户提供了一系列的服务，用于简化或实现分布式控制系统中应用进程之间的通信，同时为分布式现场总线控制系统提供了应用接口的操作标准，实现了系统的开放性。

2）数据链路层

现场总线的数据链路层（DLL）规定了物理层与应用层之间的接口。在集中式管理下，物理通道可被有效地利用起来，并可有效地减少或避免实时通信的延迟。

3）物理层

现场总线的物理层提供机械、电气、功能性和规程性的功能，以便在数据链路与实体之间建立、维护和拆除物理连接。物理层还定义了所有传输媒介的类型和介质中的传输速度、通信距离、拓扑结构以及供电方式等。

（1）介质：物理层定义了三种介质（双绞线、光纤和射频）。

（2）传输速度：网络定义了三种传输速度，分别为 31.25 kb/s、1 Mb/s、2.5 Mb/s。

（3）通信距离：1900 m（31.25 kb/s）、750 m（1 Mb/s）、500 m（2.5 Mb/s）。

3. 几种典型现场总线标准

为了实现工业环境下的智能化分布式测量和控制，许多大公司都推出了自己的现场总线标准。近来流行的几种现场总线有：1984 年 Intel 公司推出的 BIT 总线；1985 年美国 Rosemount 公司推出的 HART 协议；德国 Bosch 公司于 1983 年推出的 CAN 总线；德国 Siemens 公司于 1989 年推出的 ProfiBus，1993 年推出的 FF 现场总线标准；以及美国 Echelon公司于 1993 年推出的 LONWorks。国际化的统一标准工作也正在加紧进行之中。

1）BIT 总线

BIT 总线是 Intel 公司为单片微型计算机在集散式测控系统中进行通信传输而设计的一种主从式高速串行网。通过单片机中串行通信接口单元 SIU 实现数据通信。

BIT 总线其主要特性为：在通信传输的互连模型中，定义了物理层、数据链路层、应用层和用户层。物理层符合 RS-485 标准，数据链路层符合 SDLC 规约，应用层符合 Intel MCS51 软件格式，用户层是从传输信息中分离出任务内容并由相应的硬、软件系统来执行的。传输介质采用双绞线和同轴电缆。信道访问方式采用命令应答式，主站向从站发出命令，从站采用应答方式响应。传输信息有同步和异步两种操作方式，异步方式采用 NRZI

信号编码，在 62.5 kb/s 传送速率时最大传输距离为 1200 m。

2）可寻址远程传感器数据通路（HART）

HART 是美国 Rosemount 公司研制的。HART 协议可参照 ISO/OSI 模型的物理层、数据链路层和应用层，它主要具有如下特性：

（1）物理层：采用基于 Bell 202 通信标准的 FSK 技术，即在直流 4～20 mA 模拟信号上叠加 FSK 数字信号。逻辑 1 为 1200 Hz，逻辑 0 为 2200 Hz，波特率为 1200 b/s，调制信号为 ± 0.5 mA 或 $U_{P-P} = 0.25$ V（250 Ω 负载）。用屏蔽双绞线，单台设备距离为 3000 m，而多台设备互连距离为 1500 m。

（2）数据链路层：数据帧长度不固定，最长为 25 个字节。可以在全数字通信状态或数字模拟兼容方式下工作。通信模式为"问答式"或"广播式"。

（3）应用层：应用层规定了三种命令。第一种是通用命令，适用于遵守 HART 协议的所有产品；第二种是普通命令，适用于遵守 HART 协议的大部分产品；第三种是特殊命令，适用于遵守 HART 协议的特殊产品。

3）CAN 总线

控制局域网络（CAN，Controller Area Network）是最近发展较快的一种现场总线，它已逐步成为一种事实上的工业标准。与主从方式的现场总线不同，CAN 是一种对等式的现场总线网（peer topeer）。CAN 最初用在汽车内的自动化系统中，由德国 Robert Bosch Gmbh公司开发。由于其性能优异而且价格低廉，很快被推广到工业测控现场。CAN 定义了网络互联模型中的物理层、数据链路层和应用层。物理层符合 ISO/DIS 11898 标准。CAN 具有如下特性：

（1）CAN 通信速率为（5 kb/s）/10 km、（1 Mb/s）/40 m，结点数有 110 个，传输介质采用双绞线、同轴电缆和光纤等。

（2）采用点对点、一点对多点及全局广播等几种方式发送、接收数据。CAN 采用非破坏性总线优先级仲裁技术。当两个结点同时向网络上发送信息时，优先级低的结点主动停止发送数据，而优先级高的结点可不受影响地继续发送信息，因此，按结点类型分成不同的优先级，可以满足不同的实时要求。CAN 可实现全分布式多机系统，且无主、从机之分，每个结点均主动发送报文，可以方便地构成多机备份系统。

（3）CAN 支持四类报文帧：数据帧、远程帧、出错帧和超载帧，它采用短帧结构，每帧有效字节数为 8 个。CAN 传输时间短，受干扰的概率低，且具有较好的检错结果。此外，CAN 采用循环冗余校验，其结点在错误严重的情况下，具有自动关闭的功能。

（4）CAN 采用多主竞争式结构，具有多主站运行和分散仲裁的串行总线和广播通信特点。信道访问方式为带优先级的 CSMA/CD 技术。CAN 采用位填充的不归零制（NRI）信号编码方式，其数据传输速率为 1 Mb/s，最大传输距离为 1000 m。CAN 以位仲裁方式（11 位标识码）确定数据块的优先级。

4）局部操作网络（LONWorks）

LONWorks 设计成本低，主要应用于工业自动化、机械设备控制领域，是低层次工业网络最有希望的一种网络。LONWorks 是集控制器和网络通信处理器为一体的神经元芯片

(Neuron 芯片)的串行总线,它是一种对等网络。Neuron 芯片上集成了三个 CPU,其中一个 CPU 作为控制器,可以处理现场 I/O 及现场控制,另外两个 CPU 处理网络通信。因此,LONWorks 的最大优势是其网络处理能力。

LONWorks 的主要技术特点是:Neuron 芯片固化了 OSI 的七层协议,包括物理层、数据链路层、网络层、传送层、会话层、表达层、应用层。用此芯片可以构成很复杂的网络结构。物理层采用 RS-485 串行通信标准。传输介质为电源线、双绞线、同轴电缆、光缆、无线和红外线。使用双绞线时的最高传输速率为 1.25 Mb/s,最大传输距离为 1200 m。LONWorks 采用 LON Talk 通信协议,LON Talk 提供了五种基本类型的报文服务:确认、非确认、请求/响应、重复和非确认重复。

LONTalk 协议的介质访问控制子层(MAC)对 CSMA 作了改进,采用一种新的称为 Predictive P-Persistent 的 CSMA,根据总线负载随机调整时间槽 $n(1\sim63)$,在负载较轻时使介质访问延迟最小化,而在负载较重时使冲突的可能性最小化,从而使传输介质发挥它的最大传输容量。LONWorks 支持可自动重试的点到点确认功能。

综上所述,现场总线的发展趋势为:在保证数据传输高可靠性的基础上,尽量简化网络协议;在保证较高性能价格比的基础上,不断增加网络的传输带宽,力图增大传输距离;网络结构由单一主从方式向多主方式进化,并试图采用同一根传输电缆实现数据传送和向现场装置供电。因此,现场总线标准的统一是必然的。

8.3 智能仪器技术

8.3.1 智能仪器概述

智能仪器是计算机技术与测控技术相结合的产物,是含有微计算机或微处理器的测量仪器,由于它拥有对数据的存储、运算、逻辑判断及自动化操作等功能,具有一定的智能作用,因而被称为智能仪器。近年来,智能仪器已开始从较为成熟的数据处理向知识处理发展,它体现为模糊判断、故障诊断、容错技术、传感器信息融合、数据挖掘、知识发现、人工智能、计算智能、机件寿命预测、灾害信息辨识等,使智能仪器的功能向更高层次发展。

从智能仪器所采用的电路组成来看,智能仪器经历了模拟式、数字式和智能化三个发展阶段,如图 8-9 所示。

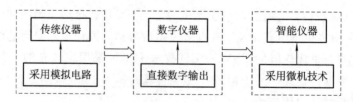

图 8-9 智能仪器的发展过程

人们通常把模拟式仪器称为第一代,如指针式的电压表、电流表、功率表及一些通用的测试仪器均是典型的模拟式仪器,如图 8-10(a)所示。模拟式仪器功能简单、精度低、响应速度慢。第二代是数字式仪器，它的基本特点是将待测的模拟信号转换成数字信号进行测量，测量结果以数字形式输出显示并向外传送。数字式万用表、数字式频率计等均是典型的数字式仪器，如图 8 - 10(b)所示。数字式仪器精度高，响应速度快，读数清晰、直观，测量结果可打印输出，也容易与计算机技术相结合。同时因数字信号便于远距离传输，所以数字式仪器也适用于遥测、遥控。智能仪器属于第三代，它是在数字化的基础上发展起来的，是计算机技术与仪器相结合的产物，如图 8 - 10(c)所示。

  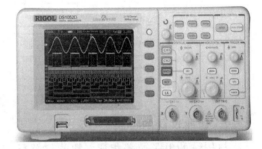

(a) 指针式电流表　　　　(b) 数字万用表　　　　　(c) 智能型数字示波器

图 8 - 10　仪器仪表发展历程实物图

8.3.2　智能仪器组成及特点

1. 智能仪器的组成

智能仪器实际上是一个专用的微型计算机系统，它主要由硬件和软件两大部分组成。硬件部分主要包括主机电路、模拟量输入/输出通道、人机联系部件与接口电路、标准通信接口电路等部分。其中，主机电路通常由微处理器、程序存储器、输入/输出(I/O)接口电路等组成，或者它本身是一个具有多功能的单片机；模拟量输入/输出通道用来输入/输出模拟量信号，主要由 A/D 转换器、D/A 转换器和有关的模拟信号处理电路等组成；人机联系部件与接口电路的作用是沟通操作者和仪器之间的联系，它主要由仪器面板中的键盘和显示器等组成；标准通信接口电路用于实现仪器与计算机的联系，以便使仪器可以接收计算机的程控命令，目前生产的智能仪器一般都配有 GPIB、RS - 232C、RS - 485 等标准的通信接口。

图 8 - 11 为智能仪器的组成示意图，图中虚线框部分为智能仪器的选择组成部分。

软件部分主要包括监控程序、接口管理程序和数据处理程序三大部分。其中，监控程序面向仪器面板键盘和显示器，其内容包括人机对话的键盘输入及对仪器进行预定的功能设置，对处理后的数据以数字、字符、图形等形式显示等；接口管理程序主要通过接口电路进行数据采集、输入/输出通道控制、数据的通信及数据的存储等；数据处理程序主要完成数据的滤波、数据的运算、数据的分析等任务。

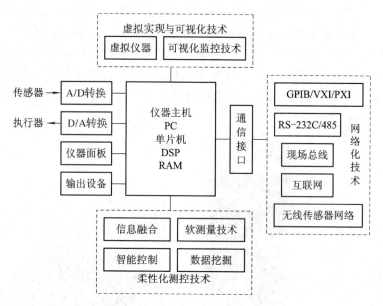

图 8-11　智能仪器的组成示意图

2. 智能仪器的特点

与传统的电子仪器相比，智能仪器具有以下特点：

（1）智能仪器功能的多样化。智能仪器除具有传统的测量功能外，还具有很强的数据处理功能和控制功能。在数据处理功能方面，如传统的数字万用表只能测量电阻、交/直流电压、电流等，而智能型的数字万用表还可对测量结果进行极值、均值、统计分析及更加复杂的数据处理；在控制功能方面，智能仪器可以利用计算机方便地实现量程自动转换、自动调零、自动校准、触发电平自动调整、自诊断等功能，大大提高了仪器的自动化测量水平。如智能型的数字示波器有一个自动分度键，在测量时只要按这个键，智能数字示波器就能根据被测信号的频率及幅值自动设置好最佳的垂直灵敏度、时基及最佳的触发电平，使信号的波形稳定地显示出来。

（2）智能仪器系统的集成化、模块化。大规模集成电路技术的发展使得仪器的硬件更加集成化和模块化，它使得电路体积更小巧、功能更强大、仪器组成更加灵活。当需要增加某种测试功能时，只需增加相应的模块化功能硬件即可。

（3）智能仪器构成的柔性化。一台仪器功能主要分为三个部分，即数据的采集、数据的分析与处理和结果的存储、显示或输出。传统的仪器将这些功能根据仪器功能按固定的方式组建，一旦设计完成，功能即固定。而智能仪器则可将上述功能利用通用的模块化硬件组合起来，通过编制不同的软件程序来构成任何一种新功能的仪器。数字信号处理技术的发展和高速数字信号处理器的广泛采用，极大地增强了仪器的信号处理能力。数字滤波、FFT、相关、卷积等信号处理在通用微机上是用软件完成的，运算时间较长，而数字信号处理器通过硬件完成上述乘加运算，大大提高了仪器性能，推动了数字信号处理技术在仪器仪表领域的广泛应用。特别是智能计算理论的发展又促进了智能仪器柔性化的进程，软件测量、模型化测量、符号化测量、多传感器信息融合等技术的应用使智能仪器的硬件功能软件化。

（4）智能仪器的网络化。智能仪器一般都配有 GPIB、RS－232C、RS－485 等通信接口，使智能仪器具有远程操作的能力，可以很方便地与计算机和其他仪器一起组成用户需要的、多功能的自动测量与控制系统来完成更复杂的测量任务。加上网络技术的发展，信息网络中的新技术引入智能仪器中，带动着智能仪器网络的发展。

（5）智能仪器的可视化。智能仪器具有友好的可视化人机交互能力。LabVIEW、LabWindows/CVI、组态软件等各种可视化开发平台的应用使智能仪器可以通过显示器将仪器的运行情况、工作状态及对测量数据的处理结果及时告诉使用人员，使人机之间的联系更加密切。

8.4　虚拟仪器技术

8.4.1　虚拟仪器技术概述

传统的测试系统或仪器主要由三个功能块组成：信号的采集与控制、数据的分析与处理、结果的表达与输出。这些功能块基本上是以硬件或固化的软件形式存在，仪器只能由生产厂家来定义和制造，因此传统仪器设计复杂、灵活性差，在一些较为复杂和测试参数较多的场合下，使用起来很不方便。

在第三代自动测试系统中，计算机软件技术和测试系统紧密地结合组成了一个有机整体，使仪器的结构概念和设计观点等发生突破性的变化，由此产生一种新的仪器概念——虚拟仪器 VI(Virtual Instrument)。

虚拟仪器技术就是利用高性能的模块化硬件，结合高效灵活的软件来完成各种测试、测量和自动化的应用。由于虚拟仪器用软件来实现信号的采集与控制、数据分析、结果输出和用户界面等功能，使传统仪器的某些硬件乃至整个仪器都能被计算机软件所代替，因此，从某种意义上可以说，在虚拟仪器中，软件就是仪器。

虚拟仪器是计算机硬件资源、通用的仪器接口硬件和用于数据分析、过程通信及图形用户界面的软件之间的有效结合。虚拟仪器提供给用户组建自己仪器的可重用源代码库、处理模块间通信、定时、触发等功能，强调在通用计算机平台的基础上，通过软件和软面板，把由厂家定义的传统仪器转变为由用户定义的、由计算机软件和几种模块组成的专用仪器。虚拟仪器的出现，彻底打破了传统仪器仅由厂家定义、用户无法改变的模式，而给了用户一个充分发挥自己能力和想象力的空间。

与传统仪器相比，虚拟仪器的特点如下：

（1）打破了传统仪器的"万能"功能概念，将信号的分析、显示、存储、打印和其他管理功能集中起来交由计算机来处理。由于充分利用计算机技术，完善了数据的传输、交换等性能，使得组建的系统更加灵活、简单。

（2）强调"软件就是仪器"的概念，软件在仪器中充当了以往由硬件实现的角色。由于减少了许多随时间可能漂移、需要定期校准的分立式模拟硬件，加上标准化总线的使用，使系统的测量精度、测量速度和可重复性都大大提高。

（3）仪器由用户自己定义，系统的功能、规模等均可通过软件修改、增减，并可方便地同外设、网络及其他应用连接。

（4）鉴于虚拟仪器的开放性和功能软件的模块化，用户可以将仪器的设计、使用和管理统一到虚拟仪器标准，使资源的可重复利用率提高，系统组建时间缩短，功能易于扩展，管理规范，使用简便，软/硬件生产、维护和开发的费用降低。表8-1给出了传统仪器与虚拟仪器的特点比较。

（5）由于虚拟仪器技术是建立在当今最新的计算机技术和数据采集技术基础上的，技术更新快。

表 8-1 传统仪器与虚拟仪器特点比较

比较项目	传 统 仪 器	虚 拟 仪 器
系统开放性	封闭性，仪器间相互配合较差	开放性、灵活，可与计算机技术保持同步发展
仪器的关键部分	关键部分是硬件，升级成本较高，且升级必须上门服务	关键部分是软件，系统性能升级方便，通过网络下载升级程序即可
仪器价格	价格昂贵，仪器间一般无法相互利用	价格低廉，仪器间资源可重复利用率高
仪器功能	只有厂家能定义仪器功能	用户可定义仪器功能
仪器的网络化	功能单一，只能连接有限的独立设备	可以方便与网络及周边设备连接
开发和维护费用	开发与维护开销高	开发与维护费用降至最低
技术更新周期	技术更新周期长(5～10 年)	技术更新周期短(1～2 年)

8.4.2 虚拟仪器的构成

虚拟仪器的构成主要有两大部分：硬件和软件，其构成基本框图如图8-12所示。

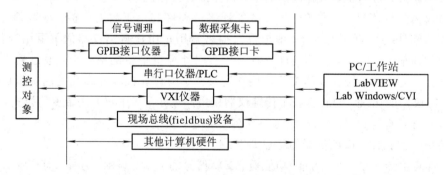

图 8-12 虚拟仪器的基本构成

1. 虚拟仪器的硬件系统

构成虚拟仪器的硬件系统一般分为计算机硬件平台和I/O接口设备。

1）计算机硬件平台

虚拟仪器的硬件平台可以是各种类型的计算机，如台式计算机、便携式计算机、工作站、嵌入式计算机等。计算机管理着虚拟仪器的软、硬件资源，是虚拟仪器的硬件基础。计算机在显示、存储能力、处理性能、网络、总线标准等方面的发展，决定了虚拟仪器系统的快速发展。

2) I/O 接口设备

I/O 接口设备主要完成被测输入信号的采集、放大、模/数转换。不同的总线有其相应I/O 接口设备，如采用 PC 总线的数据采集卡/板(简称为数采卡/板，DAQ)、GPIB 总线仪器、VXI 总线仪器模块、串口总线仪器等。

(1) GPIB 系统。GPIB 系统是以 GPIB 标准总线仪器与计算机为仪器硬件平台组成的虚拟仪器测试系统。

(2) PC-DAQ 系统。PC-DAQ 系统是以数据采集卡/板、信号调理电路及计算机为仪器硬件平台组成的插卡式虚拟仪器系统。这种系统采用 PCI 或计算机本身的 ISA 总线，将数采卡/板(DAQ)插入计算机的空槽中即可。

(3) VXI 系统。VXI 系统是以 VXI 标准总线仪器模块与计算机为仪器硬件平台组成的虚拟仪器测试系统。

(4) PXI 系统。PXI 系统是以 PXI 标准总线仪器模块与计算机为仪器硬件平台组成的虚拟仪器测试系统。

(5) 串口系统。串口系统是以 Serial 标准总线仪器与计算机为仪器硬件平台组成的虚拟仪器测试系统。

2. 虚拟仪器的软件系统

虚拟仪器最核心的思想就是利用计算机的软件和硬件资源，使本来需要硬件电路实现的技术软件化和虚拟化，最大限度地降低系统成本，增强系统的功能与灵活性。基于软件在虚拟仪器系统中的重要作用，虚拟仪器的软件系统从低层到顶层依次为：VISA 库、仪器驱动程序、应用软件。虚拟仪器的软件结构如图 8-13 所示。

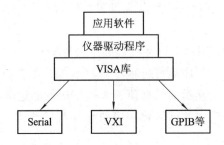

图 8-13　虚拟仪器的软件结构

1) VISA 库

VISA(Virtual Instrumentation Software Architecture)库实质就是标准 I/O 函数库及其相关规范的总称，一般称这个 I/O 函数库为 VISA 库。VISA 库驻留于计算机系统之中，执行仪器总线的特殊功能，是计算机与仪器之间的软件层连接，用来实现对仪器的控制。对于仪器驱动程序开发者来说，VISA 库是一个可调用的操作函数库或集合。

2) 仪器驱动程序

仪器驱动程序是完成对某一特定仪器控制与通信的软件程序集合，是应用程序实现仪器控制的桥梁。每个仪器模块都有自己的仪器驱动程序，仪器厂商将其以源代码的形式提供给用户，用户在应用程序中调用仪器驱动程序即可。

3）应用软件

应用软件建立在仪器驱动程序之上，直接面对操作用户，通过提供直观、友好的操作界面，丰富的数据分析与处理功能，来完成自动测试任务。应用软件还包括通用数字处理软件。通用数字处理软件包括用于数字信号处理的各种功能函数，如频域分析的功率谱估计、FFT、FHT、逆 FFT、逆 FHT 和细化分析等；时域分析的相关分析、卷积运算、反卷积运算、均方根估计、差分积分运算和排序等；滤波设计中的数字滤波等。这些功能函数为用户进一步扩展虚拟仪器的功能提供了基础。

8.5 虚拟仪器软件简介

LabVIEW(Laboratory Virtual Instrument Engineering Workbench，实验室虚拟仪器工程平台)是美国 National Instruments 公司推出的一种基于图形化编程语言的虚拟仪器软件开发环境，它带有大量的内置功能，能够完成仿真、数据采集、仪器控制、测量分析和数据显示等任务。使用 LabVIEW 能让用户感受到强大的图形化编程语言所带来的灵活性，而无需忍受传统开发环境的复杂编程工作。LabVIEW 可在单个环境下提供广泛的采集、分析和显示功能，所以可以无缝地开发出一套完整的应用解决方案。

LabVIEW 作为一种完全图形化的编程环境，其主要优点如下：

（1）使用"所见即所得"的可视化技术建立人机界面。针对测量的过程控制领域，NI 公司在 LabVIEW 内建了大量的仪器面板控制对象，如表头、旋钮、图表、示波器等，用户还可以通过控制编辑器将现有的控制对象修改成适合自己工作领域的控制对象。

（2）使用图标表示功能模块，使用图标间的连线表示在各功能模块间传递的数据，使用为大多数工程师和科学家所熟悉的数据流程图式的语言书写程序源代码。这样使得编程过程与思维过程非常近似。

（3）提供程序调试功能，用户可以在源代码中设置断点，单步执行源代码，在源代码中的数据流连线上设置探针，在程序运行过程中观察数据流的变化。在数据流程图中以较慢的速度运行程序，根据连线上显示的数据值检查程序运行的逻辑状态。

（4）继承了传统编程语言中的结构化和模块化编程的优点，这对于复杂应用代码的可重复性来说是至关重要的。

（5）采用编译方式运行 32 位应用程序，解决了用解释方式运行程序的图形化编程平台运行程序速度慢的问题。

（6）支持多种系统平台，如 Macintosh、Power Macintosh、HP - UX、SunSPARC、Windows 95 和 Windows NT。NI 公司在这些系统平台上都提供了相应版本的 LabVIEW，并且在任何一个平台上开发的 LabVIEW 应用程序均可直接移到其他平台上。

（7）提供了大量的函数库供用户直接调用。从基本的数字函数、字符串处理函数、数组运算函数和文件 I/O 函数到高级的数字信号处理函数和数值分析函数，从底层的 VXI 仪器、数据采集和总线接口硬件的驱动程序到世界各大仪器厂商的 GPIB 仪器的驱动程序，LabVIEW 都有现成的模块帮助用户方便迅速地组建自己的应用系统。

（8）提供 DLL 库接口和 CIN 结点来使用户有能力在 LabVIEW 平台上使用其他软件平台编译的模块，因此，LabVIEW 是一个开放式的开发平台。用户能够在该平台上使用其他软件开发平台生成的模块。

LabVIEW 的基本程序单位是一个 VI（虚拟仪器）。对于简单的测试任务，可以由一个 VI 之间的层次调用结构构成，顶层功能的 VI 调用一个或多个底层特殊功能的 VI，如图 8 - 14 所示。可见，LabVIEW 中的 VI 相当于常规语言中的程序模块，通过它实现了软件的重用。每一个 LabVIEW 中的 VI 均由两部分组成，即前面板（Front Panel）和方框图（Block Panel）。

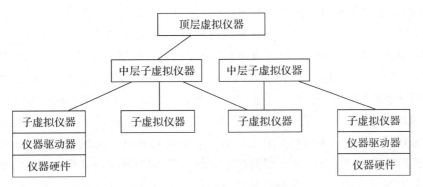

图 8 - 14　虚拟仪器的软件结构

前面板是用户进行测试时的主要输入输出界面，用户通过 Controls 菜单在面板上选择控制及显示功能，从而完成测试的设置及结果显示。其中控制包括各种类型的输入，如数字输入、布尔输入、字符串输入等；显示包括各种类型的输出，如图形、表格等。各个 VI 的建立、存取、关闭及管理操作也均由面板上的命令菜单完成。

作为一种图形程序设计语言，LabVIEW 内部集成了大量的生成图形界面的模板，如各种开关、旋钮、表头、刻度杆、指示灯等，包含了组成一个仪器所需的主要部件，而且用户

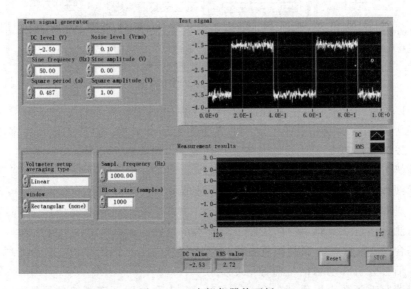

图 8 - 15　虚拟仪器前面板

也可方便地设计库中没有的仪器。LabVIEW的最大特点就是：采用全图形化编程，在计算机屏幕上利用其内含的功能库和开发工具库产生一前面板（见图8-15），用来为测试系统提供输入值并接收其输出值。前面板在外观和操作上模仿有形器件，在功能上则同于一般惯用的语言程序。由于采用了图形这种独特的方式来建立直观的用户界面，因此每个对文本编程方式不熟的工程人员都可以快速"画"出仪器面板，"画"出自己的程序。当虚拟仪器建立起来并运行后，用户即可通过前面板来控制自己的仪器，如按开关、移动滑块、旋转旋钮或从键盘上输入一数据等；同时，该前面板立刻响应来自系统的实时反馈。作为人机对话的前面板，还可接收来自更高层次的虚拟仪器的参数。

LabVIEW的基本编程单元是方框图（见图8-16），方框图是测试人员根据测试方案及测试步骤，进行测试编程的界面。用户可以访问的Functions选项，不仅包含了一般语言的基本要素，如算术及逻辑函数、数组及串操作等，而且还包括了大量与文件输入输出、数据采集、GPIB及串口控制有关的专用程序模块。方框图以图形软件绘制，用目标来表示程序设计，虚拟仪器则接收来自方框图的指令。从理论上说，LabVIEW方框图方法论是建立在目标定向和数据流程序设计的概念基础上的，在这里，数据流是指目标间的相互连线。在数据流的程序设计中，一个目标只有当它的所有输入有效时才能执行任务，而对目标输出来讲，只有当它的功能完整时才是有效的。LabVIEW编写程序的过程也就是将多个目标用数据流连接起来的过程，被连接的目标之间的数据流控制着执行次序，并允许有多个数据通路同步运行。这是一种完全不同于文本程序语言线性结构的新型程序设计概念。因此，LabVIEW在绘制方框图时只需从软件菜单中调用相应的功能方框并用导线（Wires）连接即可，不必受常规程序设计语法细节的限制。

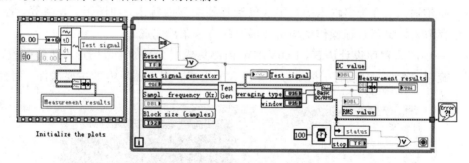

图8-16　虚拟仪器方框图

LabVIEW是一个带有扩展功能库和子程序库的通用程序设计系统，除了具备其他语言所提供的常规函数功能和上述生成图形界面的大量模板外，内部还包括许多特殊的功能库函数、开发工具库以及多种硬件设备驱动功能，主要有以下几种：

（1）高级分析函数库，具有信号生成、时域和频域分析、信号加窗、滤波等数字处理和数理统计、线性分析、曲线拟合、线性代数等数值分析计算能力。

（2）工具箱库包括结构化查询语言（SQL）工具箱、统计过程控制（SPC）工具箱、PID控制工具箱、测试运行工具箱、图形控制工具箱等。

（3）综合时、频域分析控制箱具有快速频变信号的实时谱图分析、语音处理、声呐、雷达、振动等信号分析和动态信号监控等功能。

（4）仪器驱动函数库提供了包含550多种、几十个仪器厂家制造的硬件驱动程序。

（5）演示程序库内含 300 多个虚拟仪器演示程序，并配有一个特殊应用部分以帮助用户确认如何寻找相应的虚拟仪器单元。

（6）开发工具库除包括通常的程序开发工具（如建立数据探针（断点）、单步运行、运行间数据分析等）外，还可以跟踪和监视数据流程，可直观地对程序进行动态调试并实时记录调试结果。

（7）应用程序生成器则将 LabVIEW 编写的文件转化为可在 Windows 下独立执行的软件包，保护应用程序不被修改，也增强程序运行的灵活性。

LabVIEW 以严格定义的概念构成了一种易于理解和掌握的硬件和软件模块，并提供了一个理想的程序设计环境。LabVIEW 中编写的源程序很接近于程序流程图，利用 LabVIEW 开发系统画出方框图（程序流程图）后即可自动生成测试程序，而不需要再去编写文本程序，它使得科研和工程人员可以摆脱对专业编程人员的依赖。作为一种高水平的程序设计，同传统的编程语言相比，LabVIEW 图形编程方式可以节省大约 80% 的程序开发时间，而运行速度却几乎不受影响。

复 习 与 思 考

8.1　简述数据采集系统的组成及各部分的作用。

8.2　总线可以分成哪几类？串行接口 RS - 232C 属于哪一类？

8.3　试比较传统仪器、智能仪器和虚拟仪器的特点。

8.4　何谓现场总线？有何特点？

8.5　简述 CAN 总线的标准和结构，举例说明它在汽车上的应用。

8.6　试给出基于一种工业现场总线的分布式测试系统结构图。

第9章 机械工程测试综合应用实例

9.1 测试技术在汽车技术中的应用
——发动机性能检测

发动机是汽车的动力源，是汽车的心脏，汽车的一些基本技术性能都直接或间接与发动机的相关性能相联系。因此发动机综合性能的检测对整车性能的了解至关重要。发动机综合性能检测与发动机台架试验不同，后者是发动机拆离汽车利用测功机吸收发动机的输出功率对诸如功率、扭矩、油耗和排放等最终性能指标进行定量测定，而发动机综合性能检测主要是在检测线上或汽车调试站内就车对发动机各系统的工作状态的检测，如点火、喷油、电控系统，传感元件以及进排气系统和机械工作状态等的静态和动态参数进行分析，为发动机技术状态判断和故障诊断提供科学依据。有专家系统的发动机综合分析仪具有故障自动判断功能，有排气分析选件的综合分析仪能测定汽车排放指标。

概括起来发动机综合分析仪的基本功能有以下几个方面：

（1）无外载测功功能，即加速测功法；

（2）检测点火系统，包括初级与次级点火波形的采集与处理，平列波、并列波、重叠和重叠角的处理与显示，断电器闭合角和开启角，点火提前角的测定等；

（3）机械和电控喷油过程各参数（压力、波形、喷油、脉宽、喷油提前角等）的测定；

（4）进气歧管真空度波形测定与分析；

（5）各缸工作均匀性测定；

（6）启动过程参数（电压、电流、转速）测定；

（7）各缸压缩压力判断；

（8）电控供油系统各传感器的参数测定；

（9）万用表功能；

（10）排气分析功能。

可见发动机综合分析仪是所有汽车检测设备中功能最多，检测项目和涉及系统最广的装置，因而它的结构较复杂，技术含量较高。区别于解码器和一般的发动机单项性能的检测仪，发动机综合分析仪具有以下三大特点：

（1）动态测试功能：发动机综合分析仪的传感系统和信号采集与记忆存储系统能迅速准确地捕获发动机各瞬变参数的时间函数曲线，这些动态参数才是对发动机进行有效判断的科学依据。

（2）通用性：测试过程不依据被检车辆的数据卡（即测试软件）；只针对基本结构、各系统的形式和工作原理进行测试，因此发动机综合分析仪的检测结果具有良好的普遍性，其检测方法同样也具有通用性。

（3）主动性：发动机综合分析仪不仅能适时采集发动机的动态参数，而且还能主动地发出指令干预发动机工作，以完成某些特定的试验程序，如断缸试验等。

9.1.1　发动机综合性能检测装置的基本组成

目前各主要工业国家的有关厂家开发的发动机综合性能检测装置，千差万别，形式各异。但就一台配置齐全、性能良好的分析仪而言，概括起来不外乎由信号提取系统、信息预处理系统（前端处理器）、采控显示系统三大部分组成，如图 9-1 所示。

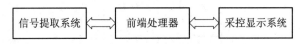

图 9-1　发动机综合性能检测装置的基本组成

图 9-2 为发动机综合分析仪一般结构形式的外形图。

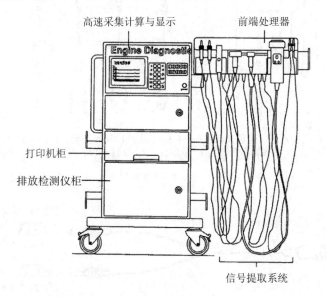

图 9-2　发动机综合分析仪外形图

1. 信号提取系统

信号提取系统的任务在于拾取汽车被测点的参数值，鉴于被测点的机械结构和参数性质不同，信号提取装置具有多种形式以适应不同的测试部位。如图 9-3 所示为大多数发动机综合分析仪的信号提取系统，图中显示，这一系统是由一些不同形状的接插头或探头组成，以它们接触的形式不同可以分为直接接触类和非接触类两种，按照所测信号种类不同可以分为电量测量和非电量测量。件 1 和 4 接蓄电池的正负极；件 2 和 3 接点火线圈初级的正负极；件 9 为万用表功能或测试各传感器时的接头，它可以再转接各类结构的探针以适应不同的测试点，如图 9-4 所示；件 10 是两个鳄鱼夹，由一个分流器引出，用以测定发电机电流。以上各接插头属于直接接触的一类。

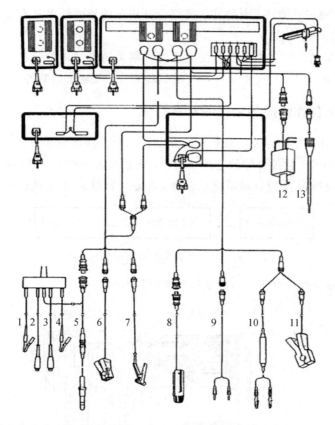

1、4—蓄电池夹(红色为正极，黑色为负极)；2、3—点火线圈初级接线夹持器；5、12—压力传感器；
6、11—电流互感钳；7—电容式夹持器；8—频闪灯；9—探针；10—鳄鱼夹；13—温度传感器

图 9-3　信号提取系统

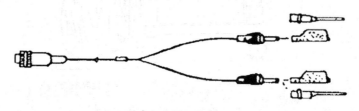

图 9-4　探针的转接头

　　图 9-3 中，电感式或电容式夹持器 6 和 7 分别钳于缸点火线上和点火线圈高压线上以获得点火信号，件 11 实际上是一个电流互感器，夹持在蓄电瓶线上，可感应出启动电流，这些接插头属于非接触类。

　　以上介绍的两类接插头或探头都是对电量参数的提取，对于非电量参数的提取就必须先经过某一类型的传感器将非电量转变成电量，如件 5 电磁式 TDC 传感器提供上止点信号，频闪灯 8 可寻找点火提前角，压力传感器 12 可将进气管或喉管真空度转变成电量，而件 13 为一热敏电阻，可将机油温度和冷却水温度等参数转换为电压值。对于电控燃油喷射(EFI)发动机，因计算机计算喷油脉宽和自动控制过程的需要，各非电量已被植

入各系统的传感器直接转换成电量，它们的提取可用件 9 通过不同的转接头来完成，但为不中断计算机的控制功能，必须通过 T 形接头来提取信号，如图 9-5 所示。

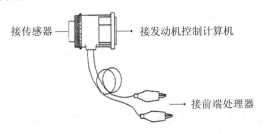

图 9-5　信号的 T 形接头

2. 信号预处理系统

信号预处理系统也称前端处理器，俗称"黑盒子"，它是电控燃油喷射系统检测的关键部件，其作用相当于多路测试系统中的多功能二次仪表的集合，工作框图如图 9-6 所示。信号预处理系统可将发动机的所有传感信号(图 9-6 中为 20 个)，进行衰减、滤波、放大、整形处理；并将所有脉冲和数字信号直接输入到 CPU 的高速输入端(HSI)，经 F/V 转换后变为 0~5 V 或 0~10 V 的直流模拟信号送入高速瞬变信号采集卡。

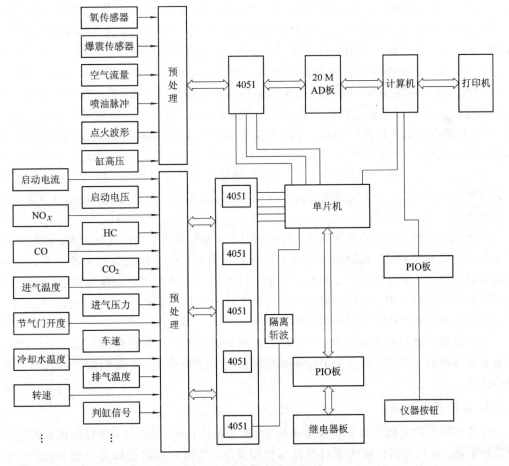

图 9-6　前端处理器框图

发动机上装配的传感器是控制和判断发动机故障的关键部件，但其输出的电信号千差万别，不能被车载计算机或发动机综合分析仪的中央控制器直接使用，必须经过预处理转换成标准的数字信号后送入计算机。

车载传感器的输出信号从电子学角度分，无外乎模拟信号和数字信号两种，应采取不同的处理方法。对于模拟信号，如温度传感器、压力传感器、节气门位置传感器等其幅值为 $0 \sim 5$ V，频率变化也比较缓慢，主要的处理手段是对其进行低通滤波和信号隔离。经低通滤波后的低频信号再经过隔离装置送入 A/D 转换器，以消除模拟电路和数字电路的共地干扰。对于低频模拟信号的隔离多采用隔离放大器，即变压器隔离方式；也有先将模拟信号进行 V/F（压/频）转换，然后由光电隔离器再进行 F/V 转换。但后一种方法多用于需远距离传输信号的场合。模拟信号中有一些幅值较小，如氧传感器幅值为 $0 \sim 1$ V，而废气分析仪的电气接口输出信号多为 $0 \sim 50$ mV，这些信号若直接送入 A/D 转换器，由于不能充分利用 A/D 转换器的精度，则转换精度很低，因此需对其做放大处理。由于信号幅值的差异，因此采用程控放大器，对不同的传感器输出信号由软件控制分配，以不同的放大倍数使输出信号幅值达到 A/D 转换器的全量程范围，以提高 A/D 转换器的精度。当然，这些信号经程控放大器放大以后，仍须经过低通滤波和信号隔离才能进行 A/D 转换。模拟信号中也有一些大幅值信号，如启动电压，对此须经过衰减以后再由低通滤波和信号隔离后方能进行 A/D 转换。模拟信号中也有一些信号，如初级和次级点火信号、爆震信号、喷油脉冲、启动电流等，或具有较高的频率，或具有较高的电压、电流幅值等，这些信号须特殊处理。如初、次级点火信号由于线圈的自感和互感作用，其电压幅值可达 300 V 或 30 kV，甚至更高，故须利用电压衰减器进行衰减后再进行后继处理，由于其频率很高（可达 1 MHz 以上），因此须使用高速 A/D 转换器，才能保证转换后的信号不失真（即经数学处理后，准确复原信号）。对于启动电流其峰值可达 200 A 以上，无法直接测量，须利用电流互感器转换成 $0 \sim 5$ V 的电压信号再进行测量。车用爆震传感器和柴油机喷油压力传感器多用压电晶体作为敏感元件，其输出信号为电荷量，须采用电荷放大器作为前级放大，若要从频率非常丰富的振动信号中准确提取有效信号，则必须对其进行带通滤波。喷油脉冲在喷油器的电磁线圈断电瞬间也会由于自感作用而产生 40 V 左右的振荡，对此可利用电阻分压器分压后再后继处理。

对于数字信号，如发动机的转速、判缸信号、车速信号等，多选用电磁式、霍尔效应式和光电式传感器来测量，其输出信号本身即为数字脉冲。由于传输过程中的衰减、交变电磁波辐射等原因，也易形成一定程度的失真，因此需对其进行整形，这多用电压比较器或施密特触发器进行实现。整形后输出的标准数字脉冲，再经高速光电隔离器送入后继电路，以消除其干扰，提高系统的工作可靠性。

为了实现传感器的准确测量，不影响发动机的正常运转，进行信号提取时必须保证电路有足够高的输入阻抗，而且为了保证预处理系统的主板安全，对各路输出信号均采取了限幅措施。

3. 采控显示系统

台式和柜式发动机综合分析仪多采用 14 英寸彩色 CRT 显示器，手提便携式则用小型液晶显示器。现代分析仪都能醒目地显示操作菜单，实时显示当前动态参数和波形，十字光标可显示曲线任一点的数值，同时也可显示极限参数的数值，并配以色棒显示以示醒目，用户可任意设定显示范围和图形比例。

为捕捉柴油机喷油压力传感器和爆震传感器等高频信号，采集卡一般具有高速采集功能，采样率可达 10 Msps，量化精度不低于 10 bit，并行两通道，有存储功能以供波形回取，锁定波形供观察分析或输出、打印之用。

9.1.2 点火系统检测与波形分析

1. 点火系统检测

在汽油机各系统中点火系统对发动机的性能影响最大。统计数字表明有将近一半的故障是因为电气系统工作不良而引起的，因此发动机性能检测往往从点火系统开始。

首先使用先进电子技术的当属点火系统，而形式结构和工作原理更新最快的也非点火系统莫属。现用点火系统大体分为以下三类，它们在检测时的接线有所不同，必须区别对待：

（1）由电磁、红外线或霍尔元器件构成的非接触式断电器组成的点火系统称为无触点点火系统，其放大电路分为晶体管电路和电容放电电路两种。

（2）ECU(Electronic Control Unit)控制的点火系统由 ECU 中的微处理器根据曲轴转角传感器的信号确定点火时刻，因而它没有断电器，只有分电器，根据 ECU 送来的信号直接控制点火线圈初级电路的通断。

（3）无分电器点火系统(Distributor－Less Ignition)是当前最先进的点火系统。曲轴传感器送来的不仅有点火时刻信号，而且还有气缸识别信号，从而使点火系统能向指定的汽缸在指定的时刻送去点火信号，这就要求每缸配有独立的点火线圈，但如果是六缸机则 1 和 6 缸、2 和 5 缸、3 和 4 缸分别共用一个点火线圈，即共有三个点火线圈，显然当每一个点火线圈点火时，总有一个缸是空点火，检测时应注意到这一点。

无触点点火系统能使用低阻抗电感线圈，从而大幅度提高初级电流，使次级电压高达30 kV 以上，增强点火能量以提高点燃稀混合气的能力，在改善燃料经济性的同时也降低排气污染。无分电器点火系统完全是电子器件而无机械运动部件，彻底解决了凸轮和轴承磨损以及触点烧蚀间隙失调而引起的一系列故障。

2. 点火波形分析

1）触点式点火系统波形

在发动机综合分析仪的操作面板上按菜单选择和确认按钮（见图 9－2），使采控系统进入波形显示状态，选择当时即可得到点火波形如图 9－7 所示（具体的操作步骤需按所用仪器的使用说明书进行）。图 9－7 为触点式点火系统的正常点火波形，上面为次级波，下面为初级波。图 9－7 中 A 段为触点开启段；B 段为触点闭合段，为点火线圈的充磁区。

触点式点火系统的正常点火波形图意义如下：

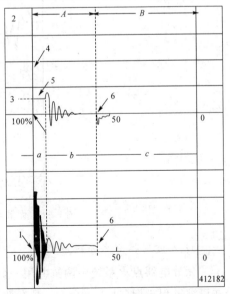

图 9－7　触点式点火系统的正常点火波形

（1）触点开启点 1：点火线圈一次回路切断，次级电压被感应急剧上升；

（2）点火电压 2：次级线圈电压克服高压线阻尼、断电器间隙和火花塞间隙而释放充磁能量，1～2 段为击穿电压；

（3）火花电压 3：为电容放电电压；

（4）点火电压脉冲 4：为充电、放电段；

（5）火花线 5：电感放电过程，即点火线圈的互感电压能维持二次回路导通；

（6）触点闭合 6：电流流入初级线圈，因初级线圈的互感而产生振荡。

注意：由一次设备相互连接构成发电、输电、配电或进行其他生产的电气回路，称为一次回路或一次接线。由二次设备相互连接，构成对一次设备进行监测、控制、调节和保护的电气回路称为二次回路，或二次接线。

从图 9-7 上我们可以清晰地看到断电器触点闭合角、开起角以及击穿电压和火花电压的幅值，并可以测试到火花的延迟期和两次振荡过程。对于无故障点火系统，触点闭合角为全周期的 45%～50%（四缸机）或 63%～70%（六缸机），八缸机为 64%～71%，击穿电压超过 15 kV，火花电压 9 kV 左右，火花时间大于 0.8 ms。当这些数值或波形异常时，就意味着故障的出现或系统需要调整。

2）无触点点火系统波形

图 9-8 为无触点的电子点火系统的正常点火波形，与触点式点火系统相比，因无触点点火系统初级电路的通断不是机械触点的合与开，而是晶体管的导通持续期内初级电压没有明显的振荡，而充磁过程中因限流作用电压有所升高，这一变动因点火线圈的感应引起次级电压线相应的波动，这是无触点点火波形的正常现象，检测时需注意这一点。

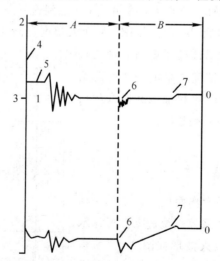

图 9-8　无触点电子点火系统的正常点火波形

3）无分电器点火系统波形

无分电器点火系统中两缸共用一分点火线圈将会发生一个缸在循环中点火两次。一次在压缩过程末期（见 9-9(a)），是有效点火，该情况下因气缸内为新鲜可燃混合气，电离程度低，因而击穿电压和火花电压较高；另一次是在排气过程末期（见 9-9(b)），是无效点火，该情况下气缸内为燃烧废气，电离程度高，因而击穿电压和火花电压较低，检测时应加以区分。

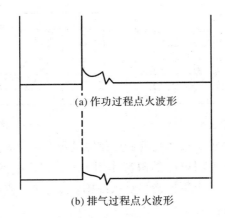

(a) 作功过程点火波形

(b) 排气过程点火波形

图 9-9　无分电器点火系统的两次点火过程

3．故障波形分析

造成故障波形的原因很多，现场测得的故障波形也十分复杂，以下只对一些较常见的典型故障波形进行简略分析。

1）初级电压波形分析

根据发动机综合分析仪所采集到的各类故障初级电压波形，可以分析点火系统断电电路有关电气元件和机械装置的状态，为断电电路的调整和维修提供可靠的依据，以避免盲目拆卸。

如图 9-10 所示波形在触点开启点出现大量杂波，显然是触点严重烧蚀造成的，解决方法是打磨触点或更换断电器即可。

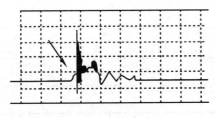

图 9-10　触点烧蚀的波形

如图 9-11 所示的初级电压波形在火花期间的衰减周期数明显减少，幅值也变低，显然是电器漏电造成的。如图 9-12 所示波形在触点闭合阶段有意外的跳动，造成这种现象的原因是触点因弹簧力不足引起不规则跳动。

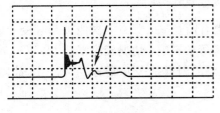

图 9-11　电器漏电波形

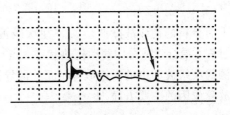

图 9-12　触点弹簧力不足的波形

如图 9-13 所示波形的充磁期触点闭合角太小，这种现象一般由触点间隙过大造成。如果触点接地不良就会引起低压波水平部分的大面积杂波，如图 9-14 所示。

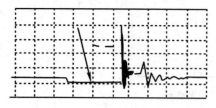

图 9-13　闭合角过小的波形

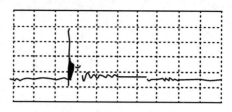

图 9-14　接地不良波形

图 9-15 为无分电器电子点火系统的低压故障波形，对比如图 9-9 所示的正常波形，在充磁阶段电压没有上升，说明电路的限流作用失效。无分电器点火系统无元件可调整，当这一波形严重失常时只能逐个更换诸如点火线圈、点火器、点火信号发生器和凸轮位置传感器等，找出故障器件或模块。

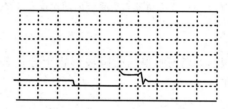

图 9-15　无分电器电子点火系统充磁段无限流作用波形

2）次级波形分析

正常情况下各缸击穿电压为 10～20 kV，各缸差别应不超过 2 kV。为了初步检测高压线路，简单易行的方法是首先逐个将各缸火花塞接地，如第 3 缸火花塞接地的平列波如图 9-16 所示。正常情况下第 3 缸击穿电压应不小于 5 kV，否则说明该缸高压系统接地或绝缘不良。

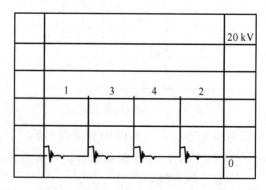

图 9-16　第 3 缸火花塞接地的平列波

上面分析的初级故障波形必将在次级波形上有所反映，另外，次级波形还受火花塞、燃烧过程、混合气成分、发动机热状态、点火线圈等的影响，情况较为复杂。以下列举出大量实测的次级波动中的次级故障波形，因导致故障的因素是多方面的，图 9-17 故障解释只是故障成因的主要方面。

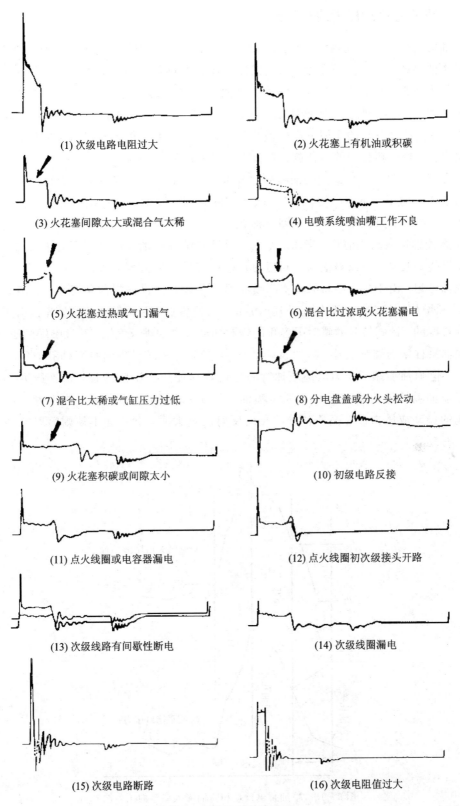

图 9-17 次级故障波形

9.1.3 柴油机喷油压力波形检测

柴油的自燃点比汽油约低 200℃，可以在压缩行程末期喷入汽缸自行着火燃烧，因此柴油机供油系统并无电量可采集，这是柴油机检测的难点之一。发动机综合分析仪在检测柴油机的供油系统时，首先要将非电量的供油压力转变成电量，在不解体检验作业中，只能用外卡式传感器。外卡式传感器以一定的预紧力卡夹在喷油泵与喷嘴之间的高压油管上，油管在高压油脉冲的作用下产生微小膨胀，挤压外卡式传感器内的压电传感元件，产生压电电荷，经分析仪中的电荷放大器放大后供采控系统分析。

高压柴油在喷油泵出口到喷油嘴的油管以波动方式传播，即在同一瞬间喷油泵端的压力和喷油嘴端的压力是不同的，图 9-18 为实际测到的喷油泵出口端压力波和喷油嘴入口端压力波。当喷油泵柱塞上升时关闭进油孔，高压油管的压力上升；当压力超过剩余压力 P_r 时，燃油即进入高压油管；当油压继续上升达到喷油嘴的针阀开启压力 P_0 时针阀开启，开始向燃烧室喷油。所以喷油嘴实际喷油开始点落后于喷油泵的供油开始点，这一段时间差称喷油延迟。由于延迟必将导致实际喷油提前角较几何供油提前角要小，提高针阀开启压力 P_0 和增加油管总容积都使这一延迟加长，为使各缸供油提前角均衡，各缸高压油管都需是等长度的。针阀打开的瞬时因容积的增大和部分燃油进入气缸，喷油嘴端的压力微降，但因喷油泵柱塞的继续上升，喷油泵端的压力继续上升直到喷油泵回油孔打开，泵端压力速降。但喷油嘴端的压力因高压油管的弹性收缩使压力下降缓慢，这一压力一直下降到低于喷油嘴针阀的关闭压力 P_s 时，喷油才终止，这是正常压力波。当油管中压力波激起针阀的振动或压力波在高压油管两端的反射波过大时，会引起不规则喷射或两次喷射等不正常现象。

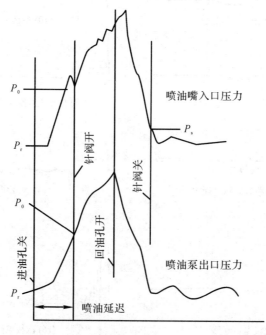

图 9-18 喷油泵出口端和喷油嘴入口端的压力波

1. 供油压力波

如果测试系统连接上多通道外卡式压力传感器，就可以采集到多缸柴油机的各缸供油压力波形，并通过信息处理软件将波形处理为如同汽油机点火波形一样组合成平列波、并列波和重叠波形，如图 9 - 19～图 9 - 21 所示。由于传感器压电特性和高压油管弹性的差异以及外卡式传感器安装过程的随机误差，使各缸供油压力信号的采集差别比各缸点火信号采集差别要大，从而导致根据这些图形分析各缸供油一致性的推理可信度下降。

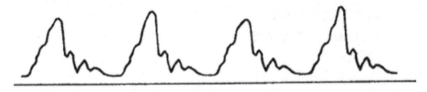

图 9 - 19　四缸供油压力平列波

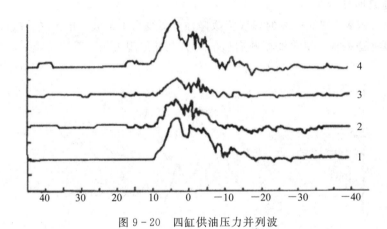

图 9 - 20　四缸供油压力并列波

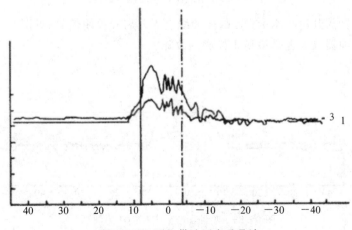

图 9 - 21　四缸供油压力重叠波

2. 故障喷油压力波的加载分析

喷油压力波与点火波不同，后者几乎与发动机的负荷无关，而前者正是柴油机的负荷调节方式，因此要正确分析喷油压力波，就必须使发动机在有载荷的工作情况下运行。对于整车调试只能在底盘上利用测功机吸收汽车底盘输出功率。为了使采集的信号能准确地反映喷油器的工作状态，外卡式传感器应装卡在喷油器入口端。

在分析喷油压力波时，推荐根据以下几个特征点来判断故障状态：

(1) 喷油器开启前的压力上升；

(2) 喷油器开启时刻与压力值；

(3) 喷油器开启后的压力变化特性；

(4) 喷油延迟时期；

(5) 喷油器关闭时刻与压力变化；

(6) 压力反射波幅值；

(7) 两次喷射。

喷油压力波形分析如下：

(1) 喷油器积炭，图 9-22 的虚线为故障波，实线为正常波，相比之下故障波因喷油器积炭而减小了通道截面，使喷油器开启后的压力上升出现尖峰，喷油持续时间加长。

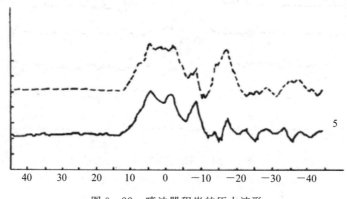

图 9-22　喷油器积炭的压力波形

(2) 喷油器针阀开启状态卡死，故障曲线上无开启和关闭信号(见图 9-23)，压力建立不起来，这是喷油器最大也是最易于检测的故障。

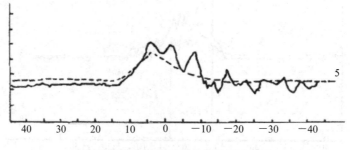

图 9-23　喷油器喷阀卡死的压力波形

(3) 喷油器滴漏，所形成的波形如图 9-24 所示，曲线压力上升平缓，喷油延迟期缩短，无明显的喷油器针阀关闭时刻，钩状的光滑曲线是典型的滴漏现象所造成的。

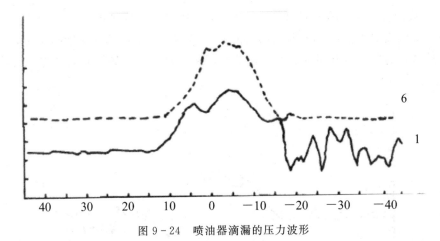

图 9 - 24　喷油器滴漏的压力波形

（4）针阀开启压力过低，所形成的波形如图 9 - 25 所示，喷油压力在针阀开启和关闭时都较低，且喷油持续时间过长，这时须调整针阀压力。

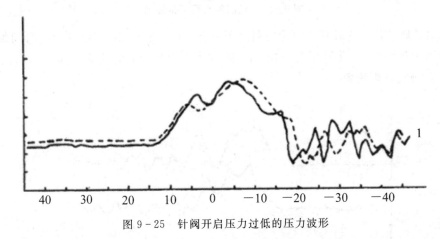

图 9 - 25　针阀开启压力过低的压力波形

（5）针阀开启压力过高，所形成的波形如图 9 - 26 所示。剩余压力升高，开始喷油时刻推迟，反射波幅度加大，其结果是喷油率下降，喷油压力峰值的增高可能损坏喷油泵。

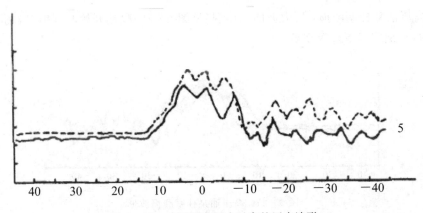

图 9 - 26　针阀开启压力过高的压力波形

3. 故障供油压力波的加载分析

将外卡式传感器移至喷油泵出口端,可采集到反映喷油泵性能的压力波信息。

(1)出油阀密封不良,所形成的波形如图9-27所示。故障曲线在针阀关闭后剩余压力下降,并造成压力的上升和下降曲线变化平坦,因为剩余压力降低而显得与压力峰值之间的差值变大。

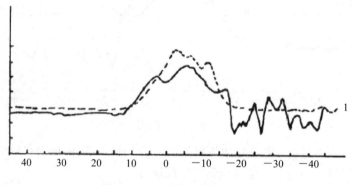

图9-27 出油阀密封不良波形

(2)出油阀磨损,造成高压油管内剩余压力上升(见图9-28),喷油持续时间加长,同时出现两次喷射(注意:反射压力波幅值已达喷油压力幅值,促使喷油器针阀两次开启),这时常伴有排气冒烟现象。

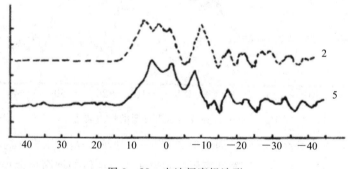

图9-28 出油阀磨损波形

(3)高压油泵柱塞磨损,压力波曲线出现(见图9-29)喷油开始时刻推迟,喷油压力峰值和喷油持续期明显下降等现象。

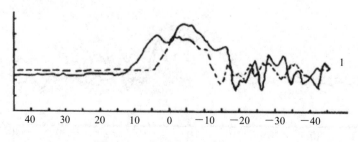

图9-29 高压油泵柱塞磨损波形

9.2 基于 LabVIEW 的测试系统实例
——电机转矩、转速测试系统

9.2.1 研究背景

转矩、转速是电机的重要特性,是衡量电动机或机械动力装置能否顺利启动和稳定运行的重要指标。转矩、转速能否精确测量,对电机高性能控制的研究具有重要意义。通过对这些参量/数的分析比较,能够得出控制方法的优劣以及正确与否。早期的电机转矩、转速测量所使用的方法基本为机械模拟式的,采用普通的指针式仪表,由人工读数、人工记录,然后由人工整理成数据并描绘成曲线或编写试验报告。由于某些原因,如电源电压波动、频率波动、负载波动等因素,会使仪表的指针摆动,且工作效率低;此外,由于读表的非同时性以及读数、记录、计算中的各种人为误差,造成数据分散性大,试验结果准确度低,试验重复性差。随着电子技术和控制技术的发展,单片机成功应用于测量系统中,诞生了许多智能仪器。如转矩转速测试仪表可以测量电机在各种状况下的转矩、转速、输出功率等,这类仪器一般由单片机构成,测量精度高,采用数字显示,功能比较完备,提高了自动化程度;但是,仍然不能很好地解决数据的处理、试验过程中的读数同步等问题。

目前,计算机及其相关技术,如数据采集卡等发展非常迅速,将测试技术推向一个新的发展阶段,开始了基于虚拟仪器的转矩转速测试系统。它利用计算机来辅助测量,使数据采集、处理及控制融为一体,具有多通道、精度高、速度快、功能强、操作简便等优点。

9.2.2 转矩转速测量原理

1. 转矩测量原理

传感器转矩数值的测量采用应变电测原理,将被测转矩传递到弹性元件上,根据弹性元件物理参数的变化来测量转矩,变化的参数为应变,使用的弹性元件是扭轴。等截面圆柱形扭矩的应变可由下式计算:

$$\varepsilon_{45°} = -\varepsilon_{135°} = \frac{16T}{\pi Gd} \qquad (9-1)$$

式中:$\varepsilon_{45°}$、$\varepsilon_{135°}$ 分别为扭轴表面与母线成 45°及 135°夹角螺旋线上的应变值;T 为转矩;d 为扭矩直径;G 为扭轴材料的切变弹性模量。

电机主轴工作所产生的应变可引起贴在被测弹性轴表面的电阻应变片阻值的变化。当电机主轴旋转时,将转矩传递到扭轴上,通过电阻应变片组成的应变电桥,将扭轴上产生的应变转换成相应的电信号;然后将该电信号放大,再经过压/频转换变成与扭轴应变成正比的频率信号。传感器的能源输入及信号输出是由两组带间隙的特殊环形旋转变压器承担的,因此可实现能源及信号的无接触传递。该应变传感器转矩测量原理如图 9-30 所示。

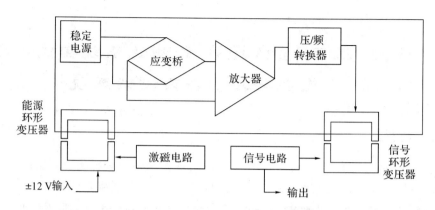

图 9-30 应变传感器转矩测量原理图

2. 转速测量原理

传感器转速的测量采用光电式检测方法。在旋转轴上安装测速盘，在传感器外壳上安装一只由发光二极管及光敏三极管组成的槽形光电开关架。当测速盘的齿将发光二极管的光线遮挡住时，光敏三极管就输出一个高电平；当光线通过齿缝射到光敏管的窗口时，光敏管就输出一个低电平。旋转轴每转一圈就可得到与齿数相应的脉冲，计数器接收后经计算可以得到转速的数据。

设在给定时间 t 内计数器测定的脉冲数为 N，则被测电机轴的转速为

$$n = \frac{60N}{zt} \tag{9-2}$$

式中，z 为测速盘齿数。

3. 转矩、转速输出

1）转矩输出

在有效的量程范围内，传感器的转矩频率输出与对应的转矩值基本上呈线性关系。转矩值与输出频率对应曲线如图 9-31 所示。

下面给出转矩测量计算公式，正向转矩输出值为

$$M_p = \frac{N(f - f_0)}{(f_p - f_0)} \tag{9-3}$$

反向转矩输出值为

$$M_r = \frac{N(f_0 - f)}{(f_0 - f_r)} \tag{9-4}$$

式中：M_p 为正向转矩；M_r 为反向转矩；N 为转矩满量程；f_p 为正向满量程输出频率值；f_r 为反向满量程输出频率值；f 为实测转矩输出频率值；f_0 为转矩为零时的输出频率值。

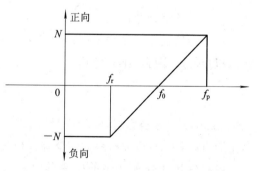

图 9-31 转矩值与输出频率对应曲线

2）转速输出

由式（9-2）可得，每秒钟测得的脉冲数即为传感器实测转速的频率值，则测得的转速输出为

$$n = \frac{60f}{z} \qquad\qquad (9-5)$$

9.2.3 转矩转速测试系统硬件设计

转矩转速测试系统的硬件组成如图 9-32 所示。传感器采用 JN388 型扭矩传感器，可输出转矩、转速两路频率信号；数据采集卡采用 NI 公司 M 系列 PCI-6251，它有两路 16 位模拟输出(2.8 MS/s)，24 条数字 I/O 线和 32 位计数器，具备模拟和数字触发的功能，测量精度、分辨率和敏感度较高。

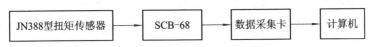

图 9-32 转矩转速测试系统硬件组成图

JN388 型扭矩传感器将被测转矩、转速转换成与频率相关的两路电信号，送入接线盒 SCB-68，再送入数据采集卡 PCI-6251，最后由 LabVIEW 软件平台进行数据采集设置、数据处理及显示。然后通过系统显示的转矩转速数据波形，来分析电机控制是否达到了效果。

9.2.4 转矩转速测试系统软件设计

在进行变频调速试验时，要求对电机的转矩、转速进行精确测量，以观察电机运行时的动态性能，基于 LabVIEW 的转矩转速测试系统能够很好地满足要求。转矩转速测试系统的前面板如图 9-33 所示，主要由数据采集设置、数据显示、数据存储路径等几个部分组成。

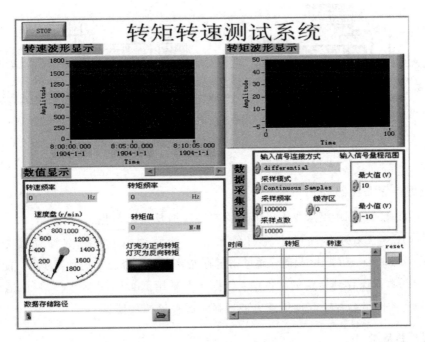

图 9-33 测试系统软件前面板

1. 数据采集设置部分

由图 9-33 可知，数据采集设置主要是数据采集参数的设置，包括输入信号连接方式、采样模式、缓存区、采样频率和采样点数以及输入信号量程范围等的设置。其中，输入信号连接方式包括差分输入(differential)、参考单端输入(RSE)、非参考单端输入(NRSE)；采样模式包括有限点数采样和连续采样。

这里需要注意以下三点。第一，采样频率是指每秒钟采样的点数，而采样点数是指向PC 内存传 1 次的采样点数。如果采样频率是 1000，则每秒钟采 1000 个点；如果采样点数为 100，则每秒钟向 PC 传送 10 次。第二，采样频率的设置要参考实际的信号频率。根据奈奎斯特采样定理，采样频率至少是信号频率的两倍，才可能从采样后的数字信号恢复为原来的模拟信号，保证信号原始信息不丢失，工程上采用频率一般设置为信号频率的 6~10倍。第三，缓存区大小的设置不得小于采样点数的设置。

可以通过函数 DAQ ASSISTANT 进行数据采集任务设置，以及利用其所生成的程序代码进行设置，也可以通过 NI-DAQmx 中的函数来设置。转矩转速测试系统输入为两路频率信号，因此对数据采集任务进行配置时，应采用双通道模拟输入。

2. 数据显示部分

数据显示部分包括波形显示及数值显示，通过这两部分可以直观地观测到转矩、转速的变化。由于输入信号为方波信号，为更准确得到其频率值大小，首先由 LabVIEW Express 中的 Filter 函数进行软件滤波，然后由 Tone Measurements 函数得出频率值，代入式(9-3)~式(9-5)得到转矩、转速值。转矩、转速显示程序框图如图 9-34 所示。

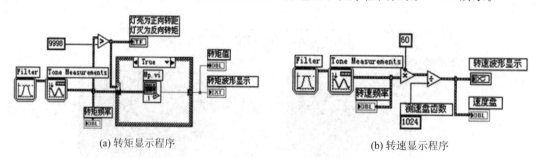

(a) 转矩显示程序　　　　　　　　　　(b) 转速显示程序

图 9-34　转矩、转速显示框图程序

3. 数据存储路径部分

在实际的测试应用中，需要将采集到的信号数据及显示数据进行保存，以便日后进行分析。LabVIEW Express 提供了完善的数据存储及读取功能。数据存储采用 Write LabVIEW Measurement File 函数，通过指定存储路径、是否需要提示等步骤，能够方便地将需要存储的数据保存到指定的文件中。数据读取采用 Read LabVIEW Measurement File 函数，与其他控件组合在一起便能够方便地显示已存储的数据。

9.2.5　结果及分析

试验是在三电平逆变器变频调速系统的基础上，进行三相异步电机 V/F 控制和矢量控制的研究。图 9 - 35(a)、(b)是进行 V/F 控制时，用转矩转速测试系统测得的电机在突加和突卸负载时的转矩、转速波形；图 9 - 35(c)、(d)是进行矢量控制时，用转矩转速测试系统测得的电机在突加和突卸负载时转矩、转速波形。

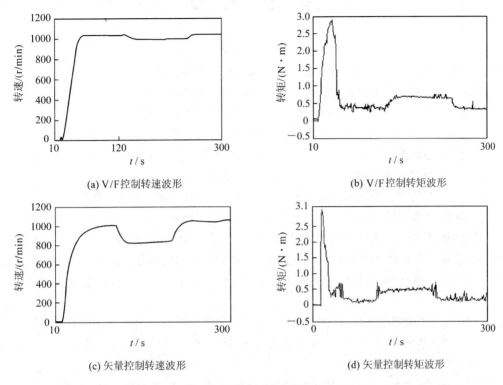

(a) V/F 控制转速波形　　　　　　　　(b) V/F 控制转矩波形

(c) 矢量控制转速波形　　　　　　　　(d) 矢量控制转矩波形

图 9 - 35　转矩、转速波形显示

　　由如图 9 - 35(c)、(d)所示的波形可知，在进行矢量控制时，转速响应欠佳，转矩响应过渡有振荡，并没有达到控制所要求的效果，还需要在控制程序上继续修改。可见，转矩、转速波形给变频调速矢量控制系统的下一步改进提供了直观的参考。

参 考 文 献

[1] 熊诗波，黄长艺. 机械工程测试技术基础[M]. 北京：机械工业出版社，2007.

[2] 贾民平，张洪亭. 测试技术[M]. 北京：高等教育出版社，2009.

[3] 杜向阳. 机械工程测试技术基础[M]. 北京：清华大学出版社，2009.

[4] 王桂梅，王冬生. 测试技术基础[M]. 西安：西安电子科技大学出版社，2015.

[5] 李晓莹，张新荣，任海国. 传感器与测试技术[M]. 北京：高等教育出版社，2004.

[6] 王伯雄. 测试技术基础[M]. 北京：清华大学出版社，2003.

[7] 陈岭丽，冯志华. 检测技术和系统[M]. 北京：清华大学出版社，2005.

[8] 张朝晖. 检测技术及应用[M]. 北京：中国计量出版社，2005.

[9] 周生国，李世义. 机械工程测试技术[M]. 北京：国防工业出版社，2005.

[10] 吴道悌. 非电量电测技术[M]. 西安：西安交通大学出版社，2004.

[11] 黄惟公，曾盛绰. 机械工程测试技术与信号分析[M]. 重庆：重庆大学出版社，2002.

[12] 李红星. 自动测试与检测技术[M]. 北京：北京邮电大学出版社，2008.

[13] 卢文祥. 机械工程测试·信息·信号分析(第二版)[M]. 武汉：华中理工大学出版社，2002.

[14] 刘培基，王安敏. 机械工程测试技术[M]. 北京：机械工业出版社，2004.

[15] 秦树人. 机械工程测试原理与技术[M]. 重庆：重庆大学出版社，2002.

[16] 刘春生. 机械工程测试技术[M]. 北京：北京理工大学出版社，2006.

[17] 陈瑞阳. 机械工程检测技术[M]. 北京：高等教育出版社，2005.